住房和城乡建设领域施工现场专业人员继续教育培训教材

质量员（土建方向）岗位知识 （第二版）

中国建设教育协会继续教育委员会　组织编写

中国建筑工业出版社

图书在版编目（CIP）数据

质量员（土建方向）岗位知识/中国建设教育协会
继续教育委员会组织编写. —2 版. —北京：中国建筑
工业出版社，2021.8
住房和城乡建设领域施工现场专业人员继续教育培训
教材
ISBN 978-7-112-26397-4

Ⅰ.①质… Ⅱ.①中… Ⅲ.①土木工程-质量管理-
继续教育-教材 Ⅳ.①TU712

中国版本图书馆 CIP 数据核字（2021）第 147882 号

本书为住房和城乡建设领域施工现场专业人员继续教育培训教材之一。全书
共 4 章，介绍了新颁布或更新的法律法规，并对新标准、新规范进行了整理，同
时介绍了相关新材料、新设备的概况，最后对近年来出现的新技术、新工艺进行
了详细讲解。
本书适用于质量员（土建方向）的继续教育，同时可供相关专业人员参考。

责任编辑：李　明　李　杰
助理编辑：葛又畅
责任校对：姜小莲

住房和城乡建设领域施工现场专业人员继续教育培训教材
质量员（土建方向）岗位知识（第二版）
中国建设教育协会继续教育委员会　组织编写
*
中国建筑工业出版社出版、发行（北京海淀三里河路 9 号）
各地新华书店、建筑书店经销
唐山龙达图文制作有限公司制版
天津翔远印刷有限公司印刷
*
开本：787 毫米×1092 毫米　1/16　印张：14　字数：349 千字
2021 年 10 月第二版　　2021 年 10 月第一次印刷
定价：55.00 元
ISBN 978-7-112-26397-4
(37858)

丛书编委会

主　任：高延伟　丁舜祥　徐家斌

副主任：成　宁　徐盛发　金　强　李　明

委　员（按姓氏笔画排序）：

丁国忠　马　记　马升军　王　飞　王正宇　王东升

王建玉　白俊锋　吕祥永　刘　忠　刘　媛　刘清泉

李　志　李　杰　李亚楠　李斌汉　张　宠　张克纯

张丽娟　张贵良　张燕娜　陈华辉　陈泽攀　范小叶

金广谦　金孝权　赵　山　胡本国　胡兴福　姜　慧

黄　玥　阚咏梅　魏僡燕

出版说明

　　住房和城乡建设领域施工现场专业人员（以下简称施工现场专业人员）是工程建设项目现场技术和管理关键岗位从业人员，人员队伍素质是影响工程质量和安全生产的关键因素。当前，我国建筑行业仍处于较快发展进程中，城镇化建设方兴未艾，城市房屋建设、基础设施建设、工业与能源基地建设、交通设施建设等市场需求旺盛。为适应行业发展需求，各类新标准、新规范陆续颁布实施，各种新技术、新设备、新工艺、新材料不断涌现，工程建设领域的知识更新和技术创新进一步加快。

　　为加强住房和城乡建设领域人才队伍建设，提升施工现场专业人员职业水平，住房和城乡建设部印发了《关于改进住房和城乡建设领域施工现场专业人员职业培训工作的指导意见》（建人〔2019〕9号）、《关于推进住房和城乡建设领域施工现场专业人员职业培训工作的通知》（建办人函〔2019〕384号），并委托中国建筑工业出版社组织制定了《住房和城乡建设领域施工现场专业人员继续教育大纲》。依据大纲，中国建筑工业出版社、中国建设教育协会继续教育委员会和江苏省建设教育协会，共同组织行业内具有多年教学和现场管理实践经验的专家编写了本套教材。

　　本套教材共14本，即：《公共基础知识（第二版）》（各岗位通用）与《××员岗位知识（第二版）》（13个岗位），覆盖了《建筑与市政工程施工现场专业人员职业标准》涉及的施工员、质量员、标准员、材料员、机械员、劳务员、资料员等13个岗位，结合企业发展与从业人员技能提升需求，精选教学内容，突出能力导向，助力施工现场专业人员更新专业知识，提升专业素质、职业水平和道德素养。

　　我们的编写工作难免存在不足，请使用本套教材的培训机构、教师和广大学员多提宝贵意见，以便进一步修订完善。

第二版前言

为进一步健全和完善施工现场全面质量管理，不断提升质量员（土建方向）在工程建设中的能力和水平，结合近两年发布的有关工程建设的新法律法规、工程质量验收新标准及新工艺、新设备等，中国建设教育协会继续教育委员会和江苏省建设教育协会组织专家团队修订了本书。

本书修订的主要内容包括：第 1 章从不同层次对新修订或新出台的法律法规、行政规章等进行了简要介绍，同时，对建设工程企业资质和工程总承包方面的新改革做了介绍，增加了《绿色建筑标识管理办法》的相关内容，删除了原《建设工程消防监督管理规定》的内容。第 2 章更新、节选了部分新标准、新规范，如《建筑节能工程施工质量验收标准》GB 50411—2019、《建筑结构检测技术标准》GB/T 50344—2019、《钢结构工程施工质量验收标准》GB 50205—2020 等。第 3 章将原钢筋套筒灌浆连接的内容单独成节，并根据相关规范内容进行个别调整、补充。第 4 章增加了透水混凝土与植生混凝土应用技术以及地下现浇混凝土抗裂防渗应用技术，删除了原垃圾管道垂直运输技术和大型复杂结构施工安全性监测技术的有关内容。

本书具体的修订工作由徐州工程学院土木工程学院朱炯副院长组织安排，由江苏省建设机械金属结构协会金孝权教授级高级工程师主编，第 1 章由南京市浦口区建筑安装工程质量监督站朱浦宁高级工程师和徐州工程学院土木工程学院张树娟老师编写，第 2 章由金孝权、南通四建集团有限公司张卫国研究员级高级工程师、周昕工程师和张树娟老师编写，第 3 章由江苏建盛工程质量鉴定检测有限公司金瑞娟高级工程师和徐州工程学院土木工程学院李艳丽老师编写，第 4 章由苏州建设交通高等职业技术学校郭清平副教授和徐州工程学院土木工程学院张朕老师编写。

本书适用于质量员（土建方向）的继续教育培训，也可供各级建设行政主管部门和建设单位、施工单位、监理单位等有关人员学习使用。

本书在编写过程中广泛征求了有关专家的意见，得到了不少专家的帮助，在此一并表示衷心的感谢。

由于本书内容涉及面较宽，参考资料和编制时间有限，错漏之处在所难免，敬请谅解和指正。

第一版前言

随着我国经济社会的发展和人民生活水平的不断提高，政府和公众对于建设工程质量也愈加重视，建设工程质量已成为社会关注的焦点问题之一。建设工程施工中，质量员对工程质量起到了重要的把关作用，同时也要求质量员具有一定的理论知识和工程实践，不仅要全面了解设计文件，而且要了解、熟悉、掌握有关工程施工知识和工程质量验收规范。由于新材料、新技术、新工艺的不断出现，有关工程施工标准、工程质量验收规范也在不断更新，这对质量员培训工作提出了新的要求。为了满足建设工程质量员继续教育，进一步健全和完善施工现场全面质量管理，不断提升工程质量员在工程建设中的能力和水平，保证工程质量员能够学到新知识，依据国家有关工程建设的法律、法规、标准、规范以及相关规定，结合近两年发布的法律、法规和工程质量验收标准及新工艺、新设备等，编写了本书。

本书由江苏省建设工程质量监督总站教授级高级工程师金孝权主编，全书共4章，第1章由南京市浦口区建筑安装工程质量监督站高级工程师赖天水编写，第2章由金孝权、南通四建集团有限公司总工程师张卫国、工程师周昕编写，第3章由南京市溧水区城乡建设局高级工程师刘向东编写，第4章由苏州建设交通高等职业技术学校副教授郭清平编写。

本书主要适用于工程质量员的继续教育培训，也可供各级建设行政主管部门和建设单位、施工单位、监理单位等有关人员学习使用。通过本书的学习，可以了解、掌握近两年的新文件、新标准、新材料、新工艺、新技术，有效提高业务能力和工作水平。

本书在编写过程中广泛征求了有关专家的意见，得到不少专家的帮助，在此一并表示衷心的感谢。

由于本书内容涉及面较宽，参考资料有限，编制时间有限，错漏之处在所难免，敬请谅解和指正。

目　　录

第1章 新颁布或更新的法律法规

第1节 建设工程相关的新法律法规

1.1.1 《中华人民共和国民法典》（2020年5月28日第十三届全国人民代表大会第三次会议通过）（节选）

第七百九十三条 建设工程施工合同无效，但是建设工程经验收合格的，可以参照合同关于工程价款的约定折价补偿承包人。

建设工程施工合同无效，且建设工程经验收不合格的，按照以下情形处理：

（一）修复后的建设工程经验收合格的，发包人可以请求承包人承担修复费用；

（二）修复后的建设工程经验收不合格的，承包人无权请求参照合同关于工程价款的约定折价补偿。

发包人对因建设工程不合格造成的损失有过错的，应当承担相应的责任。

第七百九十四条 勘察、设计合同的内容一般包括提交有关基础资料和概预算等文件的期限、质量要求、费用以及其他协作条件等条款。

第七百九十五条 施工合同的内容一般包括工程范围、建设工期、中间交工工程的开工和竣工时间、工程质量、工程造价、技术资料交付时间、材料和设备供应责任、拨款和结算、竣工验收、质量保修范围和质量保证期、相互协作等条款。

第七百九十六条 建设工程实行监理的，发包人应当与监理人采用书面形式订立委托监理合同。发包人与监理人的权利和义务以及法律责任，应当依照本编委托合同以及其他有关法律、行政法规的规定。

第七百九十七条 发包人在不妨碍承包人正常作业的情况下，可以随时对作业进度、质量进行检查。

第七百九十八条 隐蔽工程在隐蔽以前，承包人应当通知发包人检查。发包人没有及时检查的，承包人可以顺延工程日期，并有权请求赔偿停工、窝工等损失。

第七百九十九条 建设工程竣工后，发包人应当根据施工图纸及说明书、国家颁发的施工验收规范和质量检验标准及时进行验收。验收合格的，发包人应当按照约定支付价款，并接收该建设工程。

建设工程竣工经验收合格后，方可交付使用；未经验收或者验收不合格的，不得交付使用。

第八百条 勘察、设计的质量不符合要求或者未按照期限提交勘察、设计文件拖延工期，造成发包人损失的，勘察人、设计人应当继续完善勘察、设计，减收或者免收勘察、设计费并赔偿损失。

第八百零一条 因施工人的原因致使建设工程质量不符合约定的，发包人有权请求施工人在合理期限内无偿修理或者返工、改建。经过修理或者返工、改建后，造成逾期交付的，施工人应当承担违约责任。

第八百零二条 因承包人的原因致使建设工程在合理使用期限内造成人身损害和财产损失的，承包人应当承担赔偿责任。

第八百零三条 发包人未按照约定的时间和要求提供原材料、设备、场地、资金、技术资料的，承包人可以顺延工程日期，并有权请求赔偿停工、窝工等损失。

第八百零四条 因发包人的原因致使工程中途停建、缓建的，发包人应当采取措施弥补或者减少损失，赔偿承包人因此造成的停工、窝工、倒运、机械设备调迁、材料和构件积压等损失和实际费用。

第八百零五条 因发包人变更计划，提供的资料不准确，或者未按照期限提供必需的勘察、设计工作条件而造成勘察、设计的返工、停工或者修改设计，发包人应当按照勘察人、设计人实际消耗的工作量增付费用。

第八百零六条 承包人将建设工程转包、违法分包的，发包人可以解除合同。

发包人提供的主要建筑材料、建筑构配件和设备不符合强制性标准或者不履行协助义务，致使承包人无法施工，经催告后在合理期限内仍未履行相应义务的，承包人可以解除合同。

合同解除后，已经完成的建设工程质量合格的，发包人应当按照约定支付相应的工程价款；已经完成的建设工程质量不合格的，参照本法第七百九十三条的规定处理。

1.1.2 《全国人民代表大会常务委员会关于修改〈中华人民共和国建筑法〉等八部法律的决定》（2019 年 4 月 23 日第十三届全国人民代表大会常务委员会第十次会议通过）（节选）

1. 对《中华人民共和国建筑法》作出修改

将第八条修改为："申请领取施工许可证，应当具备下列条件：

"（一）已经办理该建筑工程用地批准手续；

"（二）依法应当办理建设工程规划许可证的，已经取得建设工程规划许可证；

"（三）需要拆迁的，其拆迁进度符合施工要求；

"（四）已经确定建筑施工企业；

"（五）有满足施工需要的资金安排、施工图纸及技术资料；

"（六）有保证工程质量和安全的具体措施。

"建设行政主管部门应当自收到申请之日起七日内，对符合条件的申请颁发施工许可证。"

2. 对《中华人民共和国消防法》作出修改

（1）将第十条修改为："对按照国家工程建设消防技术标准需要进行消防设计的建设工程，实行建设工程消防设计审查验收制度。"

（2）将第十一条修改为："国务院住房和城乡建设主管部门规定的特殊建设工程，建设单位应当将消防设计文件报送住房和城乡建设主管部门审查，住房和城乡建设主管部门依法对审查的结果负责。

"前款规定以外的其他建设工程，建设单位申请领取施工许可证或者申请批准开工报告时应当提供满足施工需要的消防设计图纸及技术资料。"

（3）将第十二条修改为："特殊建设工程未经消防设计审查或者审查不合格的，建设单位、施工单位不得施工；其他建设工程，建设单位未提供满足施工需要的消防设计图纸及技术资料的，有关部门不得发放施工许可证或者批准开工报告。"

（4）将第十三条修改为："国务院住房和城乡建设主管部门规定应当申请消防验收的建设工程竣工，建设单位应当向住房和城乡建设主管部门申请消防验收。

"前款规定以外的其他建设工程，建设单位在验收后应当报住房和城乡建设主管部门备案，住房和城乡建设主管部门应当进行抽查。

"依法应当进行消防验收的建设工程，未经消防验收或者消防验收不合格的，禁止投入使用；其他建设工程经依法抽查不合格的，应当停止使用。"

（5）将第十四条修改为："建设工程消防设计审查、消防验收、备案和抽查的具体办法，由国务院住房和城乡建设主管部门规定。"

（6）将第五十六条修改为："住房和城乡建设主管部门、消防救援机构及其工作人员应当按照法定的职权和程序进行消防设计审查、消防验收、备案抽查和消防安全检查，做到公正、严格、文明、高效。

"住房和城乡建设主管部门、消防救援机构及其工作人员进行消防设计审查、消防验收、备案抽查和消防安全检查等，不得收取费用，不得利用职务谋取利益；不得利用职务为用户、建设单位指定或者变相指定消防产品的品牌、销售单位或者消防技术服务机构、消防设施施工单位。"

（7）将第五十七条、第七十一条第一款中的"公安机关消防机构"修改为"住房和城乡建设主管部门、消防救援机构"；将第七十一条中的"审核"修改为"审查"，删去第二款中的"建设"。

（8）将第五十八条修改为："违反本法规定，有下列行为之一的，由住房和城乡建设主管部门、消防救援机构按照各自职权责令停止施工、停止使用或者停产停业，并处三万元以上三十万元以下罚款：

"（一）依法应当进行消防设计审查的建设工程，未经依法审查或者审查不合格，擅自施工的；

"（二）依法应当进行消防验收的建设工程，未经消防验收或者消防验收不合格，擅自投入使用的；

"（三）本法第十三条规定的其他建设工程验收后经依法抽查不合格，不停止使用的；

"（四）公众聚集场所未经消防安全检查或者经检查不符合消防安全要求，擅自投入使用、营业的。

"建设单位未依照本法规定在验收后报住房和城乡建设主管部门备案的，由住房和城乡建设主管部门责令改正，处五千元以下罚款。"

（9）将第五十九条中的"责令改正或者停止施工"修改为"由住房和城乡建设主管部门责令改正或者停止施工"。

（10）将第七十条修改为："本法规定的行政处罚，除应当由公安机关依照《中华人民共和国治安管理处罚法》的有关规定决定的外，由住房和城乡建设主管部门、消防救援机构按照各自职权决定。

"被责令停止施工、停止使用、停产停业的，应当在整改后向作出决定的部门或者机构报告，经检查合格，方可恢复施工、使用、生产、经营。"

"当事人逾期不执行停产停业、停止使用、停止施工决定的，由作出决定的部门或者机构强制执行。

"责令停产停业，对经济和社会生活影响较大的，由住房和城乡建设主管部门或者应急管理部门报请本级人民政府依法决定。"

（11）将第四条、第十七条、第二十四条、第五十五条中的"公安机关消防机构"修改为"消防救援机构"，"公安部门""公安机关""公安部门消防机构"修改为"应急管理部门"；将第六条第三款中的"公安机关及其消防机构"修改为"应急管理部门及消防救援机构"，第七款中的"公安机关"修改为"公安机关、应急管理"；将第十五条、第二十五条、第二十九条、第四十条、第四十二条、第四十五条、第五十一条、第五十三条、第五十四条、第六十条、第六十二条、第六十四条、第六十五条中的"公安机关消防机构"修改为"消防救援机构"；将第三十六条、第三十七条、第三十八条、第三十九条、第四十六条、第四十九条中的"公安消防队"修改为"国家综合性消防救援队"。

1.1.3 《国务院关于修改部分行政法规的决定》（中华人民共和国国务院令第 714 号）（节选）

将《建设工程质量管理条例》第十三条修改为："建设单位在开工前，应当按照国家有关规定办理工程质量监督手续，工程质量监督手续可以与施工许可证或者开工报告合并办理。"

第 2 节　建设工程相关的新行政规章

1.2.1 《住房和城乡建设部关于修改〈建筑工程施工许可管理办法〉等三部规章的决定》（中华人民共和国住房和城乡建设部令第 52 号）（节选）

将《建筑工程施工许可管理办法》（住房和城乡建设部令第 18 号，根据住房和城乡建设部令第 42 号修改）第四条第一款第二项修改为："依法应当办理建设工程规划许可证的，已经取得建设工程规划许可证。"

将第四条第一款第五项修改为："有满足施工需要的资金安排、施工图纸及技术资料，建设单位应当提供建设资金已经落实承诺书，施工图设计文件已按规定审查合格。"

删去第四条第一款第七项、第八项。

1.2.2 《建设工程消防设计审查验收管理暂行规定》（中华人民共和国住房和城乡建设部令第 51 号）（节选）

第十一条　施工单位应当履行下列消防设计、施工质量责任和义务：

（一）按照建设工程法律法规、国家工程建设消防技术标准，以及经消防设计审查合格或者满足工程需要的消防设计文件组织施工，不得擅自改变消防设计进行施工，降低消防施工质量；

（二）按照消防设计要求、施工技术标准和合同约定检验消防产品和具有防火性能要求的建筑材料、建筑构配件和设备的质量，使用合格产品，保证消防施工质量；

（三）参加建设单位组织的建设工程竣工验收，对建设工程消防施工质量签章确认，并对建设工程消防施工质量负责。

第十四条　具有下列情形之一的建设工程是特殊建设工程：

（一）总建筑面积大于二万平方米的体育场馆、会堂，公共展览馆、博物馆的展示厅；

（二）总建筑面积大于一万五千平方米的民用机场航站楼、客运车站候车室、客运码头候船厅；

（三）总建筑面积大于一万平方米的宾馆、饭店、商场、市场；

（四）总建筑面积大于二千五百平方米的影剧院，公共图书馆的阅览室，营业性室内健身、休闲场馆，医院的门诊楼，大学的教学楼、图书馆、食堂，劳动密集型企业的生产加工车间，寺庙、教堂；

（五）总建筑面积大于一千平方米的托儿所、幼儿园的儿童用房，儿童游乐厅等室内儿童活动场所，养老院、福利院，医院、疗养院的病房楼，中小学校的教学楼、图书馆、食堂，学校的集体宿舍，劳动密集型企业的员工集体宿舍；

（六）总建筑面积大于五百平方米的歌舞厅、录像厅、放映厅、卡拉 OK 厅、夜总会、游艺厅、桑拿浴室、网吧、酒吧，具有娱乐功能的餐馆、茶馆、咖啡厅；

（七）国家工程建设消防技术标准规定的一类高层住宅建筑；

（八）城市轨道交通、隧道工程，大型发电、变配电工程；

（九）生产、储存、装卸易燃易爆危险物品的工厂、仓库和专用车站、码头，易燃易爆气体和液体的充装站、供应站、调压站；

（十）国家机关办公楼、电力调度楼、电信楼、邮政楼、防灾指挥调度楼、广播电视楼、档案楼；

（十一）设有本条第一项至第六项所列情形的建设工程；

（十二）本条第十项、第十一项规定以外的单体建筑面积大于四万平方米或者建筑高度超过五十米的公共建筑。

第十五条　对特殊建设工程实行消防设计审查制度。

特殊建设工程的建设单位应当向消防设计审查验收主管部门申请消防设计审查，消防设计审查验收主管部门依法对审查的结果负责。

特殊建设工程未经消防设计审查或者审查不合格的，建设单位、施工单位不得施工。

第二十六条　对特殊建设工程实行消防验收制度。

特殊建设工程竣工验收后，建设单位应当向消防设计审查验收主管部门申请消防验收；未经消防验收或者消防验收不合格的，禁止投入使用。

第二十七条　建设单位组织竣工验收时，应当对建设工程是否符合下列要求进行查验：

（一）完成工程消防设计和合同约定的消防各项内容；

（二）有完整的工程消防技术档案和施工管理资料（含涉及消防的建筑材料、建筑构配件和设备的进场试验报告）；

（三）建设单位对工程涉及消防的各分部分项工程验收合格；施工、设计、工程监理、技术服务等单位确认工程消防质量符合有关标准；

（四）消防设施性能、系统功能联调联试等内容检测合格。

经查验不符合前款规定的建设工程，建设单位不得编制工程竣工验收报告。

第二十八条　建设单位申请消防验收，应当提交下列材料：

（一）消防验收申请表；

（二）工程竣工验收报告；

（三）涉及消防的建设工程竣工图纸。

消防设计审查验收主管部门收到建设单位提交的消防验收申请后，对申请材料齐全的，应当出具受理凭证；申请材料不齐全的，应当一次性告知需要补正的全部内容。

第3节 建设工程企业资质和总承包相关的新政策

1.3.1 《住房和城乡建设部关于印发建设工程企业资质管理制度改革方案的通知》（建市〔2020〕94号）（节选）

为贯彻落实2019年全国深化"放管服"改革优化营商环境电视电话会议精神和李克强总理重要讲话精神，按照《国务院办公厅关于印发全国深化"放管服"改革优化营商环境电视电话会议重点任务分工方案的通知》（国办发〔2019〕39号）要求，深化建筑业"放管服"改革，做好建设工程企业资质（包括工程勘察、设计、施工、监理企业资质，以下统称企业资质）认定事项压减工作，住房和城乡建设部于2020年11月30日印发以下改革方案。

1. 指导思想

以习近平新时代中国特色社会主义思想为指导，贯彻落实党的十九大和十九届二中、三中、四中、五中全会精神，充分发挥市场在资源配置中的决定性作用，更好发挥政府作用，坚持以推进建筑业供给侧结构性改革为主线，按照国务院深化"放管服"改革部署要求，持续优化营商环境，大力精简企业资质类别，归并等级设置，简化资质标准，优化审批方式，进一步放宽建筑市场准入限制，降低制度性交易成本，破除制约企业发展的不合理束缚，持续激发市场主体活力，促进就业创业，加快推动建筑业转型升级，实现高质量发展。

2. 主要内容

（1）精简资质类别，归并等级设置。为在疫情防控常态化条件下做好"六稳"工作、落实"六保"任务，进一步优化建筑市场营商环境，确保新旧资质平稳过渡，保障工程质量安全，按照稳中求进的原则，积极稳妥推进建设工程企业资质管理制度改革。对部分专业划分过细、业务范围相近、市场需求较小的企业资质类别予以合并，对层级过多的资质等级进行归并。改革后，工程勘察资质分为综合资质和专业资质，工程设计资质分为综合资质、行业资质、专业和事务所资质，施工资质分为综合资质、施工总承包资质、专业承包资质和专业作业资质，工程监理资质分为综合资质和专业资质。资质等级原则上压减为甲、乙两级（部分资质只设甲级或不分等级），资质等级压减后，中小企业承揽业务范围将进一步放宽，有利于促进中小企业发展。具体压减情况如下：

③施工资质。将10类施工总承包企业特级资质调整为施工综合资质，可承担各行业、各等级施工总承包业务；保留12类施工总承包资质，将民航工程的专业承包资质整合为施工总承包资质；将36类专业承包资质整合为18类；将施工劳务企业资质改为专业作业资质，由审批制改为备案制。综合资质和专业作业资质不分等级；施工总承包资质、专业承包资质等级原则上压减为甲、乙两级（部分专业承包资质不分等级），其中，施工总承包甲级资质在本行业内承揽业务规模不受限制。

（2）放宽准入限制，激发企业活力。住房和城乡建设部会同国务院有关主管部门制定统一的企业资质标准，大幅精简审批条件，放宽对企业资金、主要人员、工程业绩和技术装备等的考核要求。适当放宽部分资质承揽业务规模上限，多个资质合并的，新资质承揽业务范围相应扩大至整合前各资质许可范围内的业务，尽量减少政府对建筑市场微观活动的直接干预，充分发挥市场在资源配置中的决定性作用。

（5）加强事中事后监管，保障工程质量安全。坚持放管结合，加大资质审批后的动态监管力度，创新监管方式和手段，全面推行"双随机、一公开"监管方式和"互联网＋监管"模式，强化工程建设各方主体责任落实，加大对转包、违法分包、资质挂靠等违法违规行为查处力度，强化事后责任追究，对负有工程质量安全事故责任的企业、人员依法严厉追究法律责任。

3. 保障措施

（1）完善工程招投标制度，引导建设单位合理选择企业。持续深化工程招投标制度改革，完善工程招标资格审查制度，优化调整工程项目招标条件设置，引导建设单位更多从企业实力、技术力量、管理经验等方面进行综合考察，自主选择符合工程建设要求的企业。积极培育全过程工程咨询服务机构，为业主选择合格企业提供专业化服务。大力推行工程总承包，引导企业依法自主分包。

（2）完善职业资格管理制度，落实注册人员责任。加快修订完善注册人员职业资格管理制度，进一步明确注册人员在工程建设活动中的权利、义务和责任，推动建立个人执业责任保险制度，持续规范执业行为，落实工程质量终身责任制，为提升工程品质、保障安全生产提供有力支撑。

（3）加强监督指导，确保改革措施落地。制定建设工程企业资质标准指标说明，进一步细化审批标准和要求，加强对地方审批人员的培训，提升资质审批服务能力和水平。不定期对地方资质审批工作进行抽查，对违规审批行为严肃处理，公开曝光，情节严重的，取消企业资质审批权下放试点资格。

（4）健全信用体系，发挥市场机制作用。进一步完善建筑市场信用体系，强化信用信息在工程建设各环节的应用，完善"黑名单"制度，加大对失信行为的惩戒力度。加快推行工程担保和保险制度，进一步发挥市场机制作用，规范工程建设各方主体行为，有效控制工程风险。

（5）做好资质标准修订和换证工作，确保平稳过渡。开展建设工程企业资质管理规定、标准等修订工作，合理调整企业资质考核指标。设置 1 年过渡期，到期后实行简单换证，即按照新旧资质对应关系直接换发新资质证书，不再重新核定资质。

（6）加强政策宣传解读，合理引导公众预期。加大改革政策宣传解读力度，及时释疑解惑，让市场主体全面了解压减资质类别和等级的各项改革措施，提高政策透明度。加强舆论引导，主动回应市场主体反映的热点问题，营造良好舆论环境。

1.3.2　《住房和城乡建设部 国家发展改革委关于印发房屋建筑和市政基础设施项目工程总承包管理办法的通知》（建市规〔2019〕12 号）（节选）

房屋建筑和市政基础设施项目工程总承包管理办法

1. 总则

第一条　为规范房屋建筑和市政基础设施项目工程总承包活动，提升工程建设质量和效益，根据相关法律法规，制定本办法。

第二条　从事房屋建筑和市政基础设施项目工程总承包活动，实施对房屋建筑和市政基础设施项目工程总承包活动的监督管理，适用本办法。

第三条　本办法所称工程总承包，是指承包单位按照与建设单位签订的合同，对工程设计、采购、施工或者设计、施工等阶段实行总承包，并对工程的质量、安全、工期和造价等全面负责的工程建设组织实施方式。

第四条　工程总承包活动应当遵循合法、公平、诚实守信的原则，合理分担风险，保证工程质量和安全，节约能源，保护生态环境，不得损害社会公共利益和他人的合法权益。

第五条　国务院住房和城乡建设主管部门对全国房屋建筑和市政基础设施项目工程总承包活动实施监督管理。国务院发展改革部门依据固定资产投资建设管理的相关法律法规履行相应的管理职责。

县级以上地方人民政府住房和城乡建设主管部门负责本行政区域内房屋建筑和市政基础设施项目工程总承包（以下简称工程总承包）活动的监督管理。县级以上地方人民政府发展改革部门依据固定资产投资建设管理的相关法律法规在本行政区域内履行相应的管理职责。

2. 工程总承包项目的发包和承包

第六条　建设单位应当根据项目情况和自身管理能力等，合理选择工程建设组织实施方式。

建设内容明确、技术方案成熟的项目，适宜采用工程总承包方式。

第七条　建设单位应当在发包前完成项目审批、核准或者备案程序。采用工程总承包方式的企业投资项目，应当在核准或者备案后进行工程总承包项目发包。采用工程总承包方式的政府投资项目，原则上应当在初步设计审批完成后进行工程总承包项目发包；其中，按照国家有关规定简化报批文件和审批程序的政府投资项目，应当在完成相应的投资决策审批后进行工程总承包项目发包。

第八条　建设单位依法采用招标或者直接发包等方式选择工程总承包单位。

工程总承包项目范围内的设计、采购或者施工中，有任一项属于依法必须进行招标的项目范围且达到国家规定规模标准的，应当采用招标的方式选择工程总承包单位。

第九条　建设单位应当根据招标项目的特点和需要编制工程总承包项目招标文件，主要包括以下内容：

（一）投标人须知；

（二）评标办法和标准；

（三）拟签订合同的主要条款；

（四）发包人要求，列明项目的目标、范围、设计和其他技术标准，包括对项目的内容、范围、规模、标准、功能、质量、安全、节约能源、生态环境保护、工期、验收等的明确要求；

（五）建设单位提供的资料和条件，包括发包前完成的水文地质、工程地质、地形等勘察资料，以及可行性研究报告、方案设计文件或者初步设计文件等；

（六）投标文件格式；

（七）要求投标人提交的其他材料。

　　建设单位可以在招标文件中提出对履约担保的要求，依法要求投标文件载明拟分包的内容；对于设有最高投标限价的，应当明确最高投标限价或者最高投标限价的计算方法。

　　推荐使用由住房和城乡建设部会同有关部门制定的工程总承包合同示范文本。

　　第十条　工程总承包单位应当同时具有与工程规模相适应的工程设计资质和施工资质，或者由具有相应资质的设计单位和施工单位组成联合体。工程总承包单位应当具有相应的项目管理体系和项目管理能力、财务和风险承担能力，以及与发包工程相类似的设计、施工或者工程总承包业绩。

　　设计单位和施工单位组成联合体的，应当根据项目的特点和复杂程度，合理确定牵头单位，并在联合体协议中明确联合体成员单位的责任和权利。联合体各方应当共同与建设单位签订工程总承包合同，就工程总承包项目承担连带责任。

　　第十一条　工程总承包单位不得是工程总承包项目的代建单位、项目管理单位、监理单位、造价咨询单位、招标代理单位。

　　政府投资项目的项目建议书、可行性研究报告、初步设计文件编制单位及其评估单位，一般不得成为该项目的工程总承包单位。政府投资项目招标人公开已经完成的项目建议书、可行性研究报告、初步设计文件的，上述单位可以参与该工程总承包项目的投标，经依法评标、定标，成为工程总承包单位。

　　第十二条　鼓励设计单位申请取得施工资质，已取得工程设计综合资质、行业甲级资质、建筑工程专业甲级资质的单位，可以直接申请相应类别施工总承包一级资质。鼓励施工单位申请取得工程设计资质，具有一级及以上施工总承包资质的单位可以直接申请相应类别的工程设计甲级资质。完成的相应规模工程总承包业绩可以作为设计、施工业绩申报。

　　第十三条　建设单位应当依法确定投标人编制工程总承包项目投标文件所需要的合理时间。

　　第十四条　评标委员会应当依照法律规定和项目特点，由建设单位代表、具有工程总承包项目管理经验的专家，以及从事设计、施工、造价等方面的专家组成。

　　第十五条　建设单位和工程总承包单位应当加强风险管理，合理分担风险。

　　建设单位承担的风险主要包括：

　　（一）主要工程材料、设备、人工价格与招标时基期价相比，波动幅度超过合同约定幅度的部分；

　　（二）因国家法律法规政策变化引起的合同价格的变化；

　　（三）不可预见的地质条件造成的工程费用和工期的变化；

　　（四）因建设单位原因产生的工程费用和工期的变化；

　　（五）不可抗力造成的工程费用和工期的变化。

　　具体风险分担内容由双方在合同中约定。

　　鼓励建设单位和工程总承包单位运用保险手段增强防范风险能力。

　　第十六条　企业投资项目的工程总承包宜采用总价合同，政府投资项目的工程总承包应当合理确定合同价格形式。采用总价合同的，除合同约定可以调整的情形外，合同总价一般不予调整。

　　建设单位和工程总承包单位可以在合同中约定工程总承包计量规则和计价方法。

依法必须进行招标的项目，合同价格应当在充分竞争的基础上合理确定。

3. 工程总承包项目实施

第十七条　建设单位根据自身资源和能力，可以自行对工程总承包项目进行管理，也可以委托勘察设计单位、代建单位等项目管理单位，赋予相应权利，依照合同对工程总承包项目进行管理。

第十八条　工程总承包单位应当建立与工程总承包相适应的组织机构和管理制度，形成项目设计、采购、施工、试运行管理以及质量、安全、工期、造价、节约能源和生态环境保护管理等工程总承包综合管理能力。

第十九条　工程总承包单位应当设立项目管理机构，设置项目经理，配备相应管理人员，加强设计、采购与施工的协调，完善和优化设计，改进施工方案，实现对工程总承包项目的有效管理控制。

第二十条　工程总承包项目经理应当具备下列条件：

（一）取得相应工程建设类注册执业资格，包括注册建筑师、勘察设计注册工程师、注册建造师或者注册监理工程师等；未实施注册执业资格的，取得高级专业技术职称；

（二）担任过与拟建项目相类似的工程总承包项目经理、设计项目负责人、施工项目负责人或者项目总监理工程师；

（三）熟悉工程技术和工程总承包项目管理知识以及相关法律法规、标准规范；

（四）具有较强的组织协调能力和良好的职业道德。

工程总承包项目经理不得同时在两个或者两个以上工程项目担任工程总承包项目经理、施工项目负责人。

第二十一条　工程总承包单位可以采用直接发包的方式进行分包。但以暂估价形式包括在总承包范围内的工程、货物、服务分包时，属于依法必须进行招标的项目范围且达到国家规定规模标准的，应当依法招标。

第二十二条　建设单位不得迫使工程总承包单位以低于成本的价格竞标，不得明示或者暗示工程总承包单位违反工程建设强制性标准、降低建设工程质量，不得明示或者暗示工程总承包单位使用不合格的建筑材料、建筑构配件和设备。

工程总承包单位应当对其承包的全部建设工程质量负责，分包单位对其分包工程的质量负责，分包不免除工程总承包单位对其承包的全部建设工程所负的质量责任。

工程总承包单位、工程总承包项目经理依法承担质量终身责任。

第二十三条　建设单位不得对工程总承包单位提出不符合建设工程安全生产法律、法规和强制性标准规定的要求，不得明示或者暗示工程总承包单位购买、租赁、使用不符合安全施工要求的安全防护用具、机械设备、施工机具及配件、消防设施和器材。

工程总承包单位对承包范围内工程的安全生产负总责。分包单位应当服从工程总承包单位的安全生产管理，分包单位不服从管理导致生产安全事故的，由分包单位承担主要责任，分包不免除工程总承包单位的安全责任。

第二十四条　建设单位不得设置不合理工期，不得任意压缩合理工期。

工程总承包单位应当依据合同对工期全面负责，对项目总进度和各阶段的进度进行控制管理，确保工程按期竣工。

第二十五条　工程保修书由建设单位与工程总承包单位签署，保修期内工程总承包单位应当根据法律法规规定以及合同约定承担保修责任，工程总承包单位不得以其与分包单位之间保修责任划分而拒绝履行保修责任。

第二十六条　建设单位和工程总承包单位应当加强设计、施工等环节管理，确保建设地点、建设规模、建设内容等符合项目审批、核准、备案要求。

政府投资项目所需资金应当按照国家有关规定确保落实到位，不得由工程总承包单位或者分包单位垫资建设。政府投资项目建设投资原则上不得超过经核定的投资概算。

第二十七条　工程总承包单位和工程总承包项目经理在设计、施工活动中有转包违法分包等违法违规行为或者造成工程质量安全事故的，按照法律法规对设计、施工单位及其项目负责人相同违法违规行为的规定追究责任。

4. 附则

第二十八条　本办法自 2020 年 3 月 1 日起施行。

第 4 节　《住房和城乡建设部关于印发绿色建筑标识管理办法的通知》（建标规〔2021〕1 号）（节选）

为规范绿色建筑标识管理，推动绿色建筑高质量发展，住房和城乡建设部于 2021 年 1 月 8 日印发《绿色建筑标识管理办法》。

1.4.1　总则

第一条　为规范绿色建筑标识管理，促进绿色建筑高质量发展，根据《中共中央国务院关于进一步加强城市规划建设管理工作的若干意见》和《国民经济和社会发展第十三个五年（2016—2020 年）规划纲要》《中共中央关于制定国民经济和社会发展第十四个五年规划和二〇三五年远景目标的建议》要求，制定本办法。

第二条　本办法所称绿色建筑标识，是指表示绿色建筑星级并载有性能指标的信息标志，包括标牌和证书。绿色建筑标识由住房和城乡建设部统一式样，证书由授予部门制作，标牌由申请单位根据不同应用场景按照制作指南自行制作。

第三条　绿色建筑标识授予范围为符合绿色建筑星级标准的工业与民用建筑。

第四条　绿色建筑标识星级由低至高分为一星级、二星级和三星级 3 个级别。

第五条　住房和城乡建设部负责制定完善绿色建筑标识制度，指导监督地方绿色建筑标识工作，认定三星级绿色建筑并授予标识。省级住房和城乡建设部门负责本地区绿色建筑标识工作，认定二星级绿色建筑并授予标识，组织地市级住房和城乡建设部门开展本地区一星级绿色建筑认定和标识授予工作。

第六条　绿色建筑三星级标识认定统一采用国家标准，二星级、一星级标识认定可采用国家标准或与国家标准相对应的地方标准。

新建民用建筑采用《绿色建筑评价标准》GB/T 50378，工业建筑采用《绿色工业建筑评价标准》GB/T 50878，既有建筑改造采用《既有建筑绿色改造评价标准》GB/T 51141。

第七条　省级住房和城乡建设部门制定的绿色建筑评价标准，可细化国家标准要求，补充国家标准中创新项的开放性条款，不应调整国家标准评价要素和指标权重。

第八条　住房和城乡建设部门应建立绿色建筑专家库。专家应熟悉绿色建筑标准，了解掌握工程规划、设计、施工等相关技术要求，具有良好的职业道德，具有副高级及以上技术职称或取得相关专业执业资格。

1.4.2 申报和审查程序

第九条 申报绿色建筑标识遵循自愿原则，绿色建筑标识认定应科学、公开、公平、公正。

第十条 绿色建筑标识认定需经申报、推荐、审查、公示、公布等环节，审查包括形式审查和专家审查。

第十一条 绿色建筑标识申报应由项目建设单位、运营单位或业主单位提出，鼓励设计、施工和咨询等相关单位共同参与申报。申报绿色建筑标识的项目应具备以下条件：

（一）按照《绿色建筑评价标准》等相关国家标准或相应的地方标准进行设计、施工运营、改造；

（二）已通过建设工程竣工验收并完成备案。

第十二条 申报单位应按下列要求，提供申报材料，并对材料的真实性、准确性和完整性负责。申报材料应包括以下内容：

（一）绿色建筑标识申报书和自评估报告；

（二）项目立项审批等相关文件；

（三）申报单位简介、资质证书、统一社会信用代码证等；

（四）与标识认定相关的图纸、报告、计算书、图片、视频等技术文件；

（五）每年上报主要绿色性能指标运行数据的承诺函。

第十三条 三星级绿色建筑项目应由省级住房和城乡建设部门负责组织推荐，并报住房和城乡建设部。二星级和一星级绿色建筑推荐规则由省级住房和城乡建设部门制定。

第十四条 住房和城乡建设部门应对申报推荐绿色建筑标识项目进行形式审查，主要审查以下内容：

（一）申报单位和项目是否具备申报条件；

（二）申报材料是否齐全、完整、有效。

形式审查期间可要求申报单位补充一次材料。

第十五条 住房和城乡建设部门在形式审查后，应组织专家审查，按照绿色建筑评价标准审查绿色建筑性能，确定绿色建筑等级。对于审查中无法确定的项目技术内容，可组织专家进行现场核查。

第十六条 审查结束后，住房和城乡建设部门应在门户网站进行公示。公示内容包括项目所在地、类型、名称、申报单位、绿色建筑星级和关键技术指标等。公示期不少于7个工作日。对公示项目的署名书面意见必须核实情况并处理异议。

第十七条 对于公示无异议的项目，住房和城乡建设部门应印发公告，并授予证书。

第十八条 绿色建筑标识证书编号由地区编号、星级、建筑类型、年份和当年认定项目序号组成，中间用"-"连接。地区编号按照行政区划排序，从北京01编号到新疆31，新疆生产建设兵团编号32。建筑类型代号分别为公共建筑P、住宅建筑R、工业建筑I、混合功能建筑M。例如，北京2020年认定的第1个3星级公共建筑项目，证书编号为NO.01-3-P-2020-1。

第十九条 住房和城乡建设部负责建立完善绿色建筑标识管理信息系统，三星级绿色建筑项目应通过系统申报、推荐、审查。省级和地级市住房和城乡建设部门可依据管理权限登录绿色建筑标识管理信息系统并开展绿色建筑标识认定工作，不通过系统认定的二星级、一星级项目应及时将认定信息上报至系统。

1.4.3　标识管理

第二十条　住房和城乡建设部门应加强绿色建筑标识认定工作权力运行制约监督机制建设，科学设计工作流程和监管方式，明确管理责任事项和监督措施，切实防控廉政风险。

第二十一条　获得绿色建筑标识的项目运营单位或业主，应强化绿色建筑运行管理，加强运行指标与申报绿色建筑星级指标比对，每年将年度运行主要指标上报绿色建筑标识管理信息系统。

第二十二条　住房和城乡建设部门发现获得绿色建筑标识项目存在以下任一问题，应提出限期整改要求，整改期限不超过 2 年：

（一）项目低于已认定绿色建筑星级；

（二）项目主要性能低于绿色建筑标识证书的指标；

（三）利用绿色建筑标识进行虚假宣传；

（四）连续两年以上不如实上报主要指标数据。

第二十三条　住房和城乡建设部门发现获得绿色建筑标识项目存在以下任一问题，应撤销绿色建筑标识，并收回标牌和证书：

（一）整改期限内未完成整改；

（二）伪造技术资料和数据获得绿色建筑标识；

（三）发生重大安全事故。

第二十四条　地方住房和城乡建设部门采用不符合本办法第六条要求的地方标准开展认定的，住房和城乡建设部将责令限期整改。到期整改不到位的，将通报批评并撤销以该地方标准认定的全部绿色建筑标识。

第二十五条　参与绿色建筑标识认定的专家应坚持公平公正，回避与自己有连带关系的申报项目。对违反评审规定和评审标准的，视情节计入个人信用记录，并从专家库中清除。

第二十六条　项目建设单位或使用者对认定结果有异议的，可依法申请行政复议或者提起行政诉讼。

1.4.4　附则

第二十七条　本办法由住房和城乡建设部负责解释。

第二十八条　本办法自 2021 年 6 月 1 日起施行。《建设部关于印发〈绿色建筑评价标识管理办法〉（试行）的通知》（建科〔2007〕206 号）、《住房城乡建设部关于推进一二星级绿色建筑评价标识工作的通知》（建科〔2009〕109 号）、《住房城乡建设部办公厅关于绿色建筑评价标识管理有关工作的通知》（建办科〔2015〕53 号）、《住房城乡建设部关于进一步规范绿色建筑评价管理工作的通知》（建科〔2017〕238 号）同时废止。

第 5 节　《住房和城乡建设部办公厅　银监会办公厅关于深化公共建筑能效提升重点城市建设有关工作的通知》（建办科函〔2017〕409 号）（节选）

为进一步强化公共建筑节能管理，充分挖掘节能潜力，解决当前仍存在的用能管理水平低、节能改造进展缓慢等问题，确保完成国务院印发的《"十三五"节能减排综合工作方案》确定的目标任务，住房和城乡建设部办公厅、中国银行业监督管理委员会办公厅于2017年6月14日发布《关于深化公共建筑能效提升重点城市建设有关工作的通知》。

1.5.1 重点任务

1. 提高新建公共建筑节能标准执行质量

新建公共建筑项目应按照"适用、经济、绿色、美观"的建筑方针进行规划设计，严格执行《公共建筑节能设计标准》GB 50189—2015，强化标准在规划、设计、施工、竣工验收等环节的执行监管，落实各方主体责任，确保标准执行到位。对大型公共建筑及超高超大公共建筑项目，研究建立节能及促进可再生能源优先应用的专项论证制度。对政府投资公共建筑项目，探索开展建筑及用能系统设计方案专项评估，约束建筑体型系数、用能系统设计参数及系统配置。

2. 建立节能信息服务及披露机制

重点城市住房和城乡建设主管部门应充分整合公共建筑能耗统计、能源审计及能耗动态监测数据信息，构建面向政府、市场、业主、金融机构、社会团体等利益相关方的公共建筑节能信息服务平台。建立公共建筑用能信息面向社会的公示制度和"数据换服务"机制，形成倒逼节能的社会监管机制，对主动向平台上传建筑和能耗信息的公共建筑，提供节能诊断等咨询服务。建立基于公共建筑节能信息服务平台的能耗限额管理、能耗数据报告和节能量第三方核定等工作机制，积极开展公共建筑电力需求侧响应、能效交易等试点。

3. 强化公共建筑用能管理

重点城市住房和城乡建设主管部门应分类制定公共建筑能耗限额指标，划分不同类型公共建筑能耗合理区间，将能耗超过限额的公共建筑确定为重点用能建筑。积极探索基于能耗限额的用能管理制度，实行公共建筑能源系统运行调适制度，推行专业化用能管理。引导公共建筑按照《既有建筑绿色改造评价标准》GB/T 51141—2015要求进行绿色化改造，并积极申报绿色建筑运行标识。

4. 完善节能改造市场机制

重点城市住房和城乡建设主管部门应全面推行合同能源管理模式，为公共建筑业主提供节能咨询、诊断、设计、融资、改造、运行托管等全过程服务。大型公共建筑及学校、医院等，应采用购买服务的方式实施节能运行管理与改造，按照合同能源管理合同支付给节能服务公司的支出，视同能源费用支出。对大型商务区、办公区等建筑集聚区及清洁取暖改造重点地区，可采用政府和社会资本合作（PPP）方式实施集中的节能运行管理与改造。研究推动将公共建筑节能改造纳入全国碳排放权交易市场。

5. 完善技术管理服务体系

综合考虑地方气候特点、经济条件、不同类型建筑使用功能要求及用能特点，完善优化公共建筑节能改造技术路线，加大对经济、适用节能改造技术的集成、创新和应用力度，积极推广应用新技术、新产品。采用合同能源管理模式的项目，应对合同中约定的节能效益确定方式、节能量核定方式的合理性进行论证，论证结果可作为金融机构融资的参考。对节能改造后进入运营阶段的项目，应委托第三方机构对项目全年典型工况条件下的实际节能效果进行核定，相关结果向项目利益相关方披露。

1.5.2　保障机制

1. 强化目标责任考核

将公共建筑能效提升重点城市建设工作列为建筑节能与绿色建筑年度检查重点内容，检查结果与国家对省级人民政府能源消耗总量和强度"双控"考核挂钩。建立重点城市信息通报、绩效评估与日常督导工作机制，住房和城乡建设部将对各城市工作进展情况进行定期通报。

2. 完善法规政策体系

推动公共建筑节能相关法规、规章、制度建设。研究建立建筑节能服务公司、节能量第三方审核机构诚信"白名单"和失信"黑名单"制度。鼓励各地在总结现有合同能源管理项目或 PPP 项目等经验的基础上，出台更具操作性的实施细则。尽快制定建筑节能服务市场监管办法、服务质量评价标准以及公共建筑合同能源管理合同范本等。

3. 加强能力建设

加强公共建筑节能管理能力建设，打造公共建筑节能管理、监督、服务"三位一体"的管理体系。持续推进公共建筑能耗统计、能源审计、用能监测、节能量审核、节能服务等方面能力建设，提高相关机构及人员能力水平。

4. 完善组织管理

重点城市住房和城乡建设主管部门要积极建立组织协调机制，加强与财政、金融、电力、供气、供暖、教育、卫生、旅游、商务、国资、机关事务等部门和单位沟通协调，推动落实节能改造项目及相应的支持政策。省级住房和城乡建设主管部门应会同有关部门加强监督指导，帮助协调解决重点城市建设中的困难和问题，并及时总结推广建设经验，积极扩大重点城市建设数量，提高本地区公共建筑能效水平。

5. 做好宣传培训工作

充分利用各类媒体宣传公共建筑节能先进典型、经验和做法，曝光用能浪费行为。完善公众参与制度，提高公共建筑业主、物业公司及公众对提升能源利用效率的认识，积极参与节能工作。

第 6 节　《国务院办公厅关于大力发展装配式建筑的指导意见》（国办发〔2016〕71 号）（节选）

装配式建筑是用预制部品部件在工地装配而成的建筑。发展装配式建筑是建造方式的重大变革，是推进供给侧结构性改革和新型城镇化发展的重要举措，有利于节约资源能源、减少施工污染、提升劳动生产效率和质量安全水平，有利于促进建筑业与信息化工业化深度融合、培育新产业新动能、推动化解过剩产能。近年来，我国积极探索发展装配式建筑，但建造方式大多仍以现场浇筑为主，装配式建筑比例和规模化程度较低，与发展绿色建筑的有关要求以及先进建造方式相比还有很大差距。为贯彻落实《中共中央国务院关于进一步加强城市规划建设管理工作的若干意见》和《政府工作报告》部署，大力发展装配式建筑，经国务院同意，国务院办公厅提出以下意见。

1.6.1　总体要求

1. 指导思想

全面贯彻党的十八大和十八届三中、四中、五中全会以及中央城镇化工作会议、中央城市工作会议精神，认真落实党中央、国务院决策部署，按照"五位一体"总体布局和

"四个全面"战略布局，牢固树立和贯彻落实创新、协调、绿色、开放、共享的发展理念，按照适用、经济、安全、绿色、美观的要求，推动建造方式创新，大力发展装配式混凝土建筑和钢结构建筑，在具备条件的地方倡导发展现代木结构建筑，不断提高装配式建筑在新建建筑中的比例。坚持标准化设计、工厂化生产、装配化施工、一体化装修、信息化管理、智能化应用，提高技术水平和工程质量，促进建筑产业转型升级。

2. 基本原则

坚持市场主导、政府推动。适应市场需求，充分发挥市场在资源配置中的决定性作用，更好发挥政府规划引导和政策支持作用，形成有利的体制机制和市场环境，促进市场主体积极参与、协同配合，有序发展装配式建筑。

坚持分区推进、逐步推广。根据不同地区的经济社会发展状况和产业技术条件，划分重点推进地区、积极推进地区和鼓励推进地区，因地制宜、循序渐进，以点带面、试点先行，及时总结经验，形成局部带动整体的工作格局。

坚持顶层设计、协调发展。把协同推进标准、设计、生产、施工、使用维护等作为发展装配式建筑的有效抓手，推动各个环节有机结合，以建造方式变革促进工程建设全过程提质增效，带动建筑业整体水平的提升。

3. 工作目标

以京津冀、长三角、珠三角三大城市群为重点推进地区，常住人口超过 300 万的其他城市为积极推进地区，其余城市为鼓励推进地区，因地制宜发展装配式混凝土结构、钢结构和现代木结构等装配式建筑。力争用 10 年左右的时间，使装配式建筑占新建建筑面积的比例达到 30％。同时，逐步完善法律法规、技术标准和监管体系，推动形成一批设计、施工、部品部件规模化生产企业，具有现代装配建造水平的工程总承包企业以及与之相适应的专业化技能队伍。

1.6.2　重点任务

1. 健全标准规范体系

加快编制装配式建筑国家标准、行业标准和地方标准，支持企业编制标准、加强技术创新，鼓励社会组织编制团体标准，促进关键技术和成套技术研究成果转化为标准规范。强化建筑材料标准、部品部件标准、工程标准之间的衔接。制（修）订装配式建筑工程定额等计价依据。完善装配式建筑防火抗震防灾标准。研究建立装配式建筑评价标准和方法。逐步建立完善覆盖设计、生产、施工和使用维护全过程的装配式建筑标准规范体系。

2. 创新装配式建筑设计

统筹建筑结构、机电设备、部品部件、装配施工、装饰装修，推行装配式建筑一体化集成设计。推广通用化、模数化、标准化设计方式，积极应用建筑信息模型技术，提高建筑领域各专业协同设计能力，加强对装配式建筑建设全过程的指导和服务。鼓励设计单位与科研院所、高校等联合开发装配式建筑设计技术和通用设计软件。

3. 优化部品部件生产

引导建筑行业部品部件生产企业合理布局，提高产业聚集度，培育一批技术先进、专业配套、管理规范的骨干企业和生产基地。支持部品部件生产企业完善产品品种和规格，促进专业化、标准化、规模化、信息化生产，优化物流管理，合理组织配送。积极引导设备制造企业研发部品部件生产装备机具，提高自动化和柔性加工技术水平。建立部品部件质量验收机制，确保产品质量。

4. 提升装配施工水平

引导企业研发应用与装配式施工相适应的技术、设备和机具，提高部品部件的装配施工连接质量和建筑安全性能。鼓励企业创新施工组织方式，推行绿色施工，应用结构工程与分部分项工程协同施工新模式。支持施工企业总结编制施工工法，提高装配施工技能，实现技术工艺、组织管理、技能队伍的转变，打造一批具有较高装配施工技术水平的骨干企业。

5. 推进建筑全装修

实行装配式建筑装饰装修与主体结构、机电设备协同施工。积极推广标准化、集成化、模块化的装修模式，促进整体厨卫、轻质隔墙等材料、产品和设备管线集成化技术的应用，提高装配化装修水平。倡导菜单式全装修，满足消费者个性化需求。

6. 推广绿色建材

提高绿色建材在装配式建筑中的应用比例。开发应用品质优良、节能环保、功能良好的新型建筑材料，并加快推进绿色建材评价。鼓励装饰与保温隔热材料一体化应用。推广应用高性能节能门窗。强制淘汰不符合节能环保要求、质量性能差的建筑材料，确保安全、绿色、环保。

7. 推行工程总承包

装配式建筑原则上应采用工程总承包模式，可按照技术复杂类工程项目招投标。工程总承包企业要对工程质量、安全、进度、造价负总责。要健全与装配式建筑总承包相适应的发包承包、施工许可、分包管理、工程造价、质量安全监管、竣工验收等制度，实现工程设计、部品部件生产、施工及采购的统一管理和深度融合，优化项目管理方式。鼓励建立装配式建筑产业技术创新联盟，加大研发投入，增强创新能力。支持大型设计、施工和部品部件生产企业通过调整组织架构、健全管理体系，向具有工程管理、设计、施工、生产、采购能力的工程总承包企业转型。

8. 确保工程质量安全

完善装配式建筑工程质量安全管理制度，健全质量安全责任体系，落实各方主体质量安全责任。加强全过程监管，建设和监理等相关方可采用驻厂监造等方式加强部品部件生产质量管控；施工企业要加强施工过程质量安全控制和检验检测，完善装配施工质量保证体系；在建筑物明显部位设置永久性标牌，公示质量安全责任主体和主要责任人。加强行业监管，明确符合装配式建筑特点的施工图审查要求，建立全过程质量追溯制度，加大抽查抽测力度，严肃查处质量安全违法违规行为。

1.6.3　保障措施

1. 加强组织领导

各地区要因地制宜研究提出发展装配式建筑的目标和任务，建立健全工作机制，完善配套政策，组织具体实施，确保各项任务落到实处。各有关部门要加大指导、协调和支持力度，将发展装配式建筑作为贯彻落实中央城市工作会议精神的重要工作，列入城市规划建设管理工作监督考核指标体系，定期通报考核结果。

2. 加大政策支持

建立健全装配式建筑相关法律法规体系。结合节能减排、产业发展、科技创新、污染防治等方面政策，加大对装配式建筑的支持力度。支持符合高新技术企业条件的装配式建筑部品部件生产企业享受相关优惠政策。符合新型墙体材料目录的部品部件生产企业，可按规定享受增值税即征即退优惠政策。在土地供应中，可将发展装配式建筑的相关要求纳入供地方案，并落实到土地使用合同中。鼓励各地结合实际出台支持装配式建筑发展的规划审批、土地供应、基础设施配套、财政金融等相关政策措施。政府投资工程要带头发展装配式建筑，推动装配式建筑"走出去"。在中国人居环境奖评选、国家生态园林城市评估、绿色建筑评价等工作中增加装配式建筑方面的指标要求。

3. 强化队伍建设

大力培养装配式建筑设计、生产、施工、管理等专业人才。鼓励高等学校、职业学校设置装配式建筑相关课程，推动装配式建筑企业开展校企合作，创新人才培养模式。在建筑行业专业技术人员继续教育中增加装配式建筑相关内容。加大职业技能培训资金投入，建立培训基地，加强岗位技能提升培训，促进建筑业农民工向技术工人转型。加强国际交流合作，积极引进海外专业人才参与装配式建筑的研发、生产和管理。

4. 做好宣传引导

通过多种形式深入宣传发展装配式建筑的经济社会效益，广泛宣传装配式建筑基本知识，提高社会认知度，营造各方共同关注、支持装配式建筑发展的良好氛围，促进装配式建筑相关产业和市场发展。

第7节　《"十三五"装配式建筑行动方案》（节选）

为深入贯彻《国务院办公厅关于大力发展装配式建筑的指导意见》（国办发〔2016〕71号）和《国务院办公厅关于促进建筑业持续健康发展的意见》（国办发〔2017〕19号），进一步明确阶段性工作目标，落实重点任务，强化保障措施，突出抓规划、抓标准、抓产业、抓队伍，促进装配式建筑全面发展，住房和城乡建设部于2017年3月23日印发《"十三五"装配式建筑行动方案》。

1.7.1　确定工作目标

到2020年，全国装配式建筑占新建建筑的比例达到15%以上，其中重点推进地区达到20%以上，积极推进地区达到15%以上，鼓励推进地区达到10%以上。鼓励各地制定更高的发展目标。建立健全装配式建筑政策体系、规划体系、标准体系、技术体系、产品体系和监管体系，形成一批装配式建筑设计、施工、部品部件规模化生产企业和工程总承包企业，形成装配式建筑专业化队伍，全面提升装配式建筑质量、效益和品质，实现装配式建筑全面发展。

到2020年，培育50个以上装配式建筑示范城市，200个以上装配式建筑产业基地，500个以上装配式建筑示范工程，建设30个以上装配式建筑科技创新基地，充分发挥示范引领和带动作用。

1.7.2　明确重点任务

1. 编制发展规划

各省（区、市）和重点城市住房和城乡建设主管部门要抓紧编制完成装配式建筑发展规划，明确发展目标和主要任务，细化阶段性工作安排，提出保障措施。重点做好装配式建筑产业发展规划，合理布局产业基地，实现市场供需基本平衡。

制定全国木结构建筑发展规划，明确发展目标和任务，确定重点发展地区，开展试点示范。具备木结构建筑发展条件的地区可编制专项规划。

2. 健全标准体系

建立完善覆盖设计、生产、施工和使用维护全过程的装配式建筑标准规范体系。支持地方、社会团体和企业编制装配式建筑相关配套标准，促进关键技术和成套技术研究成果转化为标准规范。编制与装配式建筑相配套的标准图集、工法、手册、指南等。

强化建筑材料标准、部品部件标准、工程建设标准之间的衔接。建立统一的部品部件产品标准和认证、标识等体系，制定相关评价通则，健全部品部件设计、生产和施工工艺标准。严格执行《建筑模数协调标准》、部品部件公差标准，健全功能空间与部品部件之间的协调标准。

积极开展《装配式混凝土建筑技术标准》《装配式钢结构建筑技术标准》《装配式木结构建筑技术标准》以及《装配式建筑评价标准》宣传贯彻和培训交流活动。

3. 完善技术体系

建立装配式建筑技术体系和关键技术、配套部品部件评估机制，梳理先进成熟可靠的新技术、新产品、新工艺，定期发布装配式建筑技术和产品公告。

加大研发力度。研究装配率较高的多高层装配式混凝土建筑的基础理论、技术体系和施工工艺工法，研究高性能混凝土、高强钢筋和消能减震、预应力技术在装配式建筑中的应用。突破钢结构建筑在围护体系、材料性能、连接工艺等方面的技术瓶颈。推进中国特色现代木结构建筑技术体系及中高层木结构建筑研究。推动"钢-混""钢-木""木-混"等装配式组合结构的研发应用。

4. 提高设计能力

全面提升装配式建筑设计水平。推行装配式建筑一体化集成设计，强化装配式建筑设计对部品部件生产、安装施工、装饰装修等环节的统筹。推进装配式建筑标准化设计，提高标准化部品部件的应用比例。装配式建筑设计深度要达到相关要求。

提升设计人员装配式建筑设计理论水平和全产业链统筹把握能力，发挥设计人员主导作用，为装配式建筑提供全过程指导。提倡装配式建筑在方案策划阶段进行专家论证和技术咨询，促进各参与主体形成协同合作机制。

建立适合建筑信息模型（BIM）技术应用的装配式建筑工程管理模式，推进 BIM 技术在装配式建筑规划、勘察、设计、生产、施工、装修、运行维护全过程的集成应用，实现工程建设项目全生命周期数据共享和信息化管理。

5. 增强产业配套能力

统筹发展装配式建筑设计、生产、施工及设备制造、运输、装修和运行维护等全产业链，增强产业配套能力。

建立装配式建筑部品部件库，编制装配式混凝土建筑、钢结构建筑、木结构建筑、装配化装修的标准化部品部件目录，促进部品部件社会化生产。采用植入芯片或标注二维码等方式，实现部品部件生产、安装、维护全过程质量可追溯。建立统一的部品部件标准、认证与标识信息平台，公开发布相关政策、标准、规则程序、认证结果及采信信息。建立部品部件质量验收机制，确保产品质量。

完善装配式建筑施工工艺和工法，研发与装配式建筑相适应的生产设备、施工设备、机具和配套产品，提高装配施工、安全防护、质量检验、组织管理的能力和水平，提升部品部件的施工质量和整体安全性能。

培育一批设计、生产、施工一体化的装配式建筑骨干企业，促进建筑企业转型发展。发挥装配式建筑产业技术创新联盟的作用，加强产学研用等各种市场主体的协同创新能力，促进新技术、新产品的研发与应用。

6. 推行工程总承包

各省（区、市）住房和城乡建设主管部门要按照"装配式建筑原则上应采用工程总承包模式，可按照技术复杂类工程项目招投标"的要求，制定具体措施，加快推进装配式建筑项目采用工程总承包模式。工程总承包企业要对工程质量、安全、进度、造价负总责。

装配式建筑项目可采用"设计—采购—施工"（EPC）总承包或"设计—施工"（D—B）总承包等工程项目管理模式。政府投资工程应带头采用工程总承包模式。设计、施工、开发、生产企业可单独或组成联合体承接装配式建筑工程总承包项目，实施具体的设计、施工任务时应由有相应资质的单位承担。

7. 推进建筑全装修

推行装配式建筑全装修成品交房。各省（区、市）住房和城乡建设主管部门要制定政策措施，明确装配式建筑全装修的目标和要求。推行装配式建筑全装修与主体结构、机电设备一体化设计和协同施工。全装修要提供大空间灵活分隔及不同档次和风格的菜单式装修方案，满足消费者个性化需求。完善《住宅质量保证书》和《住宅使用说明书》文本关于装修的相关内容。

加快推进装配化装修，提倡干法施工，减少现场湿作业。推广集成厨房和卫生间、预制隔墙、主体结构与管线相分离等技术体系。建设装配化装修试点示范工程，通过示范项目的现场观摩与交流培训等活动，不断提高全装修综合水平。

8. 促进绿色发展

积极推进绿色建材在装配式建筑中应用。编制装配式建筑绿色建材产品目录。推广绿色多功能复合材料，发展环保型木质复合、金属复合、优质化学建材及新型建筑陶瓷等绿色建材。到 2020 年，绿色建材在装配式建筑中的应用比例达到 50％以上。

装配式建筑要与绿色建筑、超低能耗建筑等相结合，鼓励建设综合示范工程。装配式建筑要全面执行绿色建筑标准，并在绿色建筑评价中逐步加大装配式建筑的权重。推动太阳能光热光伏、地源热泵、空气源热泵等可再生能源与装配式建筑一体化应用。

9. 提高工程质量安全

加强装配式建筑工程质量安全监管，严格控制装配式建筑现场施工安全和工程质量，强化质量安全责任。

加强装配式建筑工程质量安全检查，重点检查连接节点施工质量、起重机械安全管理等，全面落实装配式建筑工程建设过程中各方责任主体履行责任情况。

加强工程质量安全监管人员业务培训，提升适应装配式建筑的质量安全监管能力。

10. 培育产业队伍

开展装配式建筑人才和产业队伍专题研究，摸清行业人才基数及需求规模，制定装配式建筑人才培育相关政策措施，明确目标任务，建立有利于装配式建筑人才培养和发展的长效机制。

加快培养与装配式建筑发展相适应的技术和管理人才，包括行业管理人才、企业领军人才、专业技术人员、经营管理人员和产业工人队伍。开展装配式建筑工人技能评价，引导装配式建筑相关企业培养自有专业人才队伍，促进建筑业农民工转化为技术工人。促进建筑劳务企业转型创新发展，建设专业化的装配式建筑技术工人队伍。

依托相关的院校、骨干企业、职业培训机构和公共实训基地，设置装配式建筑相关课程，建立若干装配式建筑人才教育培训基地。在建筑行业相关人才培养和继续教育中增加装配式建筑相关内容。推动装配式建筑企业开展企校合作，创新人才培养模式。

1.7.3　保障措施

1. 落实支持政策

各省（区、市）住房和城乡建设主管部门要制定贯彻国办发〔2016〕71 号文件的实施方案，逐项提出落实政策和措施。鼓励各地创新支持政策，加强对供给侧和需求侧的双向支持力度，利用各种资源和渠道，支持装配式建筑的发展，特别是要积极协调国土部门在土地出让或划拨时，将装配式建筑作为建设条件内容，在土地出让合同或土地划拨决定书中明确具体要求。装配式建筑工程可参照重点工程报建流程纳入工程审批绿色通道。各地可将装配率水平作为支持鼓励政策的依据。

强化项目落地，要在政府投资和社会投资工程中落实装配式建筑要求，将装配式建筑工作细化为具体的工程项目，建立装配式建筑项目库，于每年第一季度向社会发布当年项目的名称、位置、类型、规模、开工竣工时间等信息。

在中国人居环境奖评选、国家生态园林城市评估、绿色建筑等工作中增加装配式建筑方面的指标要求，并不断完善。

2. 创新工程管理

各级住房和城乡建设主管部门要改革现行工程建设管理制度和模式，在招标投标、施工许可、部品部件生产、工程计价、质量监督和竣工验收等环节进行建设管理制度改革，促进装配式建筑发展。

建立装配式建筑全过程信息追溯机制，把生产、施工、装修、运行维护等全过程纳入信息化平台，实现数据即时上传、汇总、监测及电子归档管理等，增强行业监管能力。

3. 建立统计上报制度

建立装配式建筑信息统计制度，搭建全国装配式建筑信息统计平台。要重点统计装配式建筑总体情况和项目进展、部品部件生产状况及其产能、市场供需情况、产业队伍等信息，并定期上报。按照《装配式建筑评价标准》规定，用装配率作为装配式建筑认定指标。

4. 强化考核监督

住房和城乡建设部每年 4 月底前对各地进行建筑节能与装配式建筑专项检查，重点检查各地装配式建筑发展目标完成情况、产业发展情况、政策出台情况、标准规范编制情况、质量安全情况等，并通报考核结果。

各省（区、市）住房和城乡建设主管部门要将装配式建筑发展情况列入重点考核督查项目，作为住房和城乡建设领域一项重要考核指标。

5. 加强宣传推广

各省（区、市）住房和城乡建设主管部门要积极行动，广泛宣传推广装配式建筑示范城市、产业基地、示范工程的经验。充分发挥相关企事业单位、行业学协会的作用，开展装配式建筑的技术经济政策解读和宣传贯彻活动。鼓励各地举办或积极参加各种形式的装配式建筑展览会、交流会等活动，加强行业交流。

要通过电视、报刊、网络等多种媒体和售楼处等多种场所，以及宣传手册、专家解读文章、典型案例等各种形式普及装配式建筑相关知识，宣传发展装配式建筑的经济社会环境效益和装配式建筑的优越性，提高公众对装配式建筑的认知度，营造各方共同关注、支持装配式建筑发展的良好氛围。

各省（区、市）住房和城乡建设主管部门要切实加强对装配式建筑工作的组织领导，建立健全工作和协商机制，落实责任分工，加强监督考核，扎实推进装配式建筑全面发展。

第 8 节　《住房和城乡建设部关于印发工程质量安全提升行动方案的通知》（建质〔2017〕57 号）（节选）

百年大计，质量第一；安全生产，人命关天。为进一步提升工程质量安全水平，确保人民群众生命财产安全，促进建筑业持续健康发展，住房和城乡建设部于 2017 年 3 月 3 日印发工程质量安全提升行动方案。

1.8.1　指导思想

贯彻落实《中共中央国务院关于进一步加强城市规划建设管理工作的若干意见》和《国务院办公厅关于促进建筑业持续健康发展的意见》（国办发〔2017〕19 号）精神，巩固工程质量治理两年行动成果，围绕"落实主体责任"和"强化政府监管"两个重点，坚持企业管理与项目管理并重、企业责任与个人责任并重、质量安全行为与工程实体质量安全并重、深化建筑业改革与完善质量安全管理制度并重，严格监督管理，严格责任落实，严格责任追究，着力构建质量安全提升长效机制，全面提升工程质量安全水平。

1.8.2　总体目标

通过开展工程质量安全提升行动（以下简称提升行动），用 3 年左右时间，进一步完善工程质量安全管理制度，落实工程质量安全主体责任，强化工程质量安全监管，提高工程项目质量安全管理水平，提高工程技术创新能力，使全国工程质量安全总体水平得到明显提升。

1.8.3　重点任务

1. 落实主体责任

（1）严格落实工程建设参建各方主体责任。进一步完善工程质量安全管理制度和责任体系，全面落实各方主体的质量安全责任，特别是要强化建设单位的首要责任和勘察、设计、施工单位的主体责任。

（2）严格落实项目负责人责任。严格执行建设、勘察、设计、施工、监理等五方主体项目负责人质量安全责任规定，强化项目负责人的质量安全责任。

（3）严格落实从业人员责任。强化个人执业管理，落实注册执业人员的质量安全责任，规范从业行为，推动建立个人执业保险制度，加大执业责任追究力度。

（4）严格落实工程质量终身责任。进一步完善工程质量终身责任制，严格执行工程质量终身责任书面承诺、永久性标牌、质量信息档案等制度，加大质量责任追究力度。

2. 提升项目管理水平

（1）提升建筑设计水平。贯彻落实"适用、经济、绿色、美观"的新时期建筑方针，倡导开展建筑评论，促进建筑设计理念的融合和升华。探索建立大型公共建筑工程后评估制度。完善激励机制，引导激发优秀设计创作和建筑设计人才队伍建设。

（2）推进工程质量管理标准化。完善工程质量管控体系，建立质量管理标准化制度和评价体系，推进质量行为管理标准化和工程实体质量控制标准化。开展工程质量管理标准化示范活动，实施样板引路制度。制定并推广应用简洁、适用、易执行的岗位标准化手册，将质量责任落实到人。

（3）提升建筑施工本质安全水平。深入开展建筑施工企业和项目安全生产标准化考评，推动建筑施工企业实现安全行为规范化和安全管理标准化，提升施工人员的安全生产意识和安全技能。

（4）提升城市轨道交通工程风险管控水平。建立施工关键节点风险控制制度，强化工程重要部位和关键环节施工安全条件审查。构建风险分级管控和隐患排查治理双重预防工作机制，落实企业质量安全风险自辨自控、隐患自查自治责任。

3. 提升技术创新能力

（1）推进信息化技术应用。加快推进建筑信息模型（BIM）技术在规划、勘察、设计、施工和运营维护全过程的集成应用。推进勘察设计文件数字化交付、审查和存档工作。加强工程质量安全监管信息化建设，推行工程质量安全数字化监管。

（2）推广工程建设新技术。加快先进建造设备、智能设备的推广应用，大力推广建筑业 10 项新技术和城市轨道交通工程关键技术等先进适用技术，推广应用工程建设专有技术和工法，以技术进步支撑装配式建筑、绿色建造等新型建造方式发展。

（3）提升减隔震技术水平。推进减隔震技术应用，加强工程建设和使用维护管理，建立减隔震装置质量检测制度，提高减隔震工程质量。

4. 健全监督管理机制

（1）加强政府监管。强化对工程建设全过程的质量安全监管，重点加强对涉及公共安全的工程地基基础、主体结构等部位和竣工验收等环节的监督检查。完善施工图设计文件审查制度，规范设计变更行为。开展监理单位向政府主管部门报告质量监理情况的试点，充分发挥监理单位在质量控制中的作用。加强工程质量检测管理，严厉打击出具虚假报告等行为。推进质量安全诚信体系建设，建立健全信用评价和惩戒机制，强化信用约束。推动发展工程质量保险。

（2）加强监督检查。推行"双随机、一公开"检查方式，加大抽查抽测力度，加强工程质量安全监督执法检查。深入开展以深基坑、高支模、起重机械等危险性较大的分部分项工程为重点的建筑施工安全专项整治。加大对轨道交通工程新开工、风险事故频发以及发生较大事故城市的监督检查力度。组织开展新建工程抗震设防专项检查，重点检查超限高层建筑工程和减隔震工程。

（3）加强队伍建设。加强监督队伍建设，保障监督机构人员和经费。开展对监督机构人员配置和经费保障情况的督查。推进监管体制机制创新，不断提高监管执法的标准化、规范化、信息化水平。鼓励采取政府购买服务的方式，委托具备条件的社会力量进行监督检查。完善监督层级考核机制，落实监管责任。

1.8.4 实施步骤

1. 动员部署（2017年3月）

各地住房和城乡建设主管部门要按照本方案，因地制宜制定具体实施方案，全面动员部署提升行动。各省、自治区、直辖市住房和城乡建设主管部门要在2017年3月31日前将实施方案报住房和城乡建设部工程质量安全监管司。

2. 组织实施（2017年3月～2019年12月）

各地住房和城乡建设主管部门要加强监督检查，强化责任落实。各市、县住房和城乡建设主管部门要在加强日常监督检查、抽查抽测的基础上，每半年对本地区在建工程项目全面排查一次；各省、自治区、直辖市住房和城乡建设主管部门每半年对本行政区域工程项目进行一次重点抽查和提升行动督导检查。住房和城乡建设部每年组织一次全国督查，并定期通报各地开展提升行动的进展情况。

3. 总结推广（2020年1月）

各地住房和城乡建设主管部门要认真总结经验，深入分析问题及原因，研究提出改进工作措施和建议。对提升行动中工作突出、成效显著的单位和个人，予以通报表扬。

第2章 新标准、新规范

第1节 《建筑节能工程施工质量验收标准》
GB 50411—2019（节选）

《建筑节能工程施工质量验收标准》为国家标准，编号为 GB 50411—2019，自 2019 年 12 月 1 日起实施。本节采用原文体例格式。

本标准的主要技术内容是：1. 总则；2. 术语；3. 基本规定；4. 墙体节能工程；5. 幕墙节能工程；6. 门窗节能工程；7. 屋面节能工程；8. 地面节能工程；9. 供暖节能工程；10. 通风与空调节能工程；11. 空调与供暖系统冷热源及管网节能工程；12. 配电与照明节能工程；13. 监测与控制节能工程；14. 地源热泵换热系统节能工程；15. 太阳能光热系统节能工程；16. 太阳能光伏节能工程；17. 建筑节能工程现场检验；18. 建筑节能分部工程质量验收等。

其中，第 3.1.2、4.2.2、4.2.3、4.2.7、5.2.2、6.2.2、7.2.2、8.2.2、9.2.2、9.2.3、10.2.2、11.2.2、12.2.2、12.2.3、15.2.2、15.2.6、18.0.5 条为强制性条文，必须严格执行。具体内容如下：

3.1.2 当工程设计变更时，建筑节能性能不得降低，且不得低于国家现行有关建筑节能设计标准的规定。

4.2.2 墙体节能工程使用的材料、产品进场时，应对其下列性能进行复验，复验应为见证取样检验：

　　1 保温隔热材料的导热系数或热阻、密度、压缩强度或抗压强度、垂直于板面方向的抗拉强度、吸水率、燃烧性能（不燃材料除外）；

　　2 复合保温板等墙体节能定型产品的传热系数或热阻、单位面积质量、拉伸粘结强度、燃烧性能（不燃材料除外）；

　　3 保温砌块等墙体节能定型产品的传热系数或热阻、抗压强度、吸水率；

　　4 反射隔热材料的太阳光反射比，半球发射率；

　　5 粘结材料的拉伸粘结强度；

　　6 抹面材料的拉伸粘结强度、压折比；

　　7 增强网的力学性能、抗腐蚀性能。

检验方法：核查质量证明文件；随机抽样检验，核查复验报告，其中：导热系数（传热系数）或热阻、密度或单位面积质量、燃烧性能必须在同一个报告中。

检查数量：同厂家、同品种产品，按照扣除门窗洞口后的保温墙面面积所使用的材料用量，在 5000m² 以内时应复验 1 次；面积每增加 5000m² 应增加 1 次。同工程项目、同施工单位且同期施工的多个单位工程，可合并计算抽检面积。当符合本标准第 3.2.3 条的规定时，检验批容量可以扩大一倍。

4.2.3　外墙外保温工程应采用预制构件、定型产品或成套技术，并应由同一供应商提供配套的组成材料和型式检验报告。型式检验报告中应包括耐候性和抗风压性能检验项目以及配套组成材料的名称、生产单位、规格型号及主要性能参数。

检验方法：核查质量证明文件和型式检验报告。

检查数量：全数检查。

4.2.7　墙体节能工程的施工质量，必须符合下列规定：

1　保温隔热材料的厚度不得低于设计要求；

2　保温板材与基层之间及各构造层之间的粘结或连接必须牢固。保温板材与基层的连接方式、拉伸粘结强度和粘结面积比应符合设计要求。保温板材与基层之间的拉伸粘结强度应进行现场拉拔试验，且不得在界面破坏。粘结面积比应进行剥离检验；

3　当采用保温浆料做外保温时，厚度大于20mm的保温浆料应分层施工。保温浆料与基层之间及各层之间的粘结必须牢固，不应脱层、空鼓和开裂；

4　当保温层采用锚固件固定时，锚固件数量、位置、锚固深度、胶结材料性能和锚固力应符合设计和施工方案的要求；保温装饰板的锚固件应使其装饰面板可靠固定；锚固力应做现场拉拔试验。

检验方法：观察、手扳检查；核查隐蔽工程验收记录和检验报告。保温材料厚度采用现场钢针插入或剖开后尺量检查；拉伸粘结强度按照本标准附录B的检验方法进行现场检验；粘结面积比按本标准附录C的检验方法进行现场检验；锚固力检验应按现行行业标准《保温装饰板外墙外保温系统材料》JG/T 287的试验方法进行；锚栓拉拔力检验应按现行行业标准《外墙保温用锚栓》JG/T 366的试验方法进行。

检查数量：每个检验批应抽查3处。

5.2.2　幕墙（含采光顶）节能工程使用的材料、构件进场时，应对其下列性能进行复验，复验应为见证取样检验：

1　保温隔热材料的导热系数或热阻、密度、吸水率、燃烧性能（不燃材料除外）；

2　幕墙玻璃的可见光透射比、传热系数、遮阳系数、中空玻璃的密封性能；

3　隔热型材的抗拉强度、抗剪强度；

4　透光、半透光遮阳材料的太阳光透射比、太阳光反射比。

检验方法：核查质量证明文件、计算书、复验报告，其中：导热系数或热阻、密度、燃烧性能必须在同一个报告中；随机抽样检验，中空玻璃密封性能按照本标准附录E的检验方法检测。

检查数量：同厂家、同品种产品，幕墙面积在3000m² 以内时应复验1次；面积每增加3000m² 应增加1次。同工程项目、同施工单位且同期施工的多个单位工程，可合并计算抽检面积。

6.2.2　门窗（包括天窗）节能工程使用的材料、构件进场时，应按工程所处的气候区核查质量证明文件、节能性能标识证书、门窗节能性能计算书、复验报告，并应对下列性能进行复验，复验应为见证取样检验：

　　1　严寒、寒冷地区：门窗的传热系数、气密性能；

　　2　夏热冬冷地区：门窗的传热系数气密性能，玻璃的遮阳系数、可见光透射比；

　　3　夏热冬暖地区：门窗的气密性能，玻璃的遮阳系数、可见光透射比；

　　4　严寒、寒冷、夏热冬冷和夏热冬暖地区：透光、部分透光遮阳材料的太阳光透射比、太阳光反射比，中空玻璃的密封性能。

　　检验方法：具有国家建筑门窗节能性能标识的门窗产品，验收时应对照标识证书和计算报告，核对相关的材料、附件、节点构造，复验玻璃的节能性能指标（即可见光透射比、太阳得热系数、传热系数、中空玻璃的密封性能），可不再进行产品的传热系数和气密性能复验。应核查标识证书与门窗的一致性，核查标识的传热系数和气密性能等指标，并按门窗节能性能标识模拟计算报告核对门窗节点构造。中空玻璃密封性能按照本标准附录 E 的检验方法进行检验。

　　检查数量：质量证明文件、复验报告和计算报告等全数核查；按同厂家、同材质、同开启方式、同型材系列的产品各抽查一次；对于有节能性能标识的门窗产品，复验时可仅核查标识证书和玻璃的检测报告。同工程项目、同施工单位且同期施工的多个单位工程，可合并计算抽检数量。

7.2.2　屋面节能工程使用的材料进场时，应对其下列性能进行复验，复验应为见证取样检验：

　　1　保温隔热材料的导热系数或热阻、密度、压缩强度或抗压强度、吸水率、燃烧性能（不燃材料除外）；

　　2　反射隔热材料的太阳光反射比、半球发射率。

　　检验方法：核查质量证明文件，随机抽样检验，核查复验报告，其中：导热系数或热阻、密度、燃烧性能必须在同一个报告中。

　　检查数量：同厂家、同品种产品，扣除天窗、采光顶后的屋面面积在 $1000m^2$ 以内时应复验 1 次；面积每增加 $1000m^2$ 应增加复验 1 次。同工程项目、同施工单位且同期施工的多个单位工程，可合并计算抽检面积。当符合本标准第 3.2.3 条的规定时，检验批容量可以扩大一倍。

8.2.2　地面节能工程使用的保温材料进场时，应对其导热系数或热阻、密度、压缩强度或抗压强度、吸水率、燃烧性能（不燃材料除外）等性能进行复验，复验应为见证取样检验。

　　检验方法：核查质量证明文件，随机抽样检验，核查复验报告，其中：导热系数或热阻、密度、燃烧性能必须在同一个报告中。

　　检查数量：同厂家、同品种产品，地面面积在 $1000m^2$ 以内时应复验 1 次；面积每增加 $1000m^2$ 应增加 1 次。同工程项目、同施工单位且同期施工的多个单位工程，可合并计算抽检面积。当符合本标准第 3.2.3 条的规定时，检验批容量可以扩大一倍。

9.2.2 供暖节能工程使用的散热器和保温材料进场时，应对其下列性能进行复验，复验应为见证取样检验：

　　1　散热器的单位散热量、金属热强度；
　　2　保温材料的导热系数或热阻、密度、吸水率。

　　检验方法：核查复验报告。

　　检查数量：同厂家、同材质的散热器，数量在 500 组及以下时，抽检 2 组；当数量每增加 1000 组时应增加抽检 1 组。同工程项目、同施工单位且同期施工的多个单位工程可合并计算。当符合本标准第 3.2.3 条规定时，检验批容量可以扩大一倍。同厂家、同材质的保温材料，复验次数不得少于 2 次。

9.2.3 供暖系统安装的温度调控装置和热计量装置，应满足设计要求的分室（户或区）温度调控、楼栋热计量和分户（区）热计量功能。

　　检验方法：观察检查，核查调试报告。
　　检查数量：全数检查。

10.2.2 通风与空调节能工程使用的风机盘管机组和绝热材料进场时，应对其下列性能进行复验，复验应为见证取样检验：

　　1　风机盘管机组的供冷量、供热量、风量、水阻力、功率及噪声；
　　2　绝热材料的导热系数或热阻、密度、吸水率。

　　检验方法：核查复验报告。

　　检查数量：按结构形式抽检，同厂家的风机盘管机组数量在 500 台及以下时，抽检 2 台；每增加 1000 台时应增加抽检 1 台。同工程项目、同施工单位且同期施工的多个单位工程可合并计算。当符合本标准第 3.2.3 条规定时，检验批容量可以扩大一倍。同厂家、同材质的绝热材料，复验次数不得少于 2 次。

11.2.2 空调与供暖系统冷热源及管网节能工程的预制绝热管道、绝热材料进场时，应对绝热材料的导热系数或热阻、密度、吸水率等性能进行复验，复验应为见证取样检验。

　　检验方法：核查复验报告。
　　检查数量：同厂家、同材质的绝热材料，复验次数不得少于 2 次。

12.2.2 配电与照明节能工程使用的照明光源、照明灯具及其附属装置等进场时，应对其下列性能进行复验，复验应为见证取样检验：

　　1　照明光源初始光效；
　　2　照明灯具镇流器能效值；
　　3　照明灯具效率；
　　4　照明设备功率、功率因数和谐波含量值。

　　检验方法：现场随机抽样检验；核查复验报告。

　　检查数量：同厂家的照明光源、镇流器、灯具、照明设备，数量在 200 套（个）及以下时，抽检 2 套（个）；数量在 201～2000 套（个）时，抽检 3 套（个）；当数量在 2000

套（个）以上时，每增加 1000 套（个）时应增加抽检 1 套（个）。同工程项目、同施工单位且同期施工的多个单位工程可合并计算。当符合本标准第 3.2.3 条规定时，检验批容量可以扩大一倍。

12.2.3　低压配电系统使用的电线、电缆进场时，应对其导体电阻值进行复验，复验应为见证取样检验。

检验方法：现场随机抽样检验；核查复验报告。

检查数量：同厂家各种规格总数的 10%，且不少于 2 个规格。

15.2.2　太阳能光热系统节能工程采用的集热设备、保温材料进场时，应对其下列性能进行复验，复验应为见证取样检验：

1　集热设备的热性能；

2　保温材料的导热系数或热阻、密度、吸水率。

检验方法：现场随机抽样检验；核查复验报告。

检查数量：同厂家、同类型的太阳能集热器或太阳能热水器数量在 200 台及以下时，抽检 1 台（套）；200 台以上抽检 2 台（套）。同工程项目、同施工单位且同期施工的多个单位工程可合并计算。当符合本标准第 3.2.3 条的规定时，检验批容量可以扩大一倍。同厂家、同材质的保温材料，复验次数不得少于 2 次。

15.2.6　太阳能光热系统辅助加热设备为电直接加热器时，接地保护必须可靠固定，并应加装防漏电、防干烧等保护装置。

检验方法：观察、测试检查；核查质量证明文件和相关技术资料。

检查数量：全数检查。

18.0.5　建筑节能分部工程质量验收合格，应符合下列规定：

1　分项工程应全部合格；

2　质量控制资料应完整；

3　外墙节能构造现场实体检验结果应符合设计要求；

4　建筑外窗气密性能现场实体检验结果应符合设计要求；

5　建筑设备系统节能性能检测结果应合格。

第 2 节　《建筑结构检测技术标准》GB/T 50344—2019（节选）

《建筑结构检测技术标准》为国家标准，编号为 GB/T 50344—2019，自 2020 年 6 月 1 日起实施。本节采用原文体例格式。

本标准的主要技术内容是：1. 总则；2. 术语和符号；3. 基本规定；4. 混凝土结构；5. 砌体结构；6. 钢结构；7. 钢管混凝土结构和钢-混凝土组合结构；8. 木结构；9. 既有轻型围护结构。

本标准修订的主要技术内容是：1. 明确区分了结构工程质量与既有结构性能的检测和评定；2. 将结构工程材料强度、材料性能和构件检测结论的合格评定改为符合性判定；3. 增加了混凝土长期性能、耐久性能和装配式混凝土结构构件的检测和符合性判定；

4. 增加了砌体强度标准值、砌筑块材性能和强度等级的检测和符合性判定；5. 增加了钢结构节点、稳定性、低温冷脆、累积损伤和钢-混凝土组合结构的专项检测；6. 规定了结构工程能力评定的规则和方法，改善了既有结构性能的评定；7. 增加了结构抗倒塌能力和抵抗偶然作用能力的评定；8. 提出了基于可靠指标的构件承载力分项系数的评定方法；9. 规定了混凝土悬挑构件、抗冲切构件和压弯剪构件承载力模型的调整措施；10. 增加了既有结构适用性评定方法；11. 增加了既有结构剩余使用年数推定方法；12. 增加了轻型围护结构的评定；13. 提出了基于可靠指标确定荷载分项系数的方法。

节选部分内容如下：

4　混凝土结构

4.1　一般规定

4.1.1　混凝土结构和其他结构中的混凝土构件应按本章的规定进行检测和评定。

4.1.2　混凝土结构可分成下列检测项目：

1　原材料质量及性能；

2　构件材料强度；

3　混凝土的性能；

4　构件缺陷与损伤；

5　构件中的钢筋；

6　装配混凝土结构的预制构件和连接节点等。

4.1.3　混凝土结构应进行下列专项评定：

1　使用构件分项系数的构件承载力的评定；

2　悬挑构件、有侧移框架柱等承载力评定时计算模型的调整；

3　多遇地震的适用性评定；

4　混凝土剩余使用年数的推定。

5　砌体结构

5.1　一般规定

5.1.1　砖砌体、砌块砌体和石砌体结构以及其他结构中的砌筑构件应按本章的规定进行检测和评定。

5.1.2　砌体结构可分为砌筑块材、砌筑砂浆、砌体力学性能、砌筑质量、构造要求和结构损伤等检测项目。

5.1.3　砌体结构检测批的划分应符合下列规定：

1　砌筑块材的品种、规格和设计强度等级应相同；

2　砌筑砂浆品种和设计强度等级应相同；

3　砌体应为同一施工单位在同一时期砌筑；

4　检测批砌体的总量不宜超过 250m^3；

5　砌筑基础可分成一个或若干个检测批。

5.1.4　既有砌体结构应进行下列专项评定：

1　存在砌筑质量和构造问题结构的罕遇地震鉴定；

2　具有爆炸或碰撞可能时的抗倒塌能力评定；

3　使用构件分项系数的砌体受压承载力和受剪承载力评定；

4　多遇地震的适用性评定；

5　侵蚀环境砌筑块材剩余使用年数推定。

5.1.5　砌体结构的检测和评定中存在下列现象之一时，必须采取避免造成人员伤亡的有效措施：

1　受压构件出现承载能力极限状态的标志；

2　砌筑墙体出现平面外的变形或位移；

3　装饰装修具有脱落的危险；

4　基础存在明显的不均匀沉降且沉降还在继续发展；

5　建筑内部存在危害人身健康的气体或粉尘。

第 3 节　《钢结构工程施工质量验收标准》 GB 50205—2020（节选）

《钢结构工程施工质量验收标准》为国家标准，编号为 GB 50205—2020，自 2020 年 8 月 1 日起实施。本节采用原文体例格式。

本标准的主要技术内容是：1. 总则；2. 术语和符号；3. 基本规定；4. 原材料及成品验收；5. 焊接工程；6. 紧固件连接工程；7. 钢零件及钢部件加工；8. 钢构件组装工程；9. 钢构件预拼装工程；10. 单层、多高层钢结构安装工程；11. 空间结构安装工程；12. 压型金属板工程；13. 涂装工程；14. 钢结构分部竣工验收。

本次修订的主要技术内容是：1. 调整了章节的安排；2. 将单层钢结构安装工程和多层及高层钢结构安装工程合并为单层、多高层钢结构安装工程；3. 将钢网架结构安装工程调整为空间结构安装工程，增加了钢管桁架结构内容；4. 增加了预应力钢索和膜结构工程内容；5. 增加了钢结构钢材进场验收见证检测方法；6. 增加了装配式金属屋面系统抗风压、风吸性能检测的内容和方法，对钢结构金属屋面系统安全性能进行检测和验收；7. 增加了油漆类防腐涂装工艺评定的内容和方法，强化钢结构涂装施工质量的控制和验收；8. 增加了钢结构工程计量基本原则及方法，完善了钢结构工程竣工验收方面的内容；9. 将钢材进入加工现场时分别按钢板、型钢、铸钢件、钢棒、钢索进行验收，将膜结构材料纳入进场验收内容；10. 将有关允许偏差项目表格改入条文中；11. 在钢零件及钢部件加工分项工程中完善了冷成型和热成型加工的最小曲率半径及铸钢节点加工等；12. 在钢构件组装分项工程中增加并完善了部件拼接等内容，将工厂拼料环节纳入质量控制和验收中；13. 将钢结构安装分项工程按照基础、柱、梁及桁架、节点、支撑次序进行排列，增加了钢板剪力墙；14. 完善了压型金属板分项工程的节点构造和屋面系统；15. 钢结构在涂装分项工程中强化了钢材表面处理和涂装工艺评定的内容；16. 在钢结构分部工程竣工验收中，修改了有关安全及功能的检验和见证检测项目，增加了钢结构工程量计量原则和方法。

节选部分内容如下：

3.0.1 钢结构工程施工单位应有相应的施工技术标准、质量管理体系、质量控制及检验制度，施工现场应有经审批的施工组织设计、施工方案等技术文件。

3.0.2 钢结构工程施工质量的验收，必须采用经计量检定、校准合格的计量器具。钢结构工程见证取样送样应由检测机构完成。

3.0.3 钢结构工程施工中采用的工程技术文件、承包合同文件等对施工质量验收的要求不得低于本标准的规定。

3.0.4 钢结构工程应按下列规定进行施工质量控制：

1 采用的原材料及成品应进行进场验收，凡涉及安全、功能的原材料及成品应按本标准第14.0.2条的规定进行复验，并应经监理工程师（建设单位技术负责人）见证取样送样；

2 各工序应按施工技术标准进行质量控制，每道工序完成后应进行检查；

3 相关各专业之间应进行交接检验，并经监理工程师（建设单位技术负责人）检查认可。

3.0.5 钢结构工程施工质量验收在施工单位自检合格的基础上，按照检验批、分项工程、分部（子分部）工程分别进行验收，钢结构分部（子分部）工程中分项工程的划分，应按现行国家标准《建筑工程施工质量验收统一标准》GB 50300 的规定执行。钢结构分项工程应由一个或若干检验批组成，其各分项工程检验批应按本标准的规定进行划分，并应经监理（或建设单位）确认。

3.0.6 检验批合格质量标准应符合下列规定：

1 主控项目必须满足本标准质量要求；

2 一般项目的检验结果应有80%及以上的检查点（值）满足本标准的要求，且最大值（或最小值）不应超过其允许偏差值的1.2倍。

3.0.7 分项工程合格质量标准应符合下列规定：

1 分项工程所含的各检验批均应满足本标准质量要求；

2 分项工程所含的各检验批质量验收记录应完整。

3.0.8 当钢结构工程施工质量不符合本标准的规定时，应按下列规定进行处理：

1 经返修或更换构（配）件的检验批，应重新进行验收；

2 经法定的检测单位检测鉴定能够达到设计要求的检验批，应予以验收；

3 经法定的检测单位检测鉴定达不到设计要求，但经原设计单位核算认可能够满足结构安全和使用功能的检验批，可予以验收；

4 经返修或加固处理的分项、分部工程，仍能满足结构安全和使用功能要求时，可按处理技术方案和协商文件进行验收；

5 通过返修或加固处理仍不能满足安全使用要求的钢结构分部工程，严禁验收。

4.2.1 钢板的品种、规格、性能应符合国家现行标准的规定并满足设计要求。钢板进场时，应按国家现行标准的规定抽取试件且应进行屈服强度、抗拉强度、伸长率和厚度偏差检验，检验结果应符合国家现行标准的规定。

检查数量：质量证明文件全数检查；抽样数量按进场批次和产品的抽样检验方案确定。

检验方法：检查质量证明文件和抽样检验报告。

4.3.1 型材和管材的品种、规格、性能应符合国家现行标准的规定并满足设计要求。型材和管材进场时，应按国家现行标准的规定抽取试件且应进行屈服强度、抗拉强度、伸长率和厚度偏差检验，检验结果应符合国家现行标准的规定。

检查数量：质量证明文件全数检查；抽样数量按进场批次和产品的抽样检验方案确定。

检验方法：检查质量证明文件和抽样检验报告。

4.4.1 铸钢件的品种、规格、性能应符合国家现行标准的规定并满足设计要求。铸钢件进场时，应按国家现行标准的规定抽取试件且应进行屈服强度、抗拉强度、伸长率和端口尺寸偏差检验，检验结果应符合国家现行标准的规定。

检查数量：质量证明文件全数检查；抽样数量按进场批次和产品的抽样检验方案确定。

检验方法：检查质量证明文件和抽样检验报告。

4.5.1 拉索、拉杆、锚具的品种、规格、性能应符合国家现行标准的规定并满足设计要求。拉索、拉杆、锚具进场时，应按国家现行标准的规定抽取试件且应进行屈服强度、抗拉强度、伸长率和尺寸偏差检验，检验结果应符合国家现行标准的规定。

检查数量：质量证明文件全数检查；抽样数量按进场批次和产品的抽样检验方案确定。

检验方法：检查质量证明文件和抽样检验报告。

4.6.1 焊接材料的品种、规格、性能应符合国家现行标准的规定并满足设计要求。焊接材料进场时，应按国家现行标准的规定抽取试件且应进行化学成分和力学性能检验，检验结果应符合国家现行标准的规定。

检查数量：质量证明文件全数检查；抽样数量按进场批次和产品的抽样检验方案确定。

检验方法：检查质量证明文件和抽样检验报告。

4.7.1 钢结构连接用高强度螺栓连接副的品种、规格、性能应符合国家现行标准的规定并满足设计要求。高强度大六角头螺栓连接副应随箱带有扭矩系数检验报告，扭剪型高强度螺栓连接副应随箱带有紧固轴力（预拉力）检验报告。高强度大六角头螺栓连接副和扭剪型高强度螺栓连接副进场时，应按国家现行标准的规定抽取试件且应分别进行扭矩系数和紧固轴力（预拉力）检验，检验结果应符合国家现行标准的规定。

检查数量：质量证明文件全数检查；抽样数量按进场批次和产品的抽样检验方案确定。

检验方法：检查质量证明文件和抽样检验报告。

5.2.4 设计要求的一、二级焊缝应进行内部缺陷的无损检测，一、二级焊缝的质量等级和检测要求应符合表 5.2.4 的规定。

检查数量：全数检查。

检验方法：检查超声波或射线探伤记录。

一、二级焊缝质量等级及无损检测要求　　　　表 5.2.4

焊缝质量等级		一级	二级
内部缺陷 超声波探伤	缺陷评定等级	Ⅱ	Ⅲ
	检验等级	B级	B级
	检测比例	100%	20%
内部缺陷 射线探伤	缺陷评定等级	Ⅱ	Ⅲ
	检验等级	B级	B级
	检测比例	100%	20%

6.3.1　钢结构制作和安装单位应分别进行高强度螺栓连接摩擦面（含涂层摩擦面）的抗滑移系数试验和复验，现场处理的构件摩擦面应单独进行摩擦面抗滑移系数试验，其结果应满足设计要求。

检查数量：按本标准附录 B 执行。

检验方法：检查摩擦面抗滑移系数试验报告及复验报告。

8.2.1　钢材、钢部件拼接或对接时所采用的焊缝质量等级应满足设计要求。当设计无要求时，应采用质量等级不低于二级的熔透焊缝，对直接承受拉力的焊缝，应采用一级熔透焊缝。

检查数量：全数检查。

检验方法：检查超声波探伤报告。

11.4.1　钢管（闭口截面）构件应有预防管内进水、存水的构造措施，严禁钢管内存水。

检查数量：全数检查。

检验方法：观察检查。

13.2.3　防腐涂料、涂装遍数、涂装间隔、涂层厚度均应满足设计文件、涂料产品标准的要求。当设计对涂层厚度无要求时，涂层干漆膜总厚度：室外不应小于 $150\mu m$，室内不应小于 $125\mu m$。

检查数量：按照构件数抽查 10%，且同类构件不应少于 3 件。

检验方法：用干漆膜测厚仪检查。每个构件检测 5 处，每处的数值为 3 个相距 50mm 测点涂层干漆膜厚度的平均值。漆膜厚度的允许偏差应为 $-25\mu m$。

13.4.3　膨胀型（超薄型、薄涂型）防火涂料、厚涂型防火涂料的涂层厚度及隔热性能应满足国家现行标准有关耐火极限的要求，且不应小于 $-200\mu m$。当采用厚涂型防火涂料涂装时，80% 及以上涂层面积应满足国家现行标准有关耐火极限的要求，且最薄处厚度不应低于设计要求的 85%。

检查数量：按照构件数抽查 10%，且同类构件不应少于 3 件。

检验方法：膨胀型（超薄型、薄涂型）防火涂料采用涂层厚度测量仪，涂层厚度允许偏差应为－5％。厚涂型防火涂料的涂层厚度采用本标准附录 E 的方法检测。

第 4 节　《建设项目工程总承包管理规范》GB/T 50358—2017（节选）

《建设项目工程总承包管理规范》为国家标准，编号为 GB/T 50358—2017，自 2018 年 1 月 1 日起实施。原国家标准《建设项目工程总承包管理规范》GB/T 50358—2005 同时废止。本节采用原文体例格式。

本规范由住房和城乡建设部标准定额研究所组织，中国建筑工业出版社出版发行。

本规范的主要技术内容是：1. 总则；2. 术语；3. 工程总承包管理的组织；4. 项目策划；5. 项目设计管理；6. 项目采购管理；7. 项目施工管理；8. 项目试运行管理；9. 项目风险管理；10. 项目进度管理；11. 项目质量管理；12. 项目费用管理；13. 项目安全、职业健康与环境管理；14. 项目资源管理；15. 项目沟通与信息管理；16. 项目合同管理；17. 项目收尾。

本规范修订的主要技术内容是：1. 删除了原规范"工程总承包管理内容与程序"一章，其内容并入相关章节条文说明；2. 新增加了"项目风险管理""项目收尾"两章；3. 将原规范相关章节的变更管理统一归集到项目合同管理一章。

本规范由住房和城乡建设部负责管理，由中国勘察设计协会负责具体技术内容的解释。

本规范适用于工程总承包企业和项目组织对建设项目的设计、采购、施工和试运行全过程的管理。

节选部分内容如下：

3　工程总承包管理的组织

3.1　一般规定

3.1.1　工程总承包企业应建立与工程总承包项目相适应的项目管理组织，并行使项目管理职能，实行项目经理负责制。

3.1.2　工程总承包企业宜采用项目管理目标责任书的形式，并明确项目目标和项目经理的职责、权限和利益。

3.1.3　项目经理应根据工程总承包企业法定代表人授权的范围、时间和项目管理目标责任书中规定的内容，对工程总承包项目，自项目启动至项目收尾，实行全过程管理。

3.1.4　工程总承包企业承担建设项目工程总承包，宜采用矩阵式管理。项目部应由项目经理领导，并接受工程总承包企业职能部门指导、监督、检查和考核。

3.1.5　项目部在项目收尾完成后应由工程总承包企业批准解散。

4　项目策划

4.1　一般规定

4.1.1　项目部应在项目初始阶段开展项目策划工作，并编制项目管理计划和项目实施计划。

4.1.2 项目策划应结合项目特点，根据合同和工程总承包企业管理的要求，明确项目目标和工作范围，分析项目风险以及采取的应对措施，确定项目各项管理原则、措施和进程。

4.1.3 项目策划的范围宜涵盖项目活动的全过程所涉及的全要素。

4.1.4 根据项目的规模和特点，可将项目管理计划和项目实施计划合并编制为项目计划。

5　项目设计管理

5.1　一般规定

5.1.1 工程总承包项目的设计应由具备相应设计资质和能力的企业承担。

5.1.2 设计应满足合同约定的技术性能、质量标准和工程的可施工性、可操作性及可维修性的要求。

5.1.3 设计管理应由设计经理负责，并适时组建项目设计组。在项目实施过程中，设计经理应接受项目经理和工程总承包企业设计管理部门的管理。

5.1.4 工程总承包项目应将采购纳入设计程序。设计组应负责请购文件的编制、报价技术评审和技术谈判、供应商图纸资料的审查和确认等工作。

6　项目采购管理

6.1　一般规定

6.1.1 项目采购管理应由采购经理负责，并适时组建项目采购组。在项目实施过程中，采购经理应接受项目经理和工程总承包企业采购管理部门的管理。

6.1.2 采购工作应按项目的技术、质量、安全、进度和费用要求，获得所需的设备、材料及有关服务。

6.1.3 工程总承包企业宜对供应商进行资格预审。

7　项目施工管理

7.1　一般规定

7.1.1 工程总承包项目的施工应由具备相应施工资质和能力的企业承担。

7.1.2 施工管理应由施工经理负责，并适时组建施工组。在项目实施过程中，施工经理应接受项目经理和工程总承包企业施工管理部门的管理。

8　项目试运行管理

8.1　一般规定

8.1.1 项目部应依据合同约定进行项目试运行管理和服务。

8.1.2　项目试运行管理由试运行经理负责，并适时组建试运行组。在试运行管理和服务过程中，试运行经理应接受项目经理和工程总承包企业试运行管理部门的管理。

8.1.3　依据合同约定，试运行管理内容可包括试运行执行计划的编制、试运行准备、人员培训、试运行过程指导与服务等。

9　项目风险管理

9.1　一般规定

9.1.1　工程总承包企业应制定风险管理规定，明确风险管理职责与要求。

9.1.2　项目部应编制项目风险管理程序，明确项目风险管理职责，负责项目风险管理的组织与协调。

9.1.3　项目部应制定项目风险管理计划，确定项目风险管理目标。

9.1.4　项目风险管理应贯穿于项目实施全过程，宜分阶段进行动态管理。

9.1.5　项目风险管理宜采用适用的方法和工具。

9.1.6　工程总承包企业通过汇总已发生的项目风险事件，可建立并完善项目风险数据库和项目风险损失事件库。

10　项目进度管理

10.1　一般规定

10.1.1　项目部应建立项目进度管理体系，按合理交叉、相互协调、资源优化的原则，对项目进度进行控制管理。

10.1.2　项目部应对进度控制、费用控制和质量控制等进行协调管理。

10.1.3　项目进度管理应按项目工作分解结构逐级管理。项目进度控制宜采用赢得值管理、网络计划和信息技术。

11　项目质量管理

11.1　一般规定

11.1.1　工程总承包企业应按质量管理体系要求，规范工程总承包项目的质量管理。

11.1.2　项目质量管理应贯穿项目管理的全过程，按策划、实施、检查、处置循环的工作方法进行全过程的质量控制。

11.1.3　项目部应设专职质量管理人员，负责项目的质量管理工作。

11.1.4　项目质量管理应按下列程序进行：

　1　明确项目质量目标；

　2　建立项目质量管理体系；

　3　实施项目质量管理体系；

　4　监督检查项目质量管理体系的实施情况；

　5　收集、分析和反馈质量信息，并制定纠正措施。

12   项目费用管理

12.1   一般规定

12.1.1   工程总承包企业应建立项目费用管理系统以满足工程总承包管理的需要。

12.1.2   项目部应设置费用估算和费用控制人员，负责编制工程总承包项目费用估算，制定费用计划和实施费用控制。

12.1.3   项目部应对费用控制与进度控制和质量控制等进行统筹决策、协调管理。

12.1.4   项目部可采用赢得值管理技术及相应的项目管理软件进行费用和进度综合管理。

13   项目安全、职业健康与环境管理

13.1   一般规定

13.1.1   工程总承包企业应按职业健康安全管理和环境管理体系要求，规范工程总承包项目的职业健康安全和环境管理。

13.1.2   项目部应设置专职管理人员，在项目经理领导下，具体负责项目安全、职业健康与环境管理的组织与协调工作。

13.1.3   项目安全管理应进行危险源辨识和风险评价，制定安全管理计划，并进行控制。

13.1.4   项目职业健康管理应进行职业健康危险源辨识和风险评价，制定职业健康管理计划，并进行控制。

13.1.5   项目环境保护应进行环境因素辨识和评价，制定环境保护计划，并进行控制。

14   项目资源管理

14.1   一般规定

14.1.1   工程总承包企业应建立并完善项目资源管理机制，使项目人力、设备、材料、机具、技术和资金等资源适应工程总承包项目管理的需要。

14.1.2   项目资源管理应在满足实现工程总承包项目的质量、安全、费用、进度以及其他目标需要的基础上，进行项目资源的优化配置。

14.1.3   项目资源管理的全过程应包括项目资源的计划、配置、控制和调整。

15   项目沟通与信息管理

15.1   一般规定

15.1.1   工程总承包企业应建立项目沟通与信息管理系统，制定沟通与信息管理程序和制度。

15.1.2   工程总承包企业应利用现代信息及通信技术对项目全过程所产生的各种信息进行

管理。

15.1.3　项目部应运用各种沟通工具及方法，采取相应的组织协调措施与项目干系人进行信息沟通。

15.1.4　项目部应根据项目规模、特点与工作需要，设置专职或兼职项目信息管理和文件管理控制岗位。

16　项目合同管理

16.1　一般规定

16.1.1　工程总承包企业的合同管理部门应负责项目合同的订立，对合同的履行进行监督，并负责合同的补充、修改和（或）变更、终止或结束等有关事宜的协调与处理。

16.1.2　工程总承包项目合同管理应包括工程总承包合同和分包合同管理。

16.1.3　项目部应根据工程总承包企业合同管理规定，负责组织对工程总承包合同的履行，并对分包合同的履行实施监督和控制。

16.1.4　项目部应根据工程总承包企业合同管理要求和合同约定，制定项目合同变更程序，把影响合同要约条件的变更纳入项目合同管理范围。

16.1.5　工程总承包合同和分包合同以及项目实施过程的合同变更和协议，应以书面形式订立，并成为合同的组成部分。

17　项目收尾

17.1　一般规定

17.1.1　项目收尾工作应由项目经理负责。

17.1.2　项目收尾工作宜包括下列主要内容：

 1　依据合同约定，项目承包人向项目发包人移交最终产品、服务或成果；

 2　依据合同约定，项目承包人配合项目发包人进行竣工验收；

 3　项目结算；

 4　项目总结；

 5　项目资料归档；

 6　项目剩余物资处置；

 7　项目考核与审计；

 8　对项目分包人及供应商的后评价。

第 5 节　《建设工程文件归档规范（2019 年版）》GB/T 50328—2014（节选）

国家标准《建设工程文件归档规范（2019 年版）》GB/T 50328—2014，自 2020 年 3 月 1 日起实施。本节采用原文体例格式。

本规范主要内容是：1. 总则；2. 术语；3. 基本规定；4. 归档文件及其质量要求；

5. 工程文件立卷；6. 工程文件归档；7. 工程档案验收与移交。

　　本规范修订的主要技术内容是：1. 增加了对归档电子文件的质量要求及其立卷方法；2. 对工程文件的归档范围进行了细分，将所有建设工程按照建筑工程、道路工程、桥梁工程、地下管线工程四个类别，分别对归档范围进行了规定；3. 对各类归档文件赋予了编号体系；4. 对各类工程文件，提出了不同单位"必须归档"和"选择性归档"的区分；5. 增加了关于立卷流程和编制案卷目录的要求。

　　节选部分内容如下：

3　基本规定

3.0.1　工程文件的形成和积累应纳入工程建设管理的各个环节和有关人员的职责范围。

3.0.2　工程文件应随工程建设进度同步形成，不得事后补编。

3.0.3　每项建设工程应编制一套电子档案，随纸质档案一并移交城建档案管理机构。电子档案签署了具有法律效力的电子印章或电子签名的，可不移交相应纸质档案。

3.0.4　建设单位应按下列流程开展工程文件的整理、归档、验收、移交等工作：

　　1　在工程招标及与勘察、设计、施工、监理等单位签订协议、合同时，应明确竣工图的编制单位、工程档案的编制套数、编制费用及承担单位、工程档案的质量要求和移交时间等内容；

　　2　收集和整理工程准备阶段形成的文件，并进行立卷归档；

　　3　组织、监督和检查勘察、设计、施工、监理等单位的工程文件的形成、积累和立卷归档工作；

　　4　收集和汇总勘察、设计、施工、监理等单位立卷归档的工程档案；

　　5　收集和整理竣工验收文件，并进行立卷归档；

　　6　在组织工程竣工验收前，应按本规范的要求将全部文件材料收集齐全并完成工程档案的立卷；在组织竣工验收时，应组织对工程档案进行验收，验收结论应在工程竣工验收报告、专家组竣工验收意见中明确；

　　7　对列入城建档案管理机构接收范围的工程，工程竣工验收备案前，应向当地城建档案管理机构移交一套符合规定的工程档案。

3.0.5　勘察、设计、施工、监理等单位应将本单位形成的工程文件立卷后向建设单位移交。

3.0.6　建设工程项目实行总承包管理的，总包单位应负责收集、汇总各分包单位形成的工程档案，并应及时向建设单位移交；各分包单位应将本单位形成的工程文件整理、立卷后及时移交总包单位。建设工程项目由几个单位承包的，各承包单位应负责收集、整理立卷其承包项目的工程文件，并应及时向建设单位移交。

3.0.6A　建设工程档案的验收应纳入建设工程竣工联合验收环节。

3.0.7　城建档案管理机构应对工程文件的立卷归档工作进行指导和服务，并按本规范的要求对建设单位移交的建设工程档案进行联合验收。

3.0.8　工程资料管理人员应经过工程文件归档整理的专业培训。

4　归档文件及其质量要求

4.1　归档文件范围

4.1.1　对与工程建设有关的重要活动、记载工程建设主要过程和现状、具有保存价值的各种载体的文件，均应收集齐全、整理立卷后归档。

4.1.2　工程文件的具体归档范围应符合本规范附录 A 和附录 B 的要求。

4.1.3　声像资料的归档范围和质量要求应符合现行行业标准《城建档案业务管理规范》CJJ/T 158 的要求。

4.1.4 不属于归档范围、没有保存价值的工程文件，文件形成单位可自行组织销毁。

4.2　归档文件质量要求

4.2.1 归档的纸质工程文件应为原件。

4.2.2 工程文件的内容及其深度应符合国家现行有关工程勘察、设计、施工、监理等标准的规定。

4.2.3　工程文件的内容必须真实、准确，应与工程实际相符合。

4.2.4　计算机输出文字、图件以及手工书写材料，其字迹的耐久性和耐用性应符合现行国家标准《信息与文献　纸张上书写、打印和复印字迹的耐久性和耐用性要求与测试方法》GB/T 32004 的规定。

4.2.5　工程文件应字迹清楚，图样清晰，图表整洁，签字盖章手续应完备。

4.2.6　工程文件中文字材料幅面尺寸规格宜为 A4 幅面（297mm×210mm）。图纸宜采用国家标准图幅。

4.2.7　工程文件的纸张，其耐久性和耐用性应符合现行国家标准《信息与文献　档案纸耐久性和耐用性要求》GB/T 24422 的规定。

第 6 节　《装配式住宅建筑检测技术标准》
JGJ/T 485—2019（节选）

　　《装配式住宅建筑检测技术标准》为行业标准，编号为 JGJ/T 485—2019，自 2020 年 6 月 1 日起实施。本节采用原文体例格式。

　　本标准的主要技术内容是：1. 总则；2. 术语；3. 基本规定；4. 装配式混凝土结构检测；5. 装配式钢结构检测；6. 装配式木结构检测；7. 外围护系统检测；8. 设备与管线系统检测；9. 装饰装修系统检测。

　　节选部分内容如下：

3　基本规定

3.0.1　装配式住宅建筑检测应包括结构系统、外围护系统、设备与管线系统、装饰装修系统等内容。

3.0.2　工程施工阶段，应对装配式住宅建筑的部品部件及连接等进行现场检测；检测工作应结合施工组织设计分阶段进行，正式施工开始至首层装配式结构施工结束宜作为检测工作的第一阶段，对各阶段检测发现的问题应及时整改。

3.0.3 工程施工和竣工验收阶段，当遇到下列情况之一时，应进行现场补充检测：

1 涉及主体结构工程质量的材料、构件以及连接的检验数量不足；

2 材料与部品部件的驻厂检验或进场检验缺失，或对其检验结果存在争议；

3 对施工质量的抽样检测结果达不到设计要求或施工验收规范要求；

4 对施工质量有争议；

5 发生工程质量事故，需要分析事故原因。

3.0.4 第一阶段检测前，应在现场调查基础上，根据检测目的、检测项目、建筑特点和现场具体条件等因素制定检测方案。

3.0.5 现场调查应包括下列内容：

1 收集被检测装配式住宅建筑的设计文件、施工文件和岩土工程勘察报告等资料；

2 场地和环境条件；

3 被检测装配式住宅建筑的施工状况；

4 预制部品部件的生产制作状况。

3.0.6 检测方案宜包括下列内容：

1 工程概况；

2 检测目的或委托方检测要求；

3 检测依据；

4 检测项目、检测方法以及检测数量；

5 检测人员和仪器设备；

6 检测工作进度计划；

7 需要现场配合的工作；

8 安全措施；

9 环保措施。

3.0.7 装配式住宅建筑的现场检测可采用全数检测和抽样检测两种检测方式，遇到下列情况时宜采用全数检测方式：

1 外观缺陷或表面损伤的检查；

2 受检范围较小或构件数量较少；

3 检测指标或参数变异性大、构件质量状况差异较大。

3.0.8 装配式住宅建筑施工过程应测量结构整体沉降和倾斜，测量方法应符合现行行业标准《建筑变形测量规范》JGJ 8 的规定。

3.0.9 当仅采用静力性能检测无法进行损伤识别和缺陷诊断时，宜对结构进行动力测试。动力测试应符合现行国家标准《建筑结构检测技术标准》GB/T 50344 的规定。

3.0.10 检测结束后，应修补检测造成的结构局部损伤，修补后的结构或构件的承载能力不应低于检测前承载能力。

3.0.11 每一阶段检测结束后应提供阶段性检测报告，检测工作全部结束后应提供项目检测报告；检测报告应包括工程概况、检测依据、检测目的、检测项目、检测方法、检测仪器、检测数据和检测结论等内容。

第 7 节 《蒸压加气混凝土制品应用技术标准》 JGJ/T 17—2020（节选）

《蒸压加气混凝土制品应用技术标准》为行业标准，编号为 JGJ/T 17—2020，自 2020 年 10 月 1 日起实施。本节采用原文体例格式。

本标准的主要技术内容是：1. 总则；2. 术语和符号；3. 材料性能和砌体计算指标；4. 建筑设计；5. 结构设计；6. 承重砌体结构抗震设计；7. 墙体裂缝控制设计；8. 施工及质量验收。

本次修订的主要技术内容是：1. 增加了承重砌体结构抗震设计；2. 增加了墙体裂缝控制设计；3. 增加了建筑节能设计；4. 增加了夹心墙设计；5. 增加了填充墙平面外风荷载及地震作用承载力计算；6. 增加了墙体后锚固施工；7. 修改了蒸压加气混凝土的抗压强度、劈拉强度标准值和设计值；8. 修改了蒸压加气混凝土导热系数和蓄热系数设计计算值；9. 修改并完善了构造设计。

节选部分内容如下：

3 材料性能和砌体计算指标

3.1 一般规定

3.1.1 蒸压加气混凝土制品不得有未切割面，切割面不得残留切割渣屑。

3.1.2 蒸压加气混凝土制品应用时的含水率不应大于 30%。

3.1.3 蒸压加气混凝土制品墙体的抹灰与砌块的砌筑宜采用蒸压加气混凝土用砂浆。

3.1.4 蒸压加气混凝土制品分户墙的空气声隔声性能应符合现行国家标准《民用建筑隔声设计规范》GB 50118 的规定；蒸压加气混凝土墙体的隔声性能可按本标准附录 A 采用。

3.1.5 蒸压加气混凝土制品建筑的耐火等级及其相应构件的燃烧性能和耐火极限应符合现行国家标准《建筑设计防火规范》GB 50016 的规定。

3.1.6 墙体系统所用的各种材料应符合现行国家标准《建筑材料放射性核素限量》GB 6566 和《民用建筑工程室内环境污染控制标准》GB 50325 的规定。

8 施工及质量验收

8.1 一般规定

8.1.1 装卸蒸压加气混凝土板材应采用配套工具，运输时应采取绑扎措施。

8.1.2 蒸压加气混凝土制品、砂浆、保温、抗裂防渗等配套材料进场应附有产品出厂合格证、产品出厂检验报告、有效期内的型式检验报告，并应进行复检。对板材配筋应进行复核，合格后方可应用。

8.1.3 蒸压加气混凝土制品及其所需的配套材料的储藏、运输及施工过程中，应有可靠的防雨、防水措施。不同功能、不同密度级别、不同规格的制品宜靠近施工现场分别堆放。

8.1.4 蒸压加气混凝土砌块用砌筑砂浆的竖缝面挂灰率应大于 95％。

8.1.5 用于夹心墙的保温材料的现场存放应采取有效的防火措施。

8.1.6 严寒及寒冷地区的承重蒸压加气混凝土砌块墙体不宜进行冬期施工。

8.1.7 在大面积施工前，应在现场采用相同的材料、构造做法和工艺进行样板墙施工。

8.1.8 蒸压加气混凝土砌块墙体施工除应符合本标准外，尚应符合现行国家标准《砌体结构工程施工质量验收规范》GB 50203、《建筑装饰装修工程质量验收标准》GB 50210 的规定。冬期施工时，尚应符合现行行业标准《建筑工程冬期施工规程》JGJ/T 104 的有关规定。

8.2　施工准备

8.2.1 施工前应结合设计图纸及工程情况，编制作业指导书等技术性文件，并应对施工人员进行培训和技术交底。

8.2.2 蒸压加气混凝土制品堆垛上应设标志，堆垛间应保持通风良好。砌块堆垛高度不宜超过 2m；板材堆垛高度不宜超过 3m。

8.2.3 蒸压加气混凝土用砂浆应按产品使用说明书进行配制；普通砂浆应预先进行试配。

8.2.4 掺有引气剂的砌筑砂浆，引气量不应大于 20％。

8.2.5 蒸压加气混凝土制品施工时，切锯、钻孔、镂槽等施工均应采用相应工具。

8.2.6 夹心墙保温材料的存放应采取有效的防水、防潮和防火措施，拉结件应采取防腐防锈措施，尼龙类材料应采取防暴晒和变形措施。

8.2.7 夹心墙施工不应采用单排外脚手架，严禁在外叶墙上留脚手眼。

8.2.8 夹心墙施工应按外叶墙、空气间层、保温层、内叶墙的先后顺序进行施工，严禁内叶墙施工完毕再进行外叶墙的施工。

8.3　砌筑工程

8.3.1 砌筑前，应按排块图立皮数杆，墙体的阴阳角及内外墙交接处应增设皮数杆，且杆间距不宜超过 15m。皮数杆应标示蒸压加气混凝土砌块的皮数、灰缝厚度以及门窗洞口、过梁、圈梁和楼板等部位的标高。

8.3.2 蒸压加气混凝土砌块墙体不得与其他块体材料混砌。不同强度等级的同类砌块不应混砌。

8.3.3 蒸压加气混凝土砌块墙体砌筑应符合下列规定：

　　1　砌筑前应清除砌块表面的渣屑；

　　2　应从外墙转角处或定位处开始砌筑；

　　3　内外墙应同时砌筑，纵横墙应交错搭接；墙体的临时间断处应砌成斜槎，斜槎水平投影长度不应小于高度的 2/3；

　　4　蒸压加气混凝土砌块上下皮应错缝砌筑，搭接长度不得小于块长的 1/3，当砌块长度小于 300mm 时，其搭接长度不得小于块长的 1/2；

　　5　当砌筑需临时间断时，应砌成斜槎，斜槎的投影长度不得小于高度的 2/3，与斜槎交接的后砌墙灰缝应饱满密实，砌块之间粘结应良好；

　　6　不得撬动和碰撞已砌的砌体，否则应清除原有的砌筑砂浆重新砌筑。

8.3.4 当采用普通砂浆砌筑时，砌块应提前一天浇水浸湿，浸水深度宜为 8mm。当采用蒸压加气混凝土用砂浆时，应按砂浆说明书浇水浸湿。

8.3.5 混凝土圈梁、构造柱外贴的保温薄板，应预先置于构件模板内的外侧，使其作为外模板的一部分，并应加强该部位混凝土的振捣。

8.3.6 当框剪结构的框架外围护墙热桥部位进行保温处理时，应将蒸压加气混凝土保温薄板承托在基层墙体凸出热桥部位上。保温薄板应采用粘锚相结合的方式进行固定，锚固件的间距不应大于 600mm，每块薄板不应少于 1 个。

8.3.7 当内包构造柱及内包系梁施工时，应采用异型砌块。应将砌块的内包面清扫干净后再浇筑混凝土。

8.3.8 砌块砌体灰缝应横平竖直。砂浆水平灰缝与垂直灰缝的砂浆饱满度不应低于 95％。

8.3.9 正常施工条件下，蒸压加气混凝土砌体的每日砌筑高度宜控制在 1.5m 或一步脚手架高度内。

8.3.10 夹心墙体的外叶墙体排气孔及拉结件设置应按现行行业标准《装饰多孔砖夹心复合墙技术规程》JGJ/T 274 执行。

8.3.11 对穿墙或附墙管道的接口，应有防止渗水、漏水的措施。

8.3.12 墙体砌筑后，外墙应采取防雨遮盖措施，并应对向阳面的外墙体进行遮阳处理。

第 8 节　《岩棉薄抹灰外墙外保温工程技术标准》
JGJ/T 480—2019（节选）

　　《岩棉薄抹灰外墙外保温工程技术标准》为行业标准，编号为 JGJ/T 480—2019，自 2019 年 11 月 1 日起实施。本节采用原文体例格式。

　　本标准的主要技术内容是：1. 总则；2. 术语和符号；3. 基本规定；4. 系统及其组成材料；5. 设计；6. 施工；7. 质量验收。

　　节选部分内容如下：

7　质量验收

7.1　一般规定

7.1.1 岩棉外保温工程应符合现行国家标准《建筑节能工程施工质量验收标准》GB 50411 及国家现行相关标准的规定。

7.1.2 施工过程中，应及时对岩棉外保温工程进行质量检查、隐蔽工程验收和检验批验收，施工完成后应进行墙体节能保温分项工程验收。

7.1.3 岩棉外保温工程验收的检验批划分应符合下列规定：

　　1 对采用相同材料、工艺和施工方法的墙面应按扣除门窗洞口后的保温墙面面积，每 1000m² 划分为一个检验批，不足 1000m² 应按一个检验批检验；

　　2 检验批的划分应与施工流程一致，且应方便施工与验收。

7.1.4 检验批质量验收合格，应符合下列规定：

　　1 检验批应按主控项目和一般项目验收；

2 主控项目应全部合格；

3 当采用计数检验时，一般项目应有 80% 以上的检查点合格，且其余检查点不应有明显缺陷；

4 应具有施工操作证明文件和质量检查记录。

7.1.5 隐蔽工程验收应有文字记录和图像资料，进行隐蔽工程验收的部位应包括下列内容：

1 基层墙体及其处理；

2 岩棉条或岩棉板的粘贴及锚固；

3 岩棉条或岩棉板的厚度；

4 玻纤网的铺设与层数；

5 锚栓类别、数量、布置与锚固深度以及锚栓的抗拉承载力；

6 抹面层厚度；

7 各加强部位及门窗洞口和穿墙管线部位的处理；

8 墙体热桥部位处理。

7.2 主控项目

7.2.1 岩棉外保温工程应提供系统及其组成材料的型式检验报告、胶粘剂与基层墙体拉伸粘结强度的现场检验试验报告及基层墙体锚栓抗拉承载力标准值现场检验试验报告。系统各组成材料的品种、规格、性能应符合本标准的规定。

检验方法：观察、尺量检查，核查系统及组成材料的产品合格证、出厂检验报告等出厂质量证明文件，有效期内的型式检验报告，以及现场检验相关报告。

检查数量：全数检验。

7.2.2 岩棉外保温工程使用的岩棉条或岩棉板及系统配套材料进场时，应对其性能进行复验。现场抽样的复验材料品种、数量以及项目应符合本标准附录 D 的规定，复验应为见证取样送验。

检查方法：随机抽样送检，检查复验报告。

检查数量：同厂家、同品种产品，扣除门窗洞后的保温墙面面积，在 $5000m^2$ 以内时应复验 1 次，当面积增加时，各项复检项目应按每增加 $5000m^2$ 增加 1 次；增加的面积不足规定数量时也应增加 1 次。同项目、同施工单位且同时施工的多个单位工程，可合并计算墙体抽样面积。

7.2.3 岩棉外保温工程所用的岩棉条或岩棉板的厚度应符合设计要求，岩棉条或岩棉板与基层墙体应粘贴牢固，无松动和虚粘现象，有效粘结面积率应符合本标准第 3.2.4 条的规定。

检验方法：观察及手扳检查；核查隐蔽工程验收记录和检验报告。保温材料厚度采用现场尺量、钢针插入或剖开检查；有效粘结面积率采用扳开已粘贴的岩棉条或岩棉板；观察检查松动和虚粘手扳检查。

检查数量：每个检验批抽查不少于 3 处。

7.2.4 岩棉条外保温系统与基层墙体拉伸粘结强度不应小于 80kPa。

检验方法：现场检测，试验方法应符合现行行业标准《建筑工程饰面砖粘结强度检验标准》JGJ/T 110 的规定。核查隐蔽工程验收记录和检验报告。

　　检查数量：每个检验批抽查不小于 3 处。

7.2.5　锚栓数量、锚固位置、有效锚固深度应符合设计要求，并应进行锚栓抗拉承载力现场拉拔试验。

　　检验方法：观察；卡尺测量；核查锚固深度。锚栓抗拉承载力标准值现场检测试验方法应符合现行行业标准《外墙保温用锚栓》JG/T 366 的规定。核查隐蔽工程验收记录和现场检验报告。

　　检查数量：每个检验批抽查不少于 3 处。

第 9 节　《工程建设施工企业质量管理规范》GB/T 50430—2017（节选）

　　本节采用原文体例格式。节选部分内容如下：

10.1　一般规定

10.1.1　施工企业应建立并实施工程项目质量管理制度，对工程项目质量管理策划、工程设计、施工准备、过程控制、变更控制和交付与服务作出规定。

10.1.2　项目部应负责实施工程项目质量管理活动。施工企业应对项目部的质量管理活动进行指导、监督、检查和考核。

10.5　过程控制

10.5.1　施工企业应对施工过程进行控制，通过下列活动保证工程项目质量：

　　1　正确使用工程设计文件、施工规范和验收标准，适用时，对施工过程实施样板引路；

　　2　调配合格的操作人员；

　　3　配备和使用工程材料、构配件和设备、施工机具、检测设备；

　　4　进行施工和检查；

　　5　对施工作业环境进行控制；

　　6　合理安排施工进度；

　　7　对成品、半成品采取保护措施；

　　8　对突发事件实施应急响应与监控；

　　9　对能力不足的施工过程进行监控；

　　10　确保分包方的施工过程得到控制；

　　11　采取措施防止人为错误；

　　12　保证各项变更满足规定要求。

10.5.2　当施工过程的结果不能通过其后工程的检验和试验完全验证时，项目部应在工程实施前或实施中进行下列确认：

　　1　对技术文件和工艺进行评审；

　　2　对施工机具与设施、人员的能力进行核实；

　　3　定期或在人员、材料、工艺参数、设备、环境发生变化时，重新进行确认；

4 记录必要的确认活动。

10.5.3 项目部应负责工程移交期间的防护管理。

10.5.4 根据施工状态的控制需求，施工企业应进行施工过程标识，重要过程应具有可追溯性。

10.5.5 对工程项目使用的发包方和供方财产，施工企业应按约定对其进行妥善管理。

10.5.6 施工企业应保持与工程建设相关方的沟通、协商，对相关信息进行处理，并保存必要的记录。沟通、协商应包括下列内容：

1 工程质量情况；

2 工程变更与洽商要求；

3 工程质量有关的其他事项。

10.5.7 施工企业应建立和保持施工过程中的质量记录，记录的形成应与工程施工过程同步，包括下列内容：

1 图纸的接收、发放、会审与设计变更的有关记录；

2 施工日记；

3 交底记录；

4 岗位资格证明；

5 工程测量、技术复核、隐蔽工程验收记录；

6 工程材料、构配件和设备的检查验收记录；

7 施工机具、设施、检测设备的验收及管理记录；

8 施工过程检测、检查与验收记录；

9 质量问题的整改、复查记录；

10 项目质量管理策划结果规定的其他记录。

10.6 变更控制

10.6.1 工程项目施工过程发生变化时，施工企业应对施工变更进行评估和控制。

10.6.2 施工企业应规定相关层次施工变更的管理范围、岗位责任和工作权限，项目部应明确施工变更的工作流程和方法。

10.6.3 施工变更控制应确保质量偏差得到有效预防。变更控制应依据下列程序实施：

1 变更的需求和原因确认；

2 变更的沟通与协商；

3 变更文件的确认或批准；

4 变更管理措施的制定与实施；

5 变更管理措施有效性的评价。

10.6.4 项目部应实施和跟踪施工变更管理，进行偏差控制。

10.7 交付与服务

10.7.1 施工企业应按工程合同约定进行工程竣工交付。

10.7.2 施工企业应策划并组织服务活动的实施。服务活动宜包括下列内容：

1 工程保修；

2 提供工程使用说明；

3 非保修范围内的维修；

4 工程合同约定的其他服务。

10.7.3 在规定期限内，施工企业对服务的需求信息应作出响应，并对服务质量进行控制、检查和验收。

10.7.4 施工企业应收集服务的相关信息，分析发包方的满意程度，评价质量管理持续满足发包方需求的能力。

第 10 节 《混凝土升板结构技术标准》GB/T 50130—2018（节选）

本节采用原文体例格式。节选部分内容如下：

3 基本规定

3.1 材料

3.1.1 混凝土升板结构中，钢筋混凝土结构构件的混凝土强度等级不应低于 C30，预应力混凝土结构构件的混凝土强度等级不宜低于 C40。

3.1.2 混凝土升板结构中，纵向普通钢筋宜采用 HRB400、HRB500 钢筋；箍筋可采用 HRB400、HRB335、HPB300 钢筋；预应力筋宜采用预应力钢绞线；当采用钢柱或钢管混凝土柱时，钢材宜采用 Q345 或以上等级钢材。

3.1.3 混凝土、钢筋和钢材的力学性能指标等应符合现行国家标准《混凝土结构设计规范》GB 50010、《建筑抗震设计规范》GB 50011 和《钢结构设计标准》GB 50017 的规定。

3.1.4 升板结构的维护墙体宜采用轻质材料。

3.2 结构布置

3.2.1 升板结构中，柱可设计为钢筋混凝土柱、钢管混凝土柱或钢柱，楼盖可根据柱网尺寸、荷载大小、刚度需求、楼板开洞状况及施工条件等设计为钢筋混凝土或预应力混凝土平板、密肋板、空心板或格梁板。

3.2.2 升板结构的整体布置应保证结构在施工过程中的稳定性。建筑物中的钢筋混凝土井筒等可作为抗侧力结构。

3.2.3 升板结构宜采用不设防震缝的结构方案。当需要设置时，防震缝宽度应符合下列规定：

1 板柱结构中防震缝宽度应符合现行国家标准《建筑抗震设计规范》GB 50011 关于钢筋混凝土框架结构的相关规定；

2 板柱-剪力墙结构和板柱-支撑结构中防震缝宽度应符合现行国家标准《建筑抗震设计规范》GB 50011 关于框架-剪力墙结构的相关规定。

3.2.4 升板结构楼盖中伸缩缝的最大间距不宜超过 75m。当采取可靠措施后，伸缩缝的最大间距可适当增加。

3.2.5 板柱结构的平面柱网结构布置宜均匀、对称。

3.2.6 板柱-支撑结构中，支撑宜沿建筑物的两个主轴方向布置；支撑间距不宜超过楼盖宽度的 2 倍；支撑宜上、下连续布置，当不能连续布置时，宜在邻跨布置。

3.2.7 板柱-剪力墙结构中，剪力墙应沿建筑物的两个主轴方向均匀布置，并应符合下列规定：

1 剪力墙的间距不宜超过楼盖宽度的 3 倍，宜沿竖向贯通布置；

2 应避免楼板开洞对水平力传递的影响，当位于剪力墙之间的楼板有较大开洞时，应计入楼盖平面内变形的影响；

3 应形成双向抗侧力体系；

4 宜避免结构刚度偏心；

5 剪力墙的基础应有良好的整体性和抗转动能力。

3.4 施工要求

3.4.1 升板结构施工时，应根据设备提升能力及设计要求划分提升单元。单元的提升与连接固定方案应经设计单位认可。

3.4.2 电梯井筒、楼梯间剪力墙作为楼板提升过程的抗侧力结构时，宜先行施工。

3.4.3 升板结构的施工应符合现行国家标准《混凝土结构工程施工规范》GB 50666 及《钢结构工程施工规范》GB 50755 的有关规定。

3.4.4 升板结构施工中，楼盖的提升施工应编制专项施工方案，施工方案应经技术论证。

6 构件制作与安装

6.1 一般规定

6.1.1 升板结构的构件制作与安装应符合国家现行标准《混凝土结构工程施工规范》GB 50666、《钢结构工程施工规范》GB 50755 和《装配式混凝土结构技术规程》JGJ 1 的有关规定。

6.1.2 构件制作前应按现行国家标准《混凝土结构工程施工质量验收规范》GB 50204 的规定对原材料、供应品、生产过程中的半成品和成品进行验收。

6.1.3 混凝土构件的制作模具应具有规定的强度、刚度和整体稳固性，并应满足构件预留孔、插筋、预埋吊件及其他预埋件的定位要求。

6.1.4 采用后浇混凝土或砂浆、灌浆料连接的预制构件结合面，应按设计要求进行粗糙面处理。

6.2 柱

6.2.1 升板结构中，预制混凝土柱的制作应符合下列规定：

1 截面尺寸的制作偏差不应大于 5mm；

2 柱高度不大于 20m 时，侧向弯曲变形不应超过 12mm；柱高度大于 20m 时，侧向弯曲变形不应超过 15mm；

3 柱顶和柱底的表面应平整，并应垂直于柱的轴线；

4 柱底部中线与轴线偏移不应超过 5mm。柱顶竖向偏差不应超过柱高的 1/1000，且不大于 20mm；

5　柱预留齿槽位置应符合设计要求，棱角应方正。预留齿槽深度不应超过受力钢筋的保护层厚度，宽度宜为 75～100mm；

6　柱上就位孔位置应准确，孔的轴线偏差及孔底两端高差均不应超过 5mm，孔底应平整，同一标高的孔底标高允许偏差应为 －15～0mm，孔的尺寸允许偏差应为 －5～+10mm；

7　预制混凝土柱在脱模起吊时，同条件养护的混凝土立方体试块抗压强度不宜小于 $15N/mm^2$。

6.2.2　升板结构中，钢管混凝土柱的制作应符合下列规定：

1　钢管内混凝土宜采用自密实混凝土，采用其他混凝土材料时，应保证混凝土浇筑密实；

2　钢管内混凝土应连续浇筑完成。当不能连续浇筑时，可留设施工缝。施工缝宜留于钢管端口以下 500～600mm 处。混凝土终凝后，可注入清水养护，水深不宜少于 200mm；

3　钢管混凝土的浇筑质量可采用敲击钢管或其他有效方法进行检查。

6.2.3　升板结构中，钢柱的制作应符合下列规定：

1　钢柱底部中线与轴线偏移不应超过 5mm。柱顶竖向偏差不应超过柱高的 1/1000，且不应大于 20mm；

2　就位孔位置应准确，孔的轴线偏差及孔底两端高差均不应超过 5mm，孔底应平整，同一标高的孔底标高允许偏差应为 －15～0mm，孔的尺寸允许偏差应为 －5～+10mm；

3　停歇孔位置应根据提升程序确定，其质量要求应与就位孔相同。柱的上下两孔之间的净距不应小于 300mm。

6.2.4　预制混凝土柱中预埋件的安装应符合下列规定：

1　预埋件不应凸出柱面，凹进柱面不宜超过 3mm；

2　预埋件表面应平整，不得有翘曲变形。

6.2.5　预制柱需接长时，接头数不宜超过 3 个，并应保护预留接长钢筋。

6.2.6　现浇混凝土柱可采用升模或滑模施工，并应符合下列规定：

1　采用滑模施工时，宜按提升单元进行施工。滑模施工宜连续进行，并应控制滑模速度。当柱高度与界面较小边长之比大于 50 或柱高超过 30m 时，应有保证稳定的施工技术措施；

2　采用升模施工时，其浇筑位置由每次施工高度确定，操作平台、柱模及脚手架应按现行国家标准《混凝土结构工程施工规范》GB 50666 的规定进行设计，并不应影响提升施工；

3　在现浇混凝土柱上进行提升施工时，其混凝土强度不应低于 15MPa。

6.2.7　提升施工需要工具柱时，工具柱的制作与安装应符合下列规定：

1　工具柱应经专门设计，应构造合理、安全可靠、通用性强及方便拆装；

2　工具柱的布置应合理，提升期间应保证其稳定性；

3　采用钢管制作工具柱时，宜采用无缝钢管；

4 当承重结构达到设计要求后，方可拆除工具柱；

5 工具柱应定期检查与维修，有变形、损伤、严重锈蚀等缺陷时，不得使用。

6.3 楼盖

6.3.1 制作首层楼盖时，地下室顶板可作为胎模，并应进行承载力和变形验算。

6.3.2 采用首层地坪作为胎膜时，在施工首层楼盖前应对首层地坪下方的地基进行处理。地基处理应符合下列规定：

1 地基处理方案应经技术经济比较综合确定。经处理后的地坪下垫层，其承载力应进行验算；

2 基础垫层材料可选用砂石、粉质黏土、灰土、粉煤灰、矿渣等。基础垫层的厚度应根据需要置换软弱土的深度或下卧层的承载力确定；垫层底面的宽度应满足基础底面应力扩散的要求；

3 基础垫层的压实标准应符合现行行业标准《建筑地基处理技术规范》JGJ 79 的规定。

6.3.3 胎模施工应符合下列规定：

1 胎模应平整光洁，不应下沉、开裂、起砂或起鼓；

2 胎模的垫层应分层夯实、均匀密实；

3 提升环位置胎模标高的相对允许偏差应为±2mm；

4 胎模设伸缩缝时，伸缩缝与楼板接触处应做好隔离处理。

6.3.4 楼板与胎模之间及楼板与楼板之间应设置隔离层。隔离层施工应符合下列规定：

1 隔离层材料应具有防水性、耐磨性，且应易于清除，可采用涂刷或铺贴式材料；

2 涂刷隔离层时，胎模和楼板的混凝土强度不应低于 1.2MPa。隔离层涂刷应均匀，应待其表面干燥后再进行下道工序；

3 采用铺贴式材料时，铺贴应平整，接槎处的搭接宽度不应小于 50mm；

4 隔离层应进行保护。施工过程有破损时，应在混凝土浇筑前修补；修补时应避免污染钢筋、混凝土芯模及其他填充材料。

6.3.5 楼盖中预埋件的设置应符合下列规定：

1 楼盖中的预埋件、预留孔和预留洞均不得遗漏，且应安装牢固，其位置偏差不应超过 3mm；

2 设置锚筋的预埋件，锚筋中心至锚板边缘的距离不应小于 2 倍锚筋直径和 20mm，锚筋应位于构件的外层主筋的内侧；

3 楼盖内有预埋管线时，预埋管线应在浇筑混凝土前预先放置并固定，固定时应采用防止管线破坏及污染表面的保护措施；

4 板的各种预留孔洞应画线预留，并在浇筑混凝土前校正。预留孔拆模后，应避免浇筑上一层板时混凝土进入预留孔。

6.3.6 密肋板的施工应符合下列规定：

1 密肋板施工，可采用塑料、金属等工具式模壳、预制混凝土芯模或用轻质材料填充；格梁板施工，可采用预制钢筋混凝土芯模或定型组合钢模；

2 工具式模壳或芯模，应保证使用时的强度与刚度，其表面应平整光滑、规格统一、

边缘整齐;

3 工具式模壳或芯模应弹线放置,底部应垫实。工具式模壳应预涂隔离剂。采用预制混凝土芯模或填充材料时,其表面宜粗糙,并应有规整的外形,浇筑混凝土前,芯模或填充材料应浇水润湿,但不应损坏隔离层;

4 应在各层板四周的外侧支好边模,在其下部每隔适当位置应留出排水孔,避免隔离层被水浸泡。

6.3.7 空心楼盖的制作应符合下列规定:

1 空心楼盖内模的外观质量、尺寸偏差、物理力学性能应符合现行行业标准《现浇混凝土空心楼盖技术规程》JGJ/T 268 的有关规定;

2 施工中应采取防止内模损坏的措施。内模在板面钢筋安装之前发生损坏时,应予以更换;在板面钢筋安装之后发生损坏时,应修补完整;

3 浇筑混凝土时,应采取防止内模上浮及钢筋移位的措施;

4 浇筑混凝土过程中,应对内模进行观察和维护,发生异常情况时,应按施工方案进行处理;

5 施工中内模需要接长时,可将内模直接对接;内模需截断时,应采取措施保证截断后内模的完整性;

6 空心楼盖预埋管线的安装应与钢筋安装、预应力筋铺设、内模安装等工序交叉进行。

6.4 剪力墙

6.4.1 剪力墙作为施工阶段的抗侧力结构时,应在楼盖提升前施工。在提升过程中,应按设计要求和提升程序的规定及时完成楼盖与剪力墙的连接。

6.4.2 现浇剪力墙施工时,应在基础梁或下一层墙体内设置插筋。钢筋混凝土墙体的插筋数量不应低于设计要求。

6.4.3 墙体配筋宜优先采用焊接钢筋网片。在运输、堆放和吊装过程中,应采取措施防止钢筋产生弯折变形和焊点脱开。

6.4.4 钢筋的搭接部分应调直并绑扎牢固。搭接位置和长度应符合设计要求。双排钢筋之间、钢筋与模板之间应采取措施保证其位置准确。

6.4.5 剪力墙钢筋绑扎应与模板的提升速度相适应,水平钢筋应在混凝土入模前绑扎完毕。

6.4.6 现浇剪力墙施工过程中,当风力大于 6 级时,应暂停升提或升滑,并应采取保证竖向结构整体稳定的措施。

6.4.7 采用预制墙体外墙模时,应先将外墙模安装到位,再进行内衬现浇混凝土剪力墙的钢筋绑扎。

6.4.8 预制墙体插筋影响现浇混凝土结构部分钢筋绑扎时,可在预制构件上预留接驳器,待现浇混凝土墙体钢筋绑扎完成后,再将插筋旋入接驳器。

6.4.9 在升层结构中,围护墙体的制作与安装应符合下列规定:

1 在提升阶段,围护墙体应采取保证自身稳定的措施;

2 升板结构的墙板应在楼板脱模后安装。墙板就位、校正后,应与楼板临时支撑固定，并完成墙板拼缝的镶嵌。有条件时，宜进行外装饰。

6.4.10 在升层结构中，应采取下列增加稳定性的措施：

1 剪力墙应先施工；

2 楼层搁置后，板柱节点应采取临时连接措施；

3 施工中，应观测柱的侧向变形，变形值不应超过柱高度的 1/1000，且不应大于 20mm。

7 楼盖提升与固定

7.1 一般规定

7.1.1 楼盖提升前，施工单位除应编制施工方案外，尚应编制专项安全施工方案。

7.1.2 提升荷载应包括楼盖自重与施工荷载，并应考虑提升差异及振动的影响。提升阶段利用楼盖提运材料、设备时应经验算，并应规定允许堆放范围。

7.1.3 提升时混凝土同条件养护的混凝土立方体试块抗压强度应符合设计要求。

7.1.4 楼盖提升前，应做好各种准备工作，并应进行技术交底。

7.1.5 在提升过程中，应对柱的水平偏移和楼盖提升点的升差进行监测。

7.1.6 在提升过程中，群柱应有可靠的稳定措施，并应在允许的风力环境下施工。

7.1.7 楼盖在提升中的临时停歇搁置和到达设计标高就位时，应检查楼盖的平面位置、搁置偏差等，偏差超过允许范围时应分析原因并进行调整。

7.1.8 提升设备应建立维修保养制度并定期校验。提升机应编号并建立使用、维修、保养档案卡片。施工过程中应定期检查提升设备的承重部件的磨损程度，超过限值时应予调换。

7.1.9 固定或临时固定楼盖的承重装置及其连接应经验算，保证其承载力、刚度和稳定性。

7.2 提升系统

7.2.1 对于结构布置均匀的升板结构，初选设备时，提升力的设计值可按下式估算：

$$F_l = \eta_{\mathrm{L}}(G_{\mathrm{k}} + Q_{\mathrm{Ck}})A \tag{7.2.1}$$

式中　η_{L}——荷载效应放大系数。考虑提升过程中的动力效应、提升差异等影响对荷载进行调整，当提升差异不超过 10mm 时，η_{L} 值可取 1.6～3.0；

　　　A——提升机所担负的楼盖范围，可按两相邻区格楼盖的中线划分（m²）；

　　　G_{k}——楼盖自重荷载标准值（kN/m²）；

　　　Q_{Ck}——提升阶段楼盖上的施工荷载（kN/m²）。

7.2.2 提升系统的使用负载应由提升力确定，提升力的设计值应按下列公式计算：

1 永久荷载效应起控制作用时

$$F_l = (\gamma_{\mathrm{G}}S_{\mathrm{Gk}} + \gamma_{\mathrm{CQ}}\psi_{\mathrm{CQ}}S_{\mathrm{Qk}}) \cdot K + \gamma_l \psi_{\mathrm{CQ}}S_{\mathrm{Lk}} \tag{7.2.2-1}$$

2 可变荷载效应起控制作用时

$$F_l = (\gamma_{\mathrm{G}}S_{\mathrm{Gk}} + \gamma_{\mathrm{CQ}}S_{\mathrm{Qk}}) \cdot K + \gamma_l S_{\mathrm{Lk}} \tag{7.2.2-2}$$

式中　γ_G——板自重作用分项系数，永久荷载效应起控制作用时取 1.35，可变荷载效应起控制作用时取 1.2；

　　　γ_{CQ}——施工活荷载作用分项系数，应取 1.4；

　　　γ_l——提升差异作用分项系数，应取 1.25；

　　　K——动力系数，应取 1.2；

　　　S_{Gk}——板自重作用效应值；

　　　S_{Qk}——施工荷载作用效应值；

　　　S_{Lk}——提升差异作用效应值；

　　　ψ_{CQ}——可变荷载组合系数，应取 0.7。

7.2.3　选取提升设备时，应将额定负荷能力乘以折减系数后作为其提升操作使用的设计值。对穿心式千斤顶，折减系数可取 0.8～0.9；电动螺杆升板机可不折减；其他设备的折减系数应通过试验确定。

7.2.4　提升吊杆可采用钢绞线或钢拉杆，且应符合下列规定：

1　吊杆应采用高强度、延性及可焊性好的钢材，残余变形超过 5‰时应予以更换；

2　吊杆的端头应牢固。采用焊接时，其焊接质量应经检测，焊接端头强度不应低于母材的强度；

3　采用钢绞线做吊索时，应选用低松弛钢绞线，其质量应符合现行国家标准《预应力混凝土用钢绞线》GB/T 5224 的规定。钢绞线吊索锁具质量应符合现行国家标准《预应力筋用锚具、夹具和连接器》GB/T 14370 的规定；

4　楼盖的提升预留环和承压孔应与吊杆相匹配，安装千斤顶的支架及其与柱的连接应经验算，且应满足承载力、刚度和稳定性要求。

7.2.5　选用提升吊杆时，其拉力设计值不应小于提升力设计值，并应符合下列规定：

1　钢绞线的拉力设计值不应超过其极限抗拉力标准值的 50%；

2　高强钢拉杆的拉力设计值不应超过其极限抗拉力标准值的 60%。

7.3　楼盖提升

7.3.1　楼盖在提升前，应制定提升程序，其内容应包括：提升方式、步距、吊杆组配、群柱稳定措施及施工进度等。

7.3.2　各台提升机或千斤顶工作应同步，安装时应使提升机或千斤顶基座水平，其中线应与柱的轴线对准，提升丝杆和吊杆或吊索应垂直并松紧一致。

7.3.3　提升施工前应先进行楼盖的脱模。脱模后，应按基准线进行校核与调整，板搁置前后应测调并做好记录。脱模顺序可按角、边、中柱为序，也可由边柱向里逐排进行，每次提升高度不宜大于 5mm。

7.3.4　楼盖脱开后应作空中悬停，并应对提升柱的偏移、结构变形、连接构造等进行检查，符合设计要求后方可继续提升。

7.3.5　楼盖在提升过程中应同步提升，相邻柱间的提升差异不应超过 10mm，搁置差异不应超过 5mm。

7.3.6　楼盖不宜在提升中途悬挂停歇；特殊情况下必须悬挂停歇时，应采取有效的支撑措施。

7.3.7　楼盖提升过程中，升板结构不得作为其他设施的支撑点或缆索锚点。

7.4 楼盖固定

7.4.1 混凝土升板结构的楼盖提升就位后，应及时按设计要求对楼盖固定。

7.4.2 混凝土升板结构的楼盖就位时的位置偏差应符合下列规定：

   1 楼盖的平面位移不应大于 25mm；

   2 楼盖的就位偏差不应大于 5mm。

7.4.3 采用后浇柱帽固定楼盖时，后浇柱帽范围内楼盖底部的隔离层应清理干净；混凝土界面应进行凿毛处理并湿润；节点中钢筋应可靠连接；后浇混凝土应振捣密实，并应采取专门措施进行养护。

7.4.4 采用承重销固定楼盖时，楼盖与承重销间应紧密、平整，承重销应无变形，并应采取防腐蚀与防火保护措施。

7.5 临时稳定措施

7.5.1 对四层以上的升板结构，在提升过程中最上两层楼盖应至少有一层楼盖交替与柱子楔紧，并应尽早使楼盖与柱形成刚接。

7.5.2 采用柱顶式提升时，应利用柱顶间的临时走道将各柱顶连接稳固。

7.5.3 柱安装时，边柱的停歇孔应与板边垂直，相邻排柱的停歇孔宜互相垂直。

7.5.4 在提升过程中，可增设柱间临时可拆卸支撑。当结构设有电梯井、楼梯间等筒体时，也可利用其作为结构侧向支撑，此时筒体宜先施工。

7.5.5 五层或 20m 以上的升板结构，在提升和搁置时，应至少有一层板与先期施工的抗侧力结构有可靠的连接。

7.6 支撑安装

7.6.1 支撑的安装应符合专项施工方案和现行国家标准《钢结构工程施工规范》GB 50755 的规定。

7.6.2 支撑可按施工前准备、施工前检查、运输、误差消除、起吊、临时固定、校正、最终固定的步骤进行安装。

7.6.3 支撑应在主体结构完成后安装。

7.6.4 支撑施工安装偏差应符合表 7.6.4 的规定。

支撑安装允许偏差   表 7.6.4

项目	允许偏差 a （mm）	图例
支撑底板中心线对定位轴线的安装偏移	10.0	
支撑的平面外垂直度	10.0	

续表

项目		允许偏差 a（mm）	图例
支撑锚栓位置	锚栓预留孔中心对定位轴线的偏移	10.0	
	锚栓中心对定位轴线的偏移	2.0	
支撑底板螺栓孔对底板中心线的偏移		1.5	

第 11 节　《重型结构和设备整体提升技术规范》 GB 51162—2016（节选）

本节采用原文体例格式。节选部分内容如下：

3　基本规定

3.0.1　重型结构和设备整体提升工程应编制施工组织设计专项施工方案。

3.0.2　重型结构和设备整体提升工程的结构在施工期间各种工况下，结构可靠度应按现行国家标准《建筑结构可靠度设计统一标准》GB 50068，采用以概率理论为基础的极限状态设计方法，用分项系数表达式进行计算。

3.0.3　重型结构和设备整体提升的正式提升过程宜控制在十天内。施工前应根据中、短期气象预报使整体提升作业时间避开大风、冰雪灾害等不利气象和环境条件。

3.0.4　重型结构和设备整体提升工程的结构安全等级宜为二级。

3.0.5　重型结构和设备整体提升的结构承载能力极限状态设计应按可变荷载效应控制的基本组合，并应采用下列设计表达式进行设计：

$$S(\gamma_G G_k, 1.4 Q_{Gk}, w_k, 0.7 Q_{Lk}, \sum_{i=4}^{n} \gamma_i \psi_{Ci} Q_i) \leqslant R(\gamma_R, f_k, \alpha_k, \cdots) \qquad (3.0.5)$$

式中　γ_G——永久荷载分项系数，对结构不利时取 1.2，对结构有利时取 0.9；

$\quad\quad G_k$——永久荷载标准值（一般为提升支承结构及提升用设备重）；

$\quad\quad Q_{Gk}$——被提升结构和设备重量的标准值；

$\quad\quad w_k$——整体提升中不同工作阶段单位迎风面积上的水平风荷载标准值；

$\quad\quad Q_{Lk}$——平台活载的标准值；

$\quad\quad Q_i$——除上述可变荷载外，其余第 i 个可变荷载标准值，$i=4\sim n$；

$\quad\quad \psi_{Ci}$——可变荷载 Q_i 的组合值系数，一般取 0.7；

$\quad\quad \gamma_i$——可变荷载 Q_i 的分项系数，一般为 1.4，仅对温度作用取 1.0；

γ_R——结构抗力分项系数，与国家现行结构设计规范同样取值；

f_k——材料强度的标准值；

α_k——几何参数标准值。

3.0.6 重型结构和设备整体提升必须进行提升过程各控制工况的承载力、刚度验算，并应保证整体稳固性。当被提升结构、设备和支承结构在安装过程中会发生结构体系转换时，应建立整体计算模型对被提升结构、设备和支承结构进行施工工况验算。

3.0.7 重型结构和设备整体提升中支承结构与被提升结构的变形应满足正常使用极限状态的要求，并应符合下式要求：

$$S_d(G_k, Q_{Gk}, \varphi_{fw} w_k, Q_{Lk}, \sum_{i=4}^{n} \gamma_i \psi_{Ci} Q_i) \leqslant C \qquad (3.0.7)$$

式中 φ_{fw}——风荷载的频遇值系数，取 0.4，但 $\varphi_{fw} w_k$ 不小于 $0.2 kN/m^2$；

C——结构设计中验算变形控制标准值。

3.0.8 在满足安装工艺要求及被提升结构原设计要求的前提下，验算变形控制标准值 C 应符合下列要求：

1 提升支承结构塔或柱的顶点水平位移不应大于 $H/120$，且不应大于 0.8m（H 为塔或柱的总高度）；

2 提升支承结构体系中梁的弯曲变形不应大于 $L/400$（L 为梁的跨度）；

3 被提升结构的弯曲变形不应大于 $L_0/250$（L_0 为被提升结构支点距离）；

4 被提升结构应处于弹性变形状态；

5 当支承结构与被提升结构组成的系统为超静定结构时，支承结构支点的相邻基础沉降变形差不应超过相邻基础间距的 1/350；

6 被提升结构的晃动不应大于 ±300mm，安全距离不应小于 200mm。

8 重型结构和设备整体提升

8.1 提升准备

8.1.1 应根据结构或设备提升到位后的体系转换和连接固定编制专项方案，提升过程中可能遇到的异常气象条件应编制相关应急预案。

8.1.2 提升作业之前应对提升支承结构和被提升结构及其加固结构进行验收。

8.1.3 宜在提升支承结构之间设置过道和操作点，设置应急停留和检修的施工平台。

8.1.4 应在现场空旷、平坦地面条件下，设置测风仪器，并应根据气象预报选择在温度、风力等各项气象指标符合本规范和设计要求的时段进行提升。

8.2 提升施工

8.2.1 提升施工开始时应进行试提升，并应符合下列规定：

1 提升作业应在被提升结构与胎架之间的连接解除之后进行。提升加载应采用分级加载。在加载过程中应对被提升结构和提升支承结构进行观测，无异常情况方可继续加载。

2 被提升结构脱离胎架后应在被提升结构最低点离开胎架 10cm 作悬停。悬停期间应对整体提升支承结构和基础进行检查和检测，检验合格后方可继续提升。

3 液压提升系统在提升的初始阶段应检验系统的安装质量和系统的性能，确保完好。

8.2.2 连续提升开始，应对环境、结构、设备及提升组织和人员操作等作全方位控制，并应符合下列规定：

1 提升过程中，应对提升通道进行连续观测。当提升通道出现障碍物时应停止提升，采取措施清除障碍物后方可继续提升。

2 提升过程中，应使用测量仪器对被提升结构进行高度和高差的监测，并应根据验算设定值进行控制。当各提升点的荷载或高差出现超差时，应实时进行调整或停止提升，查清并排除故障后方可恢复提升。

3 当风速超过限定值时，应停止提升，并应采取防风措施。

8.2.3 用于保证支承结构稳定的缆风绳在提升过程中不得进行转换。

8.2.4 被提升结构到达设计位置后，应进行结构转换，按设计要求固定到主体结构上，并应符合下列规定：

1 被提升结构到达设计高度后，应进行平面位置的核对和校正；

2 被提升结构就位后，应进行固定。当有多个部位需进行转换时，可按顺序对关键部位先行转换；

3 对结构转换涉及支承结构改动的，应按方案实施；

4 结构转换过程中，应对液压提升系统和钢绞线作相应防护。

8.3 提升检测

8.3.1 被提升结构在离地悬停时，宜进行提升点位移、结构关键部位应力应变、结构变形、荷载、基础沉降、现场风速等检测。

8.3.2 被提升结构就位之后，应对该结构和基础进行检查和检测。

8.4 提升支承结构的卸载和拆除

8.4.1 对被提升结构提升到位，形成稳定结构固定牢固并完成相关检测后，方可进行整体提升支承结构的拆除工作。

8.4.2 提升支承系统的卸载，宜分批分级进行。卸载不同步效应应事先进行结构验算分析，确定合理的卸载顺序。

8.4.3 6级及以上的大风和雨雪天不得进行整体提升支承结构的拆除工作。

8.4.4 当采用整体提升支承结构顶部的起重设备对门型支架进行拆除时，应对支承结构顶部的水平位移进行监测。

第 12 节 《建筑工程逆作法技术标准》
JGJ 432—2018（节选）

本节采用原文体例格式。节选部分内容如下：

3 基本规定

3.0.1 逆作法宜采用支护结构与主体结构相结合的形式。围护结构宜与主体地下结构外墙相结合，采用两墙合一或桩墙合一；水平支撑体系应全部或部分采用主体地下水平结构；竖向支承桩柱宜与主体结构桩、柱相结合。

3.0.2 逆作法设计应具备下列资料：

1 岩土工程勘察报告；

2 场地红线图、场地周边地形图；

3 基地周边相关建筑物、构筑物、管线等环境条件的调查资料；

4 建筑总平面图及主体工程建筑、结构资料；

5 对逆作法的总体要求。

3.0.3 逆作法的设计应包括下列内容：

1 逆作法施工流程；

2 围护结构的设计；

3 地下水平结构的设计；

4 竖向支承结构的设计；

5 逆作施工平台层的设计；

6 围护结构、地下水平结构和竖向支承结构之间的连接构造与防水设计；

7 施工阶段临时构件的设置、拆除方式以及与主体结构的受力转换设计。

3.0.4 逆作法施工中的主体结构应满足建筑结构的承载力、变形和耐久性的控制要求。

3.0.5 采用上下同步逆作法的建筑工程设计应符合下列规定：

1 应建立地上、地下结构整体模型，通过上下同步施工的模拟计算，确定地上地下同步施工的步序；

2 竖向支承桩柱和先期地下结构在上下同步逆作施工阶段以及永久使用阶段，应同时符合承载能力极限状态和正常使用极限状态的设计要求。

3.0.6 逆作法施工前应根据设计文件编制施工组织设计，施工组织设计应包括下列内容：

1 围护结构施工方案；

2 竖向支承桩柱的施工方案；

3 先期地下结构施工方案，包括水平结构与竖向结构节点施工方案；

4 后期地下结构施工方案，包括先期施工地下结构和后期施工地下结构的接缝处理方案；

5 逆作施工阶段临时构件的拆除方案；

6 地下水控制、土方挖运、监测方案；

7 施工安全与作业环境控制方案；

8 应急预案。

3.0.7 逆作法施工应采取地下水控制措施，并应满足逆作施工和土方开挖的要求；土方挖运应结合地下结构布置的特点，合理组织结构楼板施工与土方开挖的流水作业。

3.0.8　逆作法基坑工程应根据基坑周围环境的状况及保护要求确定基坑变形控制指标，并应从围护结构施工、基坑降水及开挖三个方面分别采取相关措施减小对周围环境的影响。

3.0.9　逆作法建筑工程应进行信息化施工，并应对基坑支护体系、地下结构和周边环境进行全过程监测。

3.0.10　逆作法施工中应根据环境及施工方案要求，采取安全及作业环境控制措施，设置通风、排气、照明及电力设施。

4　围护结构

4.1　一般规定

4.1.1　逆作法围护结构形式可根据土层的性质、地下水条件及周边环境保护要求综合确定。作用在基坑围护结构上土压力的计算模式，应根据围护结构与土体的位移情况以及采取的施工措施确定，并应符合下列规定：

　　1　基坑开挖阶段，作用在围护结构外侧的土压力宜取主动土压力；需要严格限制支护结构的水平位移时，围护结构外侧的土压力可取静止土压力；

　　2　采用围护结构与主体结构相结合的设计时，地下结构正常使用期间作用在围护结构外侧的土压力应取静止土压力。

4.1.2　基坑周边围护结构采用弹性支点法计算时，地下水平结构梁板的弹性支点刚度系数，宜通过对结构楼板整体进行线弹性结构分析，根据支点力与水平位移的关系确定。

4.1.3　围护结构设计时应考虑逆作法施工的特点和工况要求，分层土方开挖深度应符合设计工况要求，且应满足逆作结构楼板的施工空间要求。

4.1.4　围护结构施工前除应符合本标准第 3.0.2 条外，尚应收集下列资料：

　　1　施工现场的地形、地质、气象、水文、环境和地下障碍物的资料；

　　2　测量基线和水准点资料；

　　3　主体地下结构防水、排水要求；

　　4　防洪、防汛、防台风和环境保护的有关规定和要求。

4.1.5　围护结构施工前应进行下列工作：

　　1　遇有不良地质时，应进行查验；

　　2　复核测量基准线、水准基点，并在施工中进行复测和保护；

　　3　场地内的道路、供电、供水、排水、泥浆循环系统等设施应布置到位；

　　4　标明和清除围护结构处的地下障碍物，应对地下管线进行迁移或保护，做好施工场地平整工作；

　　5　设备进场应进行安装调试和检查验收。

4.1.6　围护结构施工中应进行过程控制，通过现场监测和检测及时掌握围护结构施工质量，并应采取减少对周边环境影响的措施。

4.1.7　围护结构的设计、施工和检测尚应符合国家现行标准《建筑基坑支护技术规程》JGJ 120、《建筑地基基础工程施工规范》GB 51004 和《建筑地基基础工程施工质量验收标准》GB 50202 的有关规定。

4.2 地下连续墙

4.2.16 地下连续墙施工前应通过试成槽确定成槽施工各项技术参数。

4.2.17 地下连续墙成槽应采用具有纠偏功能的成槽设备。地下连续墙成槽范围内遇下列情况宜采用抓铣结合的方法成槽：

1 深度超过 60m；

2 进入标贯击数 N 大于 50 的密实砂层；

3 进入岩层。

4.2.18 护壁泥浆应符合下列规定：

1 护壁泥浆应根据地质条件进行试配，泥浆配合比应按现场试验确定；

2 新拌制的泥浆应充分水化后储存 24h 以上方可使用；

3 成槽时泥浆的供应及处理系统应符合泥浆使用量的要求，应采用泥浆检测仪器检测泥浆指标，槽段开挖结束后及钢筋笼入槽前应对槽底泥浆和沉淀物进行置换；

4 循环泥浆应采取再生处理措施，泥浆含砂率大于 7％时应采用除砂器除砂。

4.2.19 地下连续墙钢筋笼制作场地应平整，平面尺寸应符合制作和拼装要求；采用分节吊放的钢筋笼应在场地同胎制作，并应进行试拼装；钢筋笼上的预埋钢筋、钢筋接驳器和剪力槽应符合安装精度要求。

4.2.20 地下连续墙钢筋笼吊筋长度应根据导墙标高计算确定，应在每幅槽段钢筋笼吊放前测量吊点处的导墙标高，并应确定吊筋长度。

4.2.21 地下连续墙的混凝土浇筑前墙底沉渣厚度不应大于 150mm，两墙合一时不应大于 100mm。

4.2.22 预制地下连续墙施工应符合下列规定：

1 应根据运输及起吊设备能力、施工现场道路和堆放场地条件，合理确定分幅和预制件长度，墙体分幅宽度应符合成槽稳定要求；

2 成槽顺序应先转角幅后直线幅，成槽深度应大于墙段埋置深度 100～200mm；

3 相邻槽段应连续成槽，幅间接头宜采用现浇钢筋混凝土接头；

4 采用普通泥浆护壁成槽施工的预制地下连续墙，应在墙内预先埋设注浆管，墙体与槽壁之间的空隙应进行注浆固化处理，槽底可进行加固处理；

5 墙段吊放时应在导墙上安装导向架。

4.2.23 两墙合一地下连续墙施工质量检测应符合下列规定：

1 槽壁垂直度、深度、宽度及沉渣应全数进行检测，当采用套铣接头时应对接头处进行两个方向的垂直度检测；

2 现浇墙体的混凝土质量应采用超声波透射法进行检测，检测数量不应少于墙体总量的 20％，且不应少于 3 幅；

3 当采用超声波透射法判定的墙身质量不合格时，应采用钻孔取芯法进行验证；

4 墙身混凝土抗压强度试块每 100m³ 混凝土不应少于 1 组，且每幅槽段不应少于 1 组，每组 3 件；墙身混凝土抗渗试块每 5 幅槽段不应少于 1 组，每组 6 件。

4.2.24 作为临时围护结构的地下连续墙，其槽壁垂直度、深度、宽度及沉渣检测数量应为总数的 20％；有可靠的施工经验时，可不进行超声波透射法检测。

4.3　灌注桩排桩

4.3.9　灌注桩排桩施工前应通过试成孔确定成孔机械、施工工艺、孔壁稳定的技术参数，试成孔数量不宜少于 2 个。

4.3.10　灌注桩排桩成孔机械应保证垂直度，桩墙合一的灌注桩排桩，宜采用成孔质量易于控制的设备，孔底沉渣厚度不宜大于 100mm。

4.3.11　灌注桩排桩采用泥浆护壁成孔时，桩身范围内存在松散的粉土、砂土、软土等易坍塌或流动的软弱土层时，宜采取下列措施：

　　1　采用膨润土造浆，提高泥浆黏度；

　　2　先施工隔水帷幕，后施工围护排桩；

　　3　在围护桩位置宜采取预加固措施。

4.3.12　灌注桩排桩钢筋笼吊筋长度应根据地坪标高和设计桩顶标高计算确定，并固定牢靠。

4.3.13　当灌注桩排桩作为临时围护结构时，其施工和质量检测应符合下列规定：

　　1　灌注桩成孔结束后，灌注混凝土之前，应对每根桩的成孔中心位置、孔深、孔径、垂直度、孔底沉渣厚度进行检测；

　　2　桩身混凝土抗压强度试块，每 $50m^3$ 混凝土不应少于 1 组，且每根桩不应少于 1 组，每台班不应少于 1 组；

　　3　桩身完整性宜采用低应变动测法检测。低应变动测检测桩数不宜少于总桩数的 20％，且不得少于 5 根。当判定的桩身质量存在问题时，应采用钻孔取芯方法进一步验证桩身完整性及混凝土强度。

4.3.14　桩墙合一灌注桩排桩的质量检测除符合本标准第 4.3.13 条的规定外，尚应符合下列规定：

　　1　应采用低应变动测法检测桩身完整性，检测比例应为 100％；应采用声波透射法检测桩身混凝土质量，检测的围护桩数量不应低于总桩数的 10％，且不应少于 5 根；

　　2　当根据声波透射法判定的桩身质量不合格时，应采用钻孔取芯方法进一步验证桩身完整性及混凝土强度，钻孔取芯完成后应对芯孔进行注浆填充密实；

　　3　当对排桩的竖向承载力有要求时，宜对其进行静载荷试验检测，比例不宜低于 1％，且不应少于 3 根；

　　4　挂网喷浆喷射混凝土试块数量每 $300m^2$ 取一组，每组试块不应少于 3 块；喷射混凝土厚度可通过凿孔检查。

4.4　型钢水泥土搅拌墙

4.4.1　型钢水泥土搅拌墙可采用三轴水泥土搅拌桩、渠式切割水泥土连续墙或铣削深搅水泥土搅拌墙内插型钢的形式，并应符合下列规定：

　　1　三轴水泥土搅拌桩适用于填土、淤泥质土、黏性土、粉土、砂土和饱和黄土，施工深度不宜大于 30m；

　　2　渠式切割水泥土连续墙除适用本条第 1 款的地层外，也可用于粒径不大于 100mm

的卵砾石土以及饱和单轴抗压强度不大于 5MPa 的岩层，施工深度不宜大于 60m；

   3 铣削深搅水泥土搅拌墙除适用本条第 1 款和第 2 款的地层外，也可用于粒径不大于 200mm 的卵砾石土以及饱和单轴抗压强度不大于 20MPa 的岩层，施工深度不宜大于 55m。

4.4.2 型钢水泥土搅拌墙施工应根据地质条件、成桩或成墙深度、桩径或墙厚、型钢规格等技术参数，选用不同功率的设备和配套机具，并应通过试成桩或试成墙确定施工工艺及各项施工技术参数。

4.4.3 型钢水泥土搅拌墙施工范围内应进行清障和场地平整，施工道路的地基承载力应符合成桩或成墙机械、起重机等重型机械安全作业和平稳移位的要求。渠式切割水泥土连续墙施工宜设置导墙。

4.4.4 型钢水泥土搅拌墙施工时，施工机械的平面定位允许偏差应为 20mm，垂直度允许偏差应为 1/250。

4.4.5 三轴水泥土搅拌桩搅拌下沉速度宜为 0.5～1.0m/min；提升速度在黏性土中宜为 1.0～2.0m/min，在粉土和砂土中不宜大于 1.0m/min。应保持匀速下沉或提升，提升时不应在孔内产生负压。

4.4.6 渠式切割水泥土连续墙施工中，锯链式切割箱应先行挖掘。施工方法的选用应综合考虑土质条件、墙体性能、墙体深度和环境保护要求，当切割土层较硬、墙体深度深、墙体防渗要求高时，宜采用三步施工法。当墙体深度小于 20m 且横向推进速度不小于 2.0m/h 时，可采用直接注入固化液挖掘、搅拌的一步施工法。

4.4.7 渠式切割水泥土连续墙施工中，挖掘液混合泥浆流动度应为 135～240mm，固化液混合泥浆流动度应为 150～280mm。

4.4.8 渠式切割水泥土连续墙施工需拔出切割箱时，宜在墙体外拔出，并应及时回灌固化液。

4.4.9 铣削深搅水泥土搅拌墙墙体厚度宜为 700～1200mm。墙体水泥掺量不宜小于 18%（与被搅拌土体的重量比），水灰比宜取 0.8～1.5。膨润土浆液宜采用钠基膨润土拌制，对黏性土每立方米被搅土体掺入膨润土量不宜少于 30kg，对砂土每立方米被搅土体掺入膨润土量不宜少于 50kg。

4.4.10 铣削深搅水泥土搅拌墙施工可采用一次注浆或两次注浆工艺。当地层复杂、墙体深度较深时，宜采用一次注浆工艺，即搅拌下沉过程中注入膨润土浆液，搅拌提升过程中注入水泥浆液；当地层较软弱、墙体深度小于 20m 时，宜采用两次注浆工艺，即搅拌下沉和提升过程中均注入水泥浆液。

4.4.11 铣削深搅水泥土搅拌墙单幅墙长度为 2.8m，应采用跳幅施工，幅间咬合搭接不应小于 0.3m，相邻墙段的施工间隔时间不宜大于 10h。成墙搅拌下沉速度宜为 0.5～1.0m/min，提升速度宜为 0.3～0.8m/min。

4.4.12 基坑开挖前，水泥土搅拌墙的强度应符合设计要求。水泥土搅拌墙的强度宜采用浆液试块强度试验确定，也可采用钻取芯样强度试验确定。

4.4.13 采用三轴水泥土搅拌桩形成的型钢水泥土搅拌墙，其设计、施工与检测尚应符合现行行业标准《型钢水泥土搅拌墙技术规程》JGJ/T 199 的规定。采用渠式切割水泥土连续墙形成的型钢水泥土搅拌墙，其设计、施工与检测尚应符合现行行业标准《渠式切割水泥土连续墙技术规程》JGJ/T 303 的规定。

4.5　咬合式排桩

4.5.1　咬合式排桩平面布置可采用有筋桩和无筋桩搭配、有筋桩和有筋桩搭配两种形式。

4.5.2　有筋桩混凝土设计强度等级不应低于 C25，无筋桩应采用设计强度等级不低于 C20 的混凝土。受力钢筋的混凝土保护层厚度不应小于 50mm。

4.5.3　咬合式排桩垂直度允许偏差应为 1/300；相邻桩咬合宽度不宜小于 150mm，考虑施工偏差后的桩底最小咬合量不应小于 50mm。

4.5.4　桩墙合一的咬合式排桩混凝土强度设计等级不宜低于 C30，承受竖向荷载时咬合式排桩宜进行桩端后注浆。

4.5.5　咬合式排桩宜折算为等厚度墙体进行内力和变形计算，并应符合下列规定：

　　1　抗弯刚度计算时宜仅考虑有筋桩；

　　2　内力验算应包括围护桩自身弯矩、剪力，有筋桩与无筋桩密排组合形式尚应验算咬合面局部受剪承载力。

4.5.6　采用桩墙合一的设计时，尚应符合本标准第 4.3 节的有关规定。

4.5.7　咬合式排桩施工可采用硬切割或软切割的施工方法，宜根据桩长、周边环境条件、工程地质条件和水文地质条件确定。

4.5.8　施工前应通过试成孔确定施工设备、工艺参数、成孔时间、取土面高度和混凝土的凝结时间。试成孔数量应根据工程规模和施工场地地层特点确定，且不应少于 1 组。

4.5.9　咬合式排桩施工前，应在桩顶上部沿咬合式排桩两侧先施工钢筋混凝土导墙。导墙应采用现浇钢筋混凝土结构，并应符合承载力及稳定性的要求。混凝土达到设计强度后，重型机械设备才能在导墙附近作业或停留。

4.5.10　用于咬合式排桩成孔的钢套管在使用前，应对其顺直度进行检查和校正，整根套管的顺直度允许偏差应小于 1/500。

4.5.11　钢筋笼应整体制作，钢筋笼上预留的插筋、接驳器应符合安装精度要求。

4.5.12　钢筋笼吊放时应采取限位措施，矩形钢筋笼或有预埋件的钢筋笼转角允许误差应为 5°。

4.5.13　混凝土浇筑应及时拔套管，起拔量不应超过 100mm，保持混凝土高出套管底端 2.5m。混凝土浇筑过程中，套管应来回转动。

4.5.14　桩墙合一咬合式排桩的桩身完整性检测应采用声波透射法，检测数量不应低于总桩数的 10%，且不应少于 5 根；当根据声波透射法判定的桩身质量不合格时，应采取钻孔取芯方法进一步验证桩身完整性及混凝土强度。

4.5.15　除应符合本节规定外，咬合式排桩的设计、施工与检测尚应符合现行行业标准《咬合式排桩技术标准》JGJ/T 396 的相关规定。

5　竖向支承桩柱

5.1　一般规定

5.1.1　逆作法竖向支承结构由竖向支承柱和竖向支承桩组成。根据逆作阶段承受的竖向荷载与主体结构设计要求，支承柱可采用格构柱、H 型钢柱或钢管混凝土柱等结构形式；支承桩宜采用灌注桩，并宜利用主体结构工程桩。

5.1.2 竖向支承桩柱宜采用一柱一桩形式。当一柱一桩形式无法符合逆作阶段的承载力与变形要求时，也可采用一柱多桩形式。

5.1.3 竖向支承桩柱应根据逆作施工阶段和永久使用阶段的不同荷载工况与结构受力状态进行设计计算，并应同时符合两个阶段的承载能力极限状态和正常使用极限状态的设计要求。

5.1.4 竖向支承桩柱施工前应做下列工作：

　1 清除障碍物及场地平整工作；

　2 完成混凝土硬地坪施工；

　3 选择合适的支承桩施工机械与施工工艺；

　4 明确支承柱加工、连接、支承柱插入支承桩方式、调垂和测垂工艺。

5.1.5 竖向支承桩成孔机具及工艺的选择，应根据桩型、成孔深度、土层情况、泥浆排放及处理条件确定；竖向支承柱转向控制、调垂和测垂工艺应根据支承柱形式、长度、垂直度控制要求及其与支承桩连接方式确定。

5.1.6 竖向支承桩柱的设计、施工和检测尚应符合国家现行标准《钢结构设计标准》GB 50017、《建筑桩基技术规范》JGJ 94、《建筑地基基础设计规范》GB 50007 及《建筑地基基础工程施工质量验收标准》GB 50202 的有关规定。

5.4 检测

5.4.1 当竖向支承柱采用钢管混凝土柱时，应通过钢管混凝土柱试充填试验确定合适的钢管柱内混凝土浇筑、调垂和测垂工艺，钢管混凝土柱试充填试验数量不宜少于 2 根。

5.4.2 支承柱施工时应对就位后的支承柱全数进行垂直度检测；基坑开挖后应对暴露出来的支承柱全数进行垂直度复测。

5.4.3 当支承柱采用钢管混凝土柱时，应采用超声波透射法对支承柱进行基坑开挖前的质量检测，检测数量不应小于支承柱总数的 20％。当发现支承柱存在缺陷时，应采用钻芯法对支承柱混凝土质量进一步检测；基坑开挖后，应采用敲击法全数检测支承柱质量。

5.4.4 支承桩应全数进行成孔检测，内容包括成孔的中心位置、孔深、孔径、垂直度、孔底沉渣厚度；并应采用超声波透射法检测桩身混凝土质量，检测比例不少于 20％。

5.4.5 对于工程地质条件复杂、上下同步逆作法工程、逆作阶段承载力和变形控制要求高的竖向支承桩，应采用静载荷试验对支承桩单桩竖向承载力进行检测，检测数量不应少于 1％，且不应少于 3 根。

6 先期地下结构

6.1 一般规定

6.1.1 先期地下结构应为逆作阶段基础底板形成之前施工的地下水平结构与地下竖向结构，包括地下各层水平结构以及框架柱和剪力墙等竖向结构。先期地下结构施工时应预留后期地下结构所需要的施工措施和连接措施。

6.1.2 先期地下水平结构应根据逆作阶段的平面布置和工况，按水平向和竖向联合受荷状态进行承载力和变形计算，并应符合逆作阶段和永久使用阶段的承载能力极限状态和正常使用极限状态的设计要求。

6.1.3　先期地下结构施工前应结合地下结构开口布置、逆作阶段受力和施工要求预留孔洞，施工时应预留后期地下结构所需要的钢筋、埋件以及混凝土浇捣孔。

6.1.4　逆作施工平台层的场地布置应结合各类施工机械运行通道和作业区域、材料堆放、加工场地以及排水的施工组织要求确定。

6.1.5　先期地下结构施工前应确定取土口、材料运输口、进出通风口及其他预留孔洞。预留孔洞的周边应设置防护栏杆，其平面布置应综合下列因素确定：

　　1　应结合施工部署、行车路线、先期地下结构分区、上部结构施工平面布置确定；

　　2　预留孔洞大小应结合挖土设备作业、施工机具及材料运转确定；

　　3　取土口留设时立结合主体结构的楼梯间、电梯井等结构开口部位进行布置，在符合结构受力的情况下，应加大取土口的面积；

　　4　不宜设置在结构边跨位置；确需设置在边跨时，应对孔洞周边结构进行加强处理；

　　5　不宜设置在结构标高变化处。

6.1.6　先期地下结构施工前应进行下列准备工作：

　　1　复核测量基准线、水准基点，并在施工中进行保护；

　　2　布置场地内的道路、供电、供水、消防、排水系统；

　　3　确定场地的平面布置；

　　4　完成围护、地基加固、降水等前道工序；

　　5　地下室的设计图纸已完善并具备施工条件。

6.1.7　先期地下结构设计、施工及验收应符合现行国家标准《混凝土结构设计规范》GB 50010 和《混凝土结构工程施工质量验收规范》GB 50204 的相关规定。

6.3　施工

6.3.11　先期地下结构采用钢结构或钢与混凝土组合结构时，应在先期地下结构楼板上预留下层钢结构吊装用埋件，并应考虑钢结构吊装设备的作业空间。

6.3.12　竖向支承柱施工前，应先确定钢结构的制作工艺和连接方法，并应深化设计钢结构构造节点。

6.3.13　在先期地下结构施工中，界面层以下需连接在支承柱上的钢构件应通过预留孔洞进行垂直运输，并在施工层水平运输至安装位置进行连接，严禁出现在地面拖拉的现象。

6.3.14　钢构件之间连接宜采用可调节的节点形式，并宜预留调整空间。钢构件连接之前宜先进行预拼装。

7　后期地下结构

7.1　一般规定

7.1.1　后期地下结构的施工应包括界面层以下的框架柱、剪力墙、地下室外墙、内衬墙及壁柱等竖向结构的施工逆作阶段预留孔洞需封闭的地下水平结构的施工，以及临时支承柱、临时支撑构件拆除施工等。

7.1.2　后期地下结构施工前应对与先期地下结构连接的接缝部位进行清理，并应对预留的钢筋、机械接头、浇捣孔进行整修。

7.1.3　后期地下结构施工拆除先期地下结构预留孔洞范围内的临时水平支撑时，应按照设计工况在可靠换撑形成后进行；当有多层临时水平支撑时，应自下而上逐层换撑、逐层拆撑；临时支撑拆除时应监测该区域结构的变形及内力，并应预先制定应急预案。

7.1.4　临时竖向支承柱的拆除应在后期竖向结构施工完成并达到竖向荷载转换条件后进行，并应按自上而下的顺序拆除，拆除时应监测相应区域结构变形，并应预先制定应急预案。

7.1.5　后期地下结构施工前应对先期地下结构的轴线、构件平面位及标品进行复核，当偏差较大时应会同设计方进行调整。

7.1.6　后期地下结构施工前，应根据施工图和现场施工条件，制定先期与后期结构接缝处理、临时竖向支承柱和临时水平支撑等构件拆除方案，以及后期地下水平和竖向结构的专项施工方案。

7.1.7　后期地下结构的施工及验收尚应符合现行国家标准《混凝土结构工程施工质量验收规范》GB 50204 的规定。

7.2　模板工程

7.2.1　柱、墙模板施工中，模板体系应考虑逆作法施工特点进行加工与制作。模板预留洞、预埋件的位置应按图纸准确留设。

7.2.2　模板体系应具有足够的承载能力、刚度和稳定性，并应能承受浇筑混凝土的重量、侧压力以及施工荷载。

7.2.3　后期地下结构柱、墙施工时，宜根据预留浇捣孔位置设喇叭口。喇叭口宽度与倾斜角度应符合混凝土下料和振捣要求，喇叭口内混凝土浇筑面应高于施工缝 300mm 以上。

7.2.4　剪力墙回筑时，宜沿墙两侧设置喇叭口，间距宜为 1.2～2.0m。墙单侧设置喇叭口时，间距不得大于 1m。

7.2.5　柱、墙模板底部应有防止漏浆措施。浇捣高度大于 3m 时，模板中部宜设置临时浇捣口；浇捣高度大于 6m 时，宜设置水平施工缝。扶壁柱与内衬墙回筑时，模板可单侧支模，对拉螺杆可固定在围护结构上并应设置止水钢板。

7.3　混凝土工程

7.3.1　后期地下结构梁、柱、墙与先期地下结构连接钢筋直径较粗时，其连接接头宜采用机械连接。钢筋的连接应符合现行行业标准《钢筋机械连接技术规程》JGJ 107 和《钢筋焊接及验收规程》JGJ 18 的有关规定。

7.3.2　钢筋接头应进行隐蔽工程验收，机械接头或焊接接头试件应现场取样。

7.3.3　后期地下水平结构和竖向结构施工前，应对预埋钢筋进行检查并整修，当预埋钢筋损坏或缺失时应按设计要求进行补强。

7.3.4　混凝土配合比应根据逆作法特点设计，浇捣前应对混凝土配合比及浇筑工艺进行现场试验。在现场应做混凝土工作性能试验，并应制作抗压抗渗试块及同条件养护试块。

7.3.5　后期竖向结构混凝土浇筑前应清除模板内各种垃圾并浇水湿润，浇筑时应连续浇捣，不应出现冷缝；宜通过浇捣孔用振动棒对竖向结构混凝土进行内部振捣，不宜直接振捣部位应在外侧使用挂壁式振捣器组合振捣；钢筋密集处应加强振捣。

7.3.6　混凝土浇筑时不得发生离析，当粗骨料粒径大于 25mm 时倾倒高度不应大于 3m，当粗骨料粒径小于或等于 25mm 时倾倒高度不应大于 6m。当不符合要求时，应分段浇筑或加设串筒、溜管、溜槽装置。

7.3.7　支承柱外包混凝土结构施工前，应将支承柱钢结构表面清理干净，并应保证外包混凝土结构与支承柱连接密实。

7.4　接缝处理

7.4.1　后期地下竖向结构施工应采取措施保证水平接缝混凝土浇筑的质量，应结合工程情况采取超灌法、注浆法或灌浆法等接缝处理方式。

7.4.2　采用超灌法时，竖向结构混凝土宜采用高流态低收缩混凝土，也可采用自密实混凝土。浇筑混凝土液面应高出接缝标高不小于 300mm。

7.4.3　采用注浆法时，待后期竖向结构施工完成后，采用注浆料通过预先设置的通道对水平接缝进行处理，注浆料宜采用高流态低收缩材料，强度高于原结构一个等级。注浆宜选用下列方式：

　　1　在接缝部位预埋专用注浆管，混凝土初凝后，通过专用注浆管注浆；

　　2　在接缝部位预埋发泡聚乙烯接缝棒，混凝土强度达到设计要求后用稀释剂溶解接缝棒，形成注浆管道进行注浆；

　　3　混凝土强度达到设计要求后，在接缝部位用钻头引洞，安装有单向功能的注浆针头，进行定点注浆。

7.4.4　采用灌浆法时，水平接缝处应预留不小于 50mm 的间距，采用高于原结构混凝土强度等级的灌浆料填充。采用的模板应密封严密，与上下结构搭接 100mm 以上，灌浆口应与出浆口对应布置，并应沿灌浆方向单向施工。

8　上下同步逆作法

8.1　一般规定

8.1.1　采用上下同步逆作法的建筑工程，其施工流程应符合设计要求，并宜符合下列规定：

　　1　当主体结构为框架结构时，上部结构应在界面层施工完成后方可施工；

　　2　当主体结构为框架-剪力墙或筒体结构时，上部结构宜在包含界面层楼板在内的两层地下水平结构施工完成后方可施工。

8.1.2　上下同步逆作法的工程，应选择刚度大、传力可靠的地下水平结构层作为界面层；当剪力墙或核心筒上部同步逆作时，宜选择结构嵌固层以下的地下水平结构层作为界面层；当界面层为地下一层或以下的地下水平结构层时，应对开挖至界面层的围护体悬臂工况采取控制基坑变形的设计与施工措施。

8.1.3 逆作施工平台层宜设置于地下室顶板，其平面及净空应符合逆作施工期间土方及材料的水平和竖向运输的施工作业要求。

8.1.4 上下同步逆作法工程应预先确定设计与施工技术措施，应包括下列主要内容：

1 结合主体结构确定合理的同步施工工况下竖向支承结构和托换结构体系；

2 选择合适的上下同步施工界面层及上下同步施工流程；

3 确定适应于上下同步施工情况的场地布置和机械配置；

4 选择受力明确、施工方便且与主体结构构件结合良好的施工阶段临时构件和节点形式。

8.1.5 上下同步逆作法施工时，应对上下同步逆作区域内的竖向支承桩柱、托换结构进行变形监测。

8.3 施工与监控

8.3.1 取土口的设置除应符合本标准第 6.1.5 条的规定外，尚应符合下列规定：

1 取土口的设置宜避开上部结构范围，可利用上部结构周边退界区域或者中庭等大空间部位作为取土口使用；

2 逆作施工平台层以上的楼层净空应符合垂直取土设备的操作要求，取土口上方的上部结构可后施工；

3 应充分考虑挖土行车路线对上部结构施工的影响，合理安排分区域施工。

8.3.2 地上地下结构同步施工时，应对施工平台层的框架柱、剪力墙等竖向结构进行施工作业机械防碰撞保护。

8.3.3 界面层以下的后期框架柱与剪力墙施工时，应在先期与后期的水平施工缝中预埋注浆管，并应采用注浆法进行接缝处理。

8.3.4 应对竖向构件和托换构件的内力进行监测，并应对托换构件的变形和裂缝情况进行监测和观测。

8.3.5 沉降监测应测定建筑的沉降量与水平位移；沉降监测点的布设应考虑地质情况及建筑结构特点，并应全面反映建筑及地基变形特征。监测点的布置宜选择下列位置：

1 建筑的四角、核心筒四角、大转角处及沿外墙每 10～20m 处或每隔 2～3 根柱基上；

2 剪力墙托换区域的四角；

3 后浇带和沉降缝两侧及逆作施工作业区与非作业区交界位置；

4 沿纵、横轴线上的每个或部分竖向支承柱。

9 地下水控制

9.1 一般规定

9.1.1 逆作法基坑工程的地下水控制应考虑下列因素：

1 地下水控制影响范围内的地下水类型、地下水位与动态规律、各含水层之间以及地下水与基坑周边相邻地表水体的水力联系性质；

2　各含水层的水文地质参数、与地下水控制相关的岩土体的物理力学参数；

3　基坑开挖深度、面积，周边建筑物与地下管线的情况和基坑支护结构形式；

4　逆作施工工况、地下结构的布置及土方挖运流程等。

9.1.2　基坑隔水应根据工程地质条件、水文地质条件及施工条件，选用水泥土搅拌桩帷幕、渠式切割水泥土连续墙帷幕、铣削深搅水泥土搅拌墙帷幕、地下连续墙或咬合式排桩。

9.1.3　降水方法应根据基坑规模、土层与含水层性质、施工工况进行选择。在渗透性较弱的黏性土、淤泥质土地层中宜选用轻型井点降水、喷射井点降水、真空管井降水等；在渗透性较强的砂土、粉土地层中可采用集水明排、管井降水等。

9.1.4　降水井应在基坑开挖前完成施工，并经检验合格，降排水系统试运行正常后，方可进行下一步施工。

9.1.5　逆作法基坑工程应进行预疏干降水，疏干降水的持续时间应考虑基坑面积、开挖深度及地质条件等因素，并应结合逆作施工工况中逆作结构的稳定与变形要求综合确定；土方开挖前坑内地下水位应降至分层开挖面以下 0.5～1.0m。

9.3　施工与检测

9.3.1　基坑外侧排水系统的设置应符合下列规定：

1　系统的排水能力不应小于设计排水量的 1.2 倍；

2　地表排水系统应采取防渗及三级沉淀措施；

3　集水井、排水沟宜布置在距离隔水帷幕外不小于 0.5m 处；

4　基坑内排水系统应在坑内排水管集中部位设置合理的接入口。

9.3.2　基坑内排水系统的设置应符合下列规定：

1　降水井排水管宜通过结构开口接入基坑外侧排水系统；

2　当排水管通过在地下结构板上设置预留孔接入基坑外侧排水系统时，应在预留孔周边做好结构止水措施；

3　井点数量较多时，可在地下一层结构上设置集水桶、集水箱作为排水中转站。

9.3.3　轻型井点施工与运行应符合下列规定：

1　井点管直径宜为 38～55mm，井点管水平间距宜为 0.8～1.6m；

2　成孔孔径不应小于 300mm，成孔深度应大于过滤器底端埋深 0.5m；

3　滤料应回填密实，滤料回填顶面与地面高差不宜小于 1.0m；滤料顶面至地面间应采用黏土封填密实；

4　真空泵应与轻型井点管口处于同一水平高度；

5　运行期间真空负压不应小于 0.065MPa。

9.3.4　管井施工与运行应符合下列规定：

1　成孔垂直度偏差不应大于 1/100；

2　成孔施工中的泥浆密度不宜大于 1.15g/cm³，井管安装阶段的泥浆密度不宜大于 1.10g/cm³，填砾阶段的泥浆密度不宜大于 1.05g/cm³；

3　井管外径不应小于 200mm，且应大于抽水泵体最大外径 50mm 以上，成孔孔径应大于井管外径 300mm 以上；

4 井管安装应准确到位，不得损坏过滤结构；井管连接应确保扑管不脱落或渗漏；

5 井管外侧应安装扶正器，每两组扶正器最大间距不应大于 10m；

6 井管周围填砾厚度应均匀一致；

7 应采用空压机或活塞洗井至出水清澈，洗井后井管内沉淀物的厚度不应大于井深的 0.5%，出水稳定后含砂量体积比不应大于 1/20000；

8 抽水泵安装应稳固，泵轴应垂直；井内动水位应高于抽水泵进水口 2m；

9 达到设计降深时的管井出水量不应小于其设计流量，在同一水文地质单元内结构基本相同的管井出水量应相近。

9.3.5 真空降水管井的施工与运行，除应符合本标准第 9.3.4 条外，尚应符合下列规定：

1 滤料柱顶面以上应用黏性土填实至孔口，封填黏土材料直径不应大于井管与孔壁之间间隙宽度的 1/3；

2 管井口应密封，并应分别设置与抽水泵排水管连接的排水孔和与真空泵排气管连接的排气孔，排水管与排气管均应设置单向阀；

3 降水运行期间负压管路系统的真空负压不应小于 0.065MPa；

4 开挖后需继续加载真空负压的真空降水管井，应对开挖后暴露的井管、过滤器和填砾层进行封闭。

9.3.6 减压降水管井的施工与运行，除应符合本标准第 9.3.4 条外，尚应符合下列规定：

1 成井施工中应按设计要求实施封闭措施，回填黏土球或黏土的高度、体积不应小于设计值的 95%；

2 抽水井和备用井均应安装抽水泵，抽水泵的排水能力不应小于设计流量和扬程；

3 基坑内观测井水位应符合当前施工工况的设计安全水位要求。

9.3.7 回灌管井的施工与运行，除符合本标准第 9.3.4 条外，尚应符合下列规定：

1 滤料柱顶面以上应用黏土球封填，封填高度不应小于 5m，黏土球顶面以上应用混凝土或注浆封填至孔口；

2 回灌井施工结束至正式回灌应至少有 2~3 周的休止期；

3 回灌方式应根据回灌目的含水层的性质和回灌量确定；自然回灌的水源压力宜为 0.1~0.2MPa，加压回灌压力宜为 0.2~0.5MPa，回灌压力不宜超过过滤器顶端以上的覆土重量；

4 回灌水量应根据回灌影响范围内水位观测井的水位变化进行动态调节。

9.3.8 坑内降水管井顶部宜设置在地下结构顶板底部以下。减压降水井顶部标高应高于目标承压含水层初始承压水位 0.5~1.0m。土方开挖过程中降水井管不宜割除。

9.3.9 基坑开挖过程中，应对降水井管进行保护。降水井管与各层楼板、支撑之间应有侧向固定措施。

9.3.10 地下水控制应实行全过程运行信息化管理。当基坑周边环境复杂或地下水控制运行风险较大时，应设置地下水控制运行风险控制系统。

9.3.11 基坑内降水施工时，可采取下列措施减少对环境的影响：

1 设置隔水帷幕减小降水对保护对象的影响；

2 采用悬挂帷幕时应结合抽水试验对降水的影响范围进行估算；

3 应采用能减小被保护对象下地下水位变化幅度的降水系统布置方式，并应避免采

用可能危害保护对象的降水施工方法;

　　4　可设置回灌水系统以保持保护对象周边的地下水位。

9.3.12　降水井点运行结束后,应采取有效的封闭措施。

9.3.13　轻型井点及管井施工质量检测应符合下列规定:

　　1　成孔及成井过程中,应对成孔的孔径、孔深、泥浆相对密度进行检测,检测数量不应少于成孔总数的 50%;

　　2　成井过程中应检测滤料、止水材料的回填高度及数量、回填密实度,检测数量 100%;

　　3　成井结束后应检测管井的洗井效果、管内沉淀高度及出水含砂率,检测数量 100%;

　　4　抽水过程中应检测井点出水效果,井点有效数不应低于 90%,检测数量 100%。

9.3.14　地下水控制措施的检测除应符合本节规定外,尚应符合国家现行标准《建筑地基基础工程施工规范》GB 51004、《建筑地基基础工程施工质量验收标准》GB 50202、《建筑与市政地下水控制技术规范》JGJ 111 有关规定。

第 13 节　《建筑工程施工质量评价标准》
GB/T 50375—2016(节选)

　　本节采用原文体例格式。节选部分内容如下:

3　基本规定

3.1　评价基础

3.1.1　建筑工程施工质量评价应实施目标管理,健全质量管理体系,落实质量责任,完善控制手段,提高质量保证能力和持续改进能力。

3.1.2　建筑工程质量管理应加强对原材料、施工过程的质量控制和结构安全、功能效果检验,具有完整的施工控制资料和质量验收资料。

3.1.3　工程质量验收应完善检验批的质量验收,具有完整的施工操作依据和现场验收检查原始记录。

3.1.4　建筑工程施工质量评价应对工程结构安全、使用功能、建筑节能和观感质量等进行综合核查。

3.1.5　建筑工程施工质量评价应按分部工程、子分部工程进行。

3.2　评价体系

3.2.1　建筑工程施工质量评价应根据建筑工程特点分为地基与基础工程、主体结构工程、屋面工程、装饰装修工程、安装工程及建筑节能工程等六个部分(图 3.2.1)。

3.2.2　每个评价部分应根据其在整个工程中所占的工作量及重要程度给出相应的权重,其权重应符合表 3.2.2 的规定。

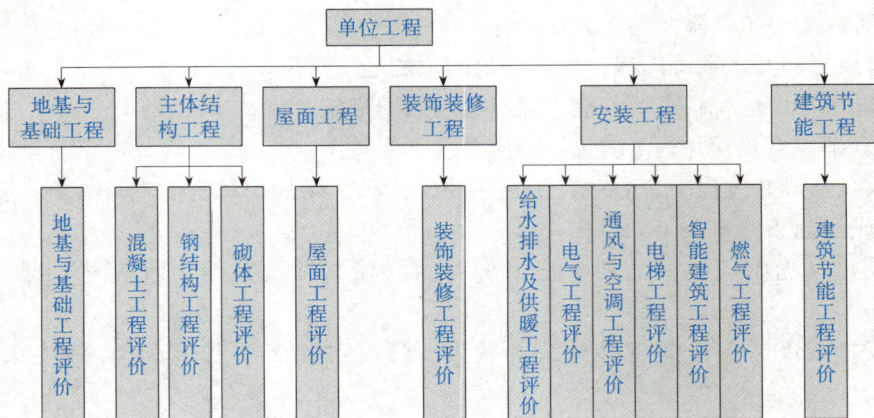

图 3.2.1　工程质量评价内容

注：1. 地下防水工程的质量评价列入地基与基础工程。

　　2. 地基与基础工程中的基础部分的质量评价列入主体结构工程。

工程评价部分权重　　　　　　　　　　　　　　　表 3.2.2

工程评价部分	权重（%）	工程评价部分	权重（%）
地基与基础工程	10	装饰装修工程	15
主体结构工程	40	安装工程	20
屋面工程	5	建筑节能工程	10

注：1. 主体结构、安装工程有多项内容时，其权重可按实际工作量分配，但应为整数。

　　2. 主体结构中的砌体工程若是填充墙时，最多只占 10% 的权重。

　　3. 地基与基础工程中基础及地下室结构列入主体结构工程中评价。

3.2.3　每个评价部分应按工程质量的特点，分为性能检测、质量记录、允许偏差、观感质量等四个评价项目。

　　每个评价项目应根据其在该评价部分内所占的工作量及重要程度给出相应的项目分值，其项目分值应符合表 3.2.3 的规定。

评价项目分值　　　　　　　　　　　　　　　　表 3.2.3

序号	评价项目	地基与基础工程	主体结构工程	屋面工程	装饰装修工程	安装工程	节能工程
1	性能检测	40	40	40	30	40	40
2	质量记录	40	30	20	20	20	30
3	允许偏差	10	20	10	10	10	10
4	观感质量	10	10	30	40	30	20

注：用本标准各检查评分表检查评分后，将所得分换算为本表项目分值，再按规定换算为本标准表 3.2.3 的权重。

3.2.4　每个评价项目应包括若干项具体检查内容，对每一具体检查内容应按其重要性给出分值，其判定结果分为两个档次：一档应为 100% 的分值；二档应为 70% 的分值。

3.2.5　结构工程、单位工程施工质量评价综合评分达到 85 分及以上。

3.3　评价方法

3.3.1　性能检测评价方法应符合下列规定：

　　1　检查标准：检查项目的检测指标一次检测达到设计要求及规范规定的应为一档，取 100％ 的分值；按相关规范规定，经过处理后满足设计要求及规范规定的应为二档，取 70％ 的分值。

　　2　检查方法：核查性能检测报告。

3.3.2　质量记录评价方法应符合下列规定：

　　1　检查标准：材料、设备合格证、进场验收记录及复试报告、施工记录及施工试验等资料完整，能满足设计要求及规范规定的应为一档，取 100％ 的分值；资料基本完整并能满足设计要求及规范规定的应为二档，取 70％ 的分值。

　　2　检查方法：核查资料的项目、数量及数据内容。

3.3.3　允许偏差评价方法应符合下列规定：

　　1　检查标准：检查项目 90％ 及以上测点实测值达到规范规定值的应为一档，取 100％ 的分值；检查项目 80％ 及以上测点实测值达到规范规定值，但不足 90％ 的应为二档，取 70％ 的分值。

　　2　检查方法：在各相关检验批中，随机抽取 5 个检验批，不足 5 个的取全部进行核查。

3.3.4　观感质量评价方法应符合下列规定：

　　1　检查标准：每个检查项目以随机抽取的检查点按"好"、"一般"给出评价。项目检查点 90％ 及其以上达到"好"，其余检查点达到"一般"的应为一档，取 100％ 的分值；项目检查点 80％ 及其以上达到"好"，但不足 90％，其余检查点达到"一般"的应为二档，取 70％ 的分值。

　　2　检查方法：核查分部（子分部）工程质量验收资料。

第 14 节　《建设工程项目管理规范》
GB/T 50326—2017（节选）

本节采用原文体例格式。节选部分内容如下：

10.1　一般规定

10.1.1　组织应根据需求制定项目质量管理和质量管理绩效考核制度，配备质量管理资源。

10.1.2　项目质量管理应坚持缺陷预防的原则，按照策划、实施、检查、处置的循环方式进行系统运作。

10.1.3　项目管理机构应通过对人员、机具、材料、方法、环境要素的全过程管理，确保工程质量满足质量标准和相关方要求。

10.1.4　项目质量管理应按下列程序实施：

　　1　确定质量计划；

　　2　实施质量控制；

　　3　开展质量检查与处置；

　　4　落实质量改进。

10.2 质量计划

10.2.1 项目质量计划应在项目管理策划过程中编制。项目质量计划作为对外质量保证和对内质量控制的依据，体现项目全过程质量管理要求。

10.2.2 项目质量计划编制依据应包括下列内容：

  1 合同中有关产品质量要求；

  2 项目管理规划大纲；

  3 项目设计文件；

  4 相关法律法规和标准规范；

  5 质量管理其他要求。

10.2.3 项目质量计划应包括下列内容：

  1 质量目标和质量要求；

  2 质量管理体系和管理职责；

  3 质量管理与协调的程序；

  4 法律法规和标准规范；

  5 质量控制点的设置与管理；

  6 项目生产要素的质量控制；

  7 实施质量目标和质量要求所采取的措施；

  8 项目质量文件管理。

10.2.4 项目质量计划应报组织批准。项目质量计划需修改时，应按原批准程序报批。

10.3 质量控制

10.3.1 项目质量控制应确保下列内容满足规定要求：

  1 实施过程的各种输入；

  2 实施过程控制点的设置；

  3 实施过程的输出；

  4 各个实施过程之间的接口。

10.3.2 项目管理机构应在质量控制过程中，跟踪、收集、整理实际数据，与质量要求进行比较，分析偏差，采取措施予以纠正和处置，并对处置效果复查。

10.3.3 设计质量控制应包括下列流程：

  1 按照设计合同要求进行设计策划；

  2 根据设计需求确定设计输入；

  3 实施设计活动并进行设计评审；

  4 验证和确认设计输出；

  5 实施设计变更控制。

10.3.4 采购质量控制应包括下列流程：

  1 确定采购程序；

  2 明确采购要求；

  3 选择合格的供应单位；

4 实施采购合同控制；

5 进行进货检验及问题处置。

10.3.5 施工质量控制应包括下列流程：

1 施工质量目标分解；

2 施工技术交底与工序控制；

3 施工质量偏差控制；

4 产品或服务的验证、评价和防护。

10.3.6 项目质量创优控制宜符合下列规定：

1 明确质量创优目标和创优计划；

2 精心策划和系统管理；

3 制定高于国家标准的控制准则；

4 确保工程创优资料和相关证据的管理水平。

10.3.7 分包的质量控制应纳入项目质量控制范围，分包人应按分包合同的约定对其分包的工程质量向项目管理机构负责。

10.4 质量检查与处置

10.4.1 项目管理机构应根据项目管理策划要求实施检验和监测，并按照规定配备检验和监测设备。

10.4.2 对项目质量计划设置的质量控制点，项目管理机构应按规定进行检验和监测。质量控制点可包括下列内容：

1 对施工质量有重要影响的关键质量特性、关键部位或重要影响因素；

2 工艺上有严格要求，对下道工序的活动有重要影响的关键质量特性、部位；

3 严重影响项目质量的材料质量和性能；

4 影响下道工序质量的技术间歇时间；

5 与施工质量密切相关的技术参数；

6 容易出现质量通病的部位；

7 紧缺工程材料、构配件和工程设备或可能对生产安排有严重影响的关键项目；

8 隐蔽工程验收。

10.4.3 项目管理机构对不合格品控制应符合下列规定：

1 对检验和监测中发现的不合格品，按规定进行标识、记录、评价、隔离，防止非预期的使用或交付；

2 采用返修、加固、返工、让步接受和报废措施，对不合格品进行处置。

10.5 质量改进

10.5.1 组织应根据不合格的信息，评价采取改进措施的需求，实施必要的改进措施。当经过验证效果不佳或未完全达到预期的效果时，应重新分析原因，采取相应措施。

10.5.2 项目管理机构应定期对项目质量状况进行检查、分析，向组织提出质量报告，明确质量状况、发包人及其他相关方满意程度、产品要求的符合性以及项目管理机构的质量改进措施。

10.5.3 组织应对项目管理机构进行培训、检查、考核，定期进行内部审核，确保项目管理机构的质量改进。

10.5.4 组织应了解发包人及其他相关方对质量的意见，确定质量管理改进目标，提出相应措施并予以落实。

第15节 《建筑装饰装修工程质量验收标准》 GB 50210—2018（节选）

《建筑装饰装修工程质量验收标准》为国家标准，编号为 GB 50210—2018，自 2018 年 9 月 1 日起实施。其中，第 3.1.4、6.1.11、6.1.12、7.1.12、11.1.12 条为强制性条文，必须严格执行。原《建筑装饰装修工程质量验收规范》GB 50210—2001 同时废止。本节采用原文体例格式。

本标准的主要技术内容是：1. 总则；2. 术语；3. 基本规定；4. 抹灰工程；5. 外墙防水工程；6. 门窗工程；7. 吊顶工程；8. 轻质隔墙工程；9. 饰面板工程；10. 饰面砖工程；11. 幕墙工程；12. 涂饰工程；13. 裱糊与软包工程；14. 细部工程；15. 分部工程质量验收。

本标准修订的主要内容是：新增了外墙防水工程一章；新增了保温层薄抹灰工程一节；将原饰面板（砖）工程一章分成饰面板工程、饰面砖工程两章；将吊顶工程分成整体面层吊顶工程、板块面层吊顶工程和格栅吊顶工程；涂饰工程和裱糊与软包工程新增允许偏差和检验方法；删除了木门窗制作和散热器罩制作与安装相关条文；幕墙工程列出主控项目和一般项目，其验收内容、检验方法、检查数量由各幕墙技术标准规定。

本标准由住房和城乡建设部负责管理和对强制性条文的解释，由中国建筑科学研究院有限公司负责具体技术内容的解释。

本节主要介绍在《建筑装饰装修工程质量验收标准》GB 50210—2001 基础上修改和增加的内容。

4.3 保温层薄抹灰工程

Ⅰ 主控项目

4.3.1 保温层薄抹灰所用材料的品种和性能应符合设计要求及国家现行标准的有关规定。

检验方法：检查产品合格证书、进场验收记录、性能检验报告和复验报告。

4.3.2 基层质量应符合设计和施工方案的要求。基层表面的尘土、污垢和油渍等应清除干净。基层含水率应满足施工工艺的要求。

检验方法：检查施工记录。

4.3.3 保温层薄抹灰及其加强处理应符合设计要求和国家现行标准的有关规定。

检验方法：检查隐蔽工程验收记录和施工记录。

4.3.4 抹灰层与基层之间及各抹灰层之间应粘结牢固，抹灰层应无脱层和空鼓，面层应无爆灰和裂缝。

检验方法：观察；用小锤轻击检查；检查施工记录。

Ⅱ　一般项目

4.3.5　保温层薄抹灰表面应光滑、洁净、颜色均匀、无抹纹，分格缝和灰线应清晰美观。

检验方法：观察；手摸检查。

4.3.6　护角、孔洞、槽、盒周围的抹灰表面应整齐、光滑；管道后面的抹灰表面应平整。

检验方法：观察。

4.3.7　保温层薄抹灰层的总厚度应符合设计要求。

检验方法：检查施工记录。

4.3.8　保温层薄抹灰分格缝的设置应符合设计要求，宽度和深度应均匀，表面应光滑，棱角应整齐。

检验方法：观察；尺量检查。

4.3.9　有排水要求的部位应做滴水线（槽）。滴水线（槽）应整齐顺直，滴水线应内高外低，滴水槽宽度和深度均不应小于 10mm。

检验方法：观察；尺量检查。

4.3.10　保温层薄抹灰工程质量的允许偏差和检验方法应符合表 4.3.10 的规定。

保温层薄抹灰的允许偏差和检验方法　　　　　表 4.3.10

项次	项目	允许偏差（mm）	检验方法
1	立面垂直度	3	用 2m 垂直检测尺检查
2	表面平整度	3	用 2m 靠尺和塞尺检查
3	阴阳角方正	3	用 200mm 直角检测尺检查
4	分格条（缝）直线度	3	拉 5m 线，不足 5m 拉通线，用钢直尺检查

5　外墙防水工程

5.1　一般规定

5.1.1　本章适用于外墙砂浆防水、涂膜防水和透气膜防水等分项工程的质量验收。

5.1.2　外墙防水工程验收时应检查下列文件和记录：

1　外墙防水工程的施工图、设计说明及其他设计文件；

2　材料的产品合格证书、性能检验报告、进场验收记录和复验报告；

3　施工方案及安全技术措施文件；

4　雨后或现场淋水检验记录；

5　隐蔽工程验收记录；

6　施工记录；

7　施工单位的资质证书及操作人员的上岗证书。

5.1.3　外墙防水工程应对下列材料及其性能指标进行复验：

1　防水砂浆的粘结强度和抗渗性能；

2　防水涂料的低温柔性和不透水性；

3 防水透气膜的不透水性。

5.1.4 外墙防水工程应对下列隐蔽工程项目进行验收：

1 外墙不同结构材料交接处的增强处理措施的节点；

2 防水层在变形缝、门窗洞口、穿外墙管道、预埋件及收头等部位的节点；

3 防水层的搭接宽度及附加层。

5.1.5 相同材料、工艺和施工条件的外墙防水工程每 $1000m^2$ 应划分为一个检验批，不足 $1000m^2$ 时也应划分为一个检验批。

5.1.6 每个检验批每 $100m^2$ 应至少抽查一处，每处检查不得小于 $10m^2$，节点构造应全数进行检查。

5.2 砂浆防水工程

Ⅰ 主控项目

5.2.1 砂浆防水层所用砂浆品种及性能应符合设计要求及国家现行标准的有关规定。

检验方法：检查产品合格证书、性能检验报告、进场验收记录和复验报告。

5.2.2 砂浆防水层在变形缝、门窗洞口、穿外墙管道和预埋件等部位的做法应符合设计要求。

检验方法：观察；检查隐蔽工程验收记录。

5.2.3 砂浆防水层不得有渗漏现象。

检验方法：检查雨后或现场淋水检验记录。

5.2.4 砂浆防水层与基层之间及防水层各层之间应粘结牢固，不得有空鼓。

检验方法：观察；用小锤轻击检查。

Ⅱ 一般项目

5.2.5 砂浆防水层表面应密实、平整，不得有裂纹、起砂和麻面等缺陷。

检验方法：观察。

5.2.6 砂浆防水层施工缝位置及施工方法应符合设计及施工方案要求。

检验方法：观察。

5.2.7 砂浆防水层厚度应符合设计要求。

检验方法：尺量检查；检查施工记录。

5.3 涂膜防水工程

Ⅰ 主控项目

5.3.1 涂膜防水层所用防水涂料及配套材料的品种及性能应符合设计要求及国家现行标准的有关规定。

检验方法：检查产品出厂合格证书、性能检验报告、进场验收记录和复验报告。

5.3.2 涂膜防水层在变形缝、门窗洞口、穿外墙管道、预埋件等部位的做法应符合设计要求。

检验方法：观察；检查隐蔽工程验收记录。

5.3.3　涂膜防水层不得有渗漏现象。

　　检验方法：检查雨后或现场淋水检验记录。

5.3.4　涂膜防水层与基层之间应粘结牢固。

　　检验方法：观察。

Ⅱ　一般项目

5.3.5　涂膜防水层表面应平整，涂刷应均匀，不得有流坠、露底、气泡、皱折和翘边等缺陷。

　　检验方法：观察。

5.3.6　涂膜防水层的厚度应符合设计要求。

　　检验方法：针测法或割取 20mm×20mm 实样用卡尺测量。

5.4　透气膜防水工程

Ⅰ　主控项目

5.4.1　透气膜防水层所用透气膜及配套材料的品种及性能应符合设计要求及国家现行标准的有关规定。

　　检验方法：检查产品出厂合格证书、性能检验报告、进场验收记录和复验报告。

5.4.2　透气膜防水层在变形缝、门窗洞口、穿外墙管道和预埋件等部位的做法应符合设计要求。

　　检验方法：观察；检查隐蔽工程验收记录。

5.4.3　透气膜防水层不得有渗漏现象。

　　检验方法：检查雨后或现场淋水检验记录。

5.4.4　防水透气膜应与基层粘结固定牢固。

　　检验方法：观察。

Ⅱ　一般项目

5.4.5　透气膜防水层表面应平整，不得有皱折、伤痕、破裂等缺陷。

　　检验方法：观察。

5.4.6　防水透气膜的铺贴方向应正确，纵向搭接缝应错开，搭接宽度应符合设计要求。

　　检验方法：观察；尺量检查。

5.4.7　防水透气膜的搭接缝应粘结牢固、密封严密；收头应与基层粘结固定牢固，缝口应严密，不得有翘边现象。

　　检验方法：观察。

7.2　整体面层吊顶工程

Ⅰ　主控项目

7.2.1　吊顶标高、尺寸、起拱和造型应符合设计要求。

　　检验方法：观察；尺量检查。

7.2.2　面层材料的材质、品种、规格、图案、颜色和性能应符合设计要求及国家现行标准的有关规定。

　　检验方法：观察；检查产品合格证书、性能检验报告、进场验收记录和复验报告。

7.2.3　整体面层吊顶工程的吊杆、龙骨和面板的安装应牢固。

　　检验方法：观察；手扳检查；检查隐蔽工程验收记录和施工记录。

7.2.4　吊杆和龙骨的材质、规格、安装间距及连接方式应符合设计要求。金属吊杆和龙骨应经过表面防腐处理；木龙骨应进行防腐、防火处理。

　　检验方法：观察；尺量检查；检查产品合格证书、性能检验报告、进场验收记录和隐蔽工程验收记录。

7.2.5　石膏板、水泥纤维板的接缝应按其施工工艺标准进行板缝防裂处理。安装双层板时，面层板与基层板的接缝应错开，并不得在同一根龙骨上接缝。

　　检验方法：观察。

Ⅱ　一般项目

7.2.6　面层材料表面应洁净、色泽一致，不得有翘曲、裂缝及缺损。压条应平直、宽窄一致。

　　检验方法：观察；尺量检查。

7.2.7　面板上的灯具、烟感器、喷淋头、风口算子和检修口等设备设施的位置应合理、美观，与面板的交接应吻合、严密。

　　检验方法：观察。

7.2.8　金属龙骨的接缝应均匀一致，角缝应吻合，表面应平整，应无翘曲和锤印。木质龙骨应顺直，应无劈裂和变形。

　　检验方法：检查隐蔽工程验收记录和施工记录。

7.2.9　吊顶内填充吸声材料的品种和铺设厚度应符合设计要求，并应有防散落措施。

　　检验方法：检查隐蔽工程验收记录和施工记录。

7.2.10　整体面层吊顶工程安装的允许偏差和检验方法应符合表 7.2.10 的规定。

整体面层吊顶工程安装的允许偏差和检验方法　　　　　　表 7.2.10

项次	项目	允许偏差（mm）	检验方法
1	表面平整度	3	用 2m 靠尺和塞尺检查
2	缝格、凹槽直线度	3	拉 5m 线，不足 5m 拉通线，用钢直尺检查

7.3　板块面层吊顶工程

Ⅰ　主控项目

7.3.1　吊顶标高、尺寸、起拱和造型应符合设计要求。

　　检验方法：观察；尺量检查。

7.3.2　面层材料的材质、品种、规格、图案、颜色和性能应符合设计要求及国家现行标准的有关规定。当面层材料为玻璃板时，应使用安全玻璃并采取可靠的安全措施。

检验方法：观察；检查产品合格证书、性能检验报告、进场验收记录和复验报告。

7.3.3 面板的安装应稳固严密。面板与龙骨的搭接宽度应大于龙骨受力面宽度的2/3。

检验方法：观察；手扳检查；尺量检查。

7.3.4 吊杆和龙骨的材质、规格、安装间距及连接方式应符合设计要求。金属吊杆和龙骨应进行表面防腐处理；木龙骨应进行防腐、防火处理。

检验方法：观察；尺量检查；检查产品合格证书、性能检验报告、进场验收记录和隐蔽工程验收记录。

7.3.5 板块面层吊顶工程的吊杆和龙骨安装应牢固。

检验方法：手扳检查；检查隐蔽工程验收记录和施工记录。

Ⅱ 一般项目

7.3.6 面层材料表面应洁净、色泽一致，不得有翘曲、裂缝及缺损。面板与龙骨的搭接应平整、吻合，压条应平直、宽窄一致。

检验方法：观察；尺量检查。

7.3.7 面板上的灯具、烟感器、喷淋头、风口箅子和检修口等设备设施的位置应合理、美观，与面板的交接应吻合、严密。

检验方法：观察。

7.3.8 金属龙骨的接缝应平整、吻合、颜色一致，不得有划伤和擦伤等表面缺陷。木质龙骨应平整、顺直，应无劈裂。

检验方法：观察。

7.3.9 吊顶内填充吸声材料的品种和铺设厚度应符合设计要求，并应有防散落措施。

检验方法：检查隐蔽工程验收记录和施工记录。

7.3.10 板块面层吊顶工程安装的允许偏差和检验方法应符合表7.3.10的规定。

板块面层吊顶工程安装的允许偏差和检验方法　　　　表 7.3.10

项次	项目	允许偏差（mm）				检验方法
		石膏板	金属板	矿棉板	木板、塑料板、玻璃板、复合板	
1	表面平整度	3	2	3	2	用2m靠尺和塞尺检查
2	接缝直线度	3	2	3	3	拉5m线，不足5m拉通线，用钢直尺检查
3	接缝高低差	1	1	2	1	用钢直尺和塞尺检查

7.4 格栅吊顶工程

Ⅰ 主控项目

7.4.1 吊顶标高、尺寸、起拱和造型应符合设计要求。

检验方法：观察；尺量检查。

7.4.2 格栅的材质、品种、规格、图案、颜色和性能应符合设计要求及国家现行标准的有关规定。

　　检验方法：观察；检查产品合格证书、性能检验报告、进场验收记录和复验报告。

7.4.3 吊杆和龙骨的材质、规格、安装间距及连接方式应符合设计要求。金属吊杆和龙骨应进行表面防腐处理；木龙骨应进行防腐、防火处理。

　　检验方法：观察；尺量检查；检查产品合格证书、性能检验报告、进场验收记录和隐蔽工程验收记录。

7.4.4 格栅吊顶工程的吊杆、龙骨和格栅的安装应牢固。

　　检验方法：观察；手扳检查；检查隐蔽工程验收记录和施工记录。

Ⅱ　一般项目

7.4.5 格栅表面应洁净、色泽一致，不得有翘曲、裂缝及缺损。栅条角度应一致，边缘应整齐，接口应无错位。压条应平直、宽窄一致。

　　检验方法：观察；尺量检查。

7.4.6 吊顶的灯具、烟感器、喷淋头、风口算子和检修口等设备设施的位置应合理、美观，与格栅的套割交接处应吻合、严密。

　　检验方法：观察。

7.4.7 金属龙骨的接缝应平整、吻合、颜色一致，不得有划伤和擦伤等表面缺陷。木质龙骨应平整、顺直，应无劈裂。

　　检验方法：观察。

7.4.8 吊顶内填充吸声材料的品种和铺设厚度应符合设计要求，并应有防散落措施。

　　检验方法：观察；检查隐蔽工程验收记录和施工记录。

7.4.9 格栅吊顶内楼板、管线设备等表面处理应符合设计要求，吊顶内各种设备管线布置应合理、美观。

　　检验方法：观察。

7.4.10 格栅吊顶工程安装的允许偏差和检验方法应符合表 7.4.10 的规定。

格栅吊顶工程安装的允许偏差和检验方法　　　　　　表 7.4.10

项次	项目	允许偏差（mm）		检验方法
		金属格栅	木格栅、塑料格栅、复合材料格栅	
1	表面平整度	2	3	用 2m 靠尺和塞尺检查
2	格栅直线度	2	3	拉 5m 线，不足 5m 拉通线，用钢直尺检查

9　饰面板工程

9.1　一般规定

9.1.1 本章适用于内墙饰面板安装工程和高度不大于 24m、抗震设防烈度不大于 8 度的外墙饰面板安装工程的石板安装、陶瓷板安装、木板安装、金属板安装、塑料板安装等分项工程的质量验收。

9.1.2 饰面板工程验收时应检查下列文件和记录：

1 饰面板工程的施工图、设计说明及其他设计文件；

2 材料的产品合格证书、性能检验报告、进场验收记录和复验报告；

3 后置埋件的现场拉拔检验报告；

4 满粘法施工的外墙石板和外墙陶瓷板粘结强度检验报告；

5 隐蔽工程验收记录；

6 施工记录。

9.1.3 饰面板工程应对下列材料及其性能指标进行复验：

1 室内用花岗石板的放射性、室内用人造木板的甲醛释放量；

2 水泥基粘结料的粘结强度；

3 外墙陶瓷板的吸水率；

4 严寒和寒冷地区外墙陶瓷板的抗冻性。

9.1.4 饰面板工程应对下列隐蔽工程项目进行验收：

1 预埋件（或后置埋件）；

2 龙骨安装；

3 连接节点；

4 防水、保温、防火节点；

5 外墙金属板防雷连接节点。

9.1.5 各分项工程的检验批应按下列规定划分：

1 相同材料、工艺和施工条件的室内饰面板工程每 50 间应划分为一个检验批，不足 50 间也应划分为一个检验批，大面积房间和走廊可按饰面板面积每 $30m^2$ 计为 1 间；

2 相同材料、工艺和施工条件的室外饰面板工程每 $1000m^2$ 应划分为一个检验批，不足 $1000m^2$ 也应划分为一个检验批。

9.1.6 检查数量应符合下列规定：

1 室内每个检验批应至少抽查 10%，并不得少于 3 间，不足 3 间时应全数检查；

2 室外每个检验批每 $100m^2$ 应至少抽查一处，每处不得小于 $10m^2$。

9.1.7 饰面板工程的防震缝、伸缩缝、沉降缝等部位的处理应保证缝的使用功能和饰面的完整性。

9.2　石板安装工程

Ⅰ　主控项目

9.2.1 石板的品种、规格、颜色和性能应符合设计要求及国家现行标准的有关规定。

检验方法：观察；检查产品合格证书、进场验收记录、性能检验报告和复验报告。

9.2.2 石板孔、槽的数量、位置和尺寸应符合设计要求。

检验方法：检查进场验收记录和施工记录。

9.2.3 石板安装工程的预埋件（或后置埋件）、连接件的材质、数量、规格、位置、连接方法和防腐处理应符合设计要求。后置埋件的现场拉拔力应符合设计要求。石板安装应牢固。

检验方法：手扳检查；检查进场验收记录、现场拉拔检验报告、隐蔽工程验收记录和施工记录。

9.2.4 采用满粘法施工的石板工程，石板与基层之间的粘结料应饱满、无空鼓。石板粘结应牢固。

检验方法：用小锤轻击检查；检查施工记录；检查外墙石板粘结强度检验报告。

Ⅱ 一般项目

9.2.5 石板表面应平整、洁净、色泽一致，应无裂痕和缺损。石板表面应无泛碱等污染。

检验方法：观察。

9.2.6 石板填缝应密实、平直，宽度和深度应符合设计要求，填缝材料色泽应一致。

检验方法：观察；尺量检查。

9.2.7 采用湿作业法施工的石板安装工程，石板应进行防碱封闭处理。石板与基体之间的灌注材料应饱满、密实。

检验方法：用小锤轻击检查；检查施工记录。

9.2.8 石板上的孔洞应套割吻合，边缘应整齐。

检验方法：观察。

9.2.9 石板安装的允许偏差和检验方法应符合表9.2.9的规定。

石板安装的允许偏差和检验方法　　　　表 9.2.9

项次	项目	允许偏差（mm）			检验方法
		光面	剁斧石	蘑菇石	
1	立面垂直度	2	3	3	用2m垂直检测尺检查
2	表面平整度	2	3	—	用2m靠尺和塞尺检查
3	阴阳角方正	2	4	4	用200mm直角检测尺检查
4	接缝直线度	2	4	4	拉5m线，不足5m拉通线，用钢直尺检查
5	墙裙、勒脚上口直线度	2	3	3	
6	接缝高低差	1	3	—	用钢直尺和塞尺检查
7	接缝宽度	1	2	2	用钢直尺检查

9.3 陶瓷板安装工程

Ⅰ 主控项目

9.3.1 陶瓷板的品种、规格、颜色和性能应符合设计要求及国家现行标准的有关规定。

检验方法：观察；检查产品合格证书、进场验收记录和性能检验报告。

9.3.2 陶瓷板孔、槽的数量、位置和尺寸应符合设计要求。

检验方法：检查进场验收记录和施工记录。

9.3.3　陶瓷板安装工程的预埋件（或后置埋件）、连接件的材质、数量、规格、位置、连接方法和防腐处理应符合设计要求。后置埋件的现场拉拔力应符合设计要求。陶瓷板安装应牢固。

　　检验方法：手扳检查；检查进场验收记录、现场拉拔检验报告、隐蔽工程验收记录和施工记录。

9.3.4　采用满粘法施工的陶瓷板工程，陶瓷板与基层之间的粘结料应饱满、无空鼓。陶瓷板粘结应牢固。

　　检验方法：用小锤轻击检查；检查施工记录；检查外墙陶瓷板粘结强度检验报告。

Ⅱ　一般项目

9.3.5　陶瓷板表面应平整、洁净、色泽一致，应无裂痕和缺损。

　　检验方法：观察。

9.3.6　陶瓷板填缝应密实、平直，宽度和深度应符合设计要求，填缝材料色泽应一致。

　　检验方法：观察；尺量检查。

9.3.7　陶瓷板安装的允许偏差和检验方法应符合表 9.3.7 的规定。

陶瓷板安装的允许偏差和检验方法　　　　　　　表 9.3.7

项次	项目	允许偏差（mm）	检验方法
1	立面垂直度	2	用 2m 垂直检测尺检查
2	表面平整度	2	用 2m 靠尺和塞尺检查
3	阴阳角方正	2	用 200mm 直角检测尺检查
4	接缝直线度	2	拉 5m 线，不足 5m 拉通线，用钢直尺检查
5	墙裙、勒脚上口直线度	2	拉 5m 线，不足 5m 拉通线，用钢直尺检查
6	接缝高低差	1	用钢直尺和塞尺检查
7	接缝宽度	1	用钢直尺检查

9.4　木板安装工程

Ⅰ　主控项目

9.4.1　木板的品种、规格、颜色和性能应符合设计要求及国家现行标准的有关规定。木龙骨、木饰面板的燃烧性能等级应符合设计要求。

　　检验方法：观察；检查产品合格证书、进场验收记录、性能检验报告和复验报告。

9.4.2　木板安装工程的龙骨、连接件的材质、数量、规格、位置、连接方法和防腐处理应符合设计要求。木板安装应牢固。

　　检验方法：手扳检查；检查进场验收记录、隐蔽工程验收记录和施工记录。

Ⅱ　一般项目

9.4.3　木板表面应平整、洁净、色泽一致，应无缺损。

检验方法:观察。

9.4.4 木板接缝应平直,宽度应符合设计要求。

检验方法:观察;尺量检查。

9.4.5 木板上的孔洞应套割吻合,边缘应整齐。

检验方法:观察。

9.4.6 木板安装的允许偏差和检验方法应符合表9.4.6的规定。

木板安装的允许偏差和检验方法 表 9.4.6

项次	项目	允许偏差(mm)	检验方法
1	立面垂直度	2	用2m垂直检测尺检查
2	表面平整度	1	用2m靠尺和塞尺检查
3	阴阳角方正	2	用200mm直角检测尺检查
4	接缝直线度	2	拉5m线,不足5m拉通线,用钢直尺检查
5	墙裙、勒脚上口直线度	2	拉5m线,不足5m拉通线,用钢直尺检查
6	接缝高低差	1	用钢直尺和塞尺检查
7	接缝宽度	1	用钢直尺检查

9.5 金属板安装工程

Ⅰ 主控项目

9.5.1 金属板的品种、规格、颜色和性能应符合设计要求及国家现行标准的有关规定。

检验方法:观察;检查产品合格证书、进场验收记录和性能检验报告。

9.5.2 金属板安装工程的龙骨、连接件的材质、数量、规格、位置、连接方法和防腐处理应符合设计要求。金属板安装应牢固。

检验方法:手扳检查;检查进场验收记录、隐蔽工程验收记录和施工记录。

9.5.3 外墙金属板的防雷装置应与主体结构防雷装置可靠接通。

检验方法:检查隐蔽工程验收记录。

Ⅱ 一般项目

9.5.4 金属板表面应平整、洁净、色泽一致。

检验方法:观察。

9.5.5 金属板接缝应平直,宽度应符合设计要求。

检验方法:观察;尺量检查。

9.5.6 金属板上的孔洞应套割吻合,边缘应整齐。

检验方法:观察。

9.5.7 金属板安装的允许偏差和检验方法应符合表9.5.7的规定。

金属板安装的允许偏差和检验方法　　　　表 9.5.7

项次	项目	允许偏差（mm）	检验方法
1	立面垂直度	2	用 2m 垂直检测尺检查
2	表面平整度	3	用 2m 靠尺和塞尺检查
3	阴阳角方正	3	用 200mm 直角检测尺检查
4	接缝直线度	2	拉 5m 线，不足 5m 拉通线，用钢直尺检查
5	墙裙、勒脚上口直线度	2	拉 5m 线，不足 5m 拉通线，用钢直尺检查
6	接缝高低差	1	用钢直尺和塞尺检查
7	接缝宽度	1	用钢直尺检查

9.6　塑料板安装工程

Ⅰ　主控项目

9.6.1　塑料板的品种、规格、颜色和性能应符合设计要求及国家现行标准的有关规定。塑料饰面板的燃烧性能等级应符合设计要求。

　　检验方法：观察；检查产品合格证书、进场验收记录和性能检验报告。

9.6.2　塑料板安装工程的龙骨、连接件的材质、数量、规格、位置、连接方法和防腐处理应符合设计要求。塑料板安装应牢固。

　　检验方法：手扳检查；检查进场验收记录、隐蔽工程验收记录和施工记录。

Ⅱ　一般项目

9.6.3　塑料板表面应平整、洁净、色泽一致，应无缺损。

　　检验方法：观察。

9.6.4　塑料板接缝应平直，宽度应符合设计要求。

　　检验方法：观察；尺量检查。

9.6.5　塑料板上的孔洞应套割吻合，边缘应整齐。

　　检验方法：观察。

9.6.6　塑料板安装的允许偏差和检验方法应符合表 9.6.6 的规定。

塑料板安装的允许偏差和检验方法　　　　表 9.6.6

项次	项目	允许偏差（mm）	检验方法
1	立面垂直度	2	用 2m 垂直检测尺检查
2	表面平整度	3	用 2m 靠尺和塞尺检查
3	阴阳角方正	3	用 200mm 直角检测尺检查
4	接缝直线度	2	拉 5m 线，不足 5m 拉通线，用钢直尺检查
5	墙裙、勒脚上口直线度	2	拉 5m 线，不足 5m 拉通线，用钢直尺检查
6	接缝高低差	1	用钢直尺和塞尺检查
7	接缝宽度	1	用钢直尺检查

10 饰面砖工程

10.1 一般规定

10.1.1 本章适用于内墙饰面砖粘贴和高度不大于 100m、抗震设防烈度不大于 8 度、采用满粘法施工的外墙饰面砖粘贴等分项工程的质量验收。

10.1.2 饰面砖工程验收时应检查下列文件和记录：

1 饰面砖工程的施工图、设计说明及其他设计文件；

2 材料的产品合格证书、性能检验报告、进场验收记录和复验报告；

3 外墙饰面砖施工前粘贴样板和外墙饰面砖粘贴工程饰面砖粘结强度检验报告；

4 隐蔽工程验收记录；

5 施工记录。

10.1.3 饰面砖工程应对下列材料及其性能指标进行复验：

1 室内用花岗石和瓷质饰面砖的放射性；

2 水泥基粘结材料与所用外墙饰面砖的拉伸粘结强度；

3 外墙陶瓷饰面砖的吸水率；

4 严寒及寒冷地区外墙陶瓷饰面砖的抗冻性。

10.1.4 饰面砖工程应对下列隐蔽工程项目进行验收：

1 基层和基体；

2 防水层。

10.1.5 各分项工程的检验批应按下列规定划分：

1 相同材料、工艺和施工条件的室内饰面砖工程每 50 间应划分为一个检验批，不足 50 间也应划分为一个检验批，大面积房间和走廊可按饰面砖面积每 30m² 计为 1 间；

2 相同材料、工艺和施工条件的室外饰面砖工程每 1000m² 应划分为一个检验批，不足 1000m² 也应划分为一个检验批。

10.1.6 检查数量应符合下列规定：

1 室内每个检验批应至少抽查 10%，并不得少于 3 间，不足 3 间时应全数检查；

2 室外每个检验批每 100m² 应至少抽查一处，每处不得小于 10m²。

10.1.7 外墙饰面砖工程施工前，应在待施工基层上做样板，并对样板的饰面砖粘结强度进行检验，检验方法和结果判定应符合现行行业标准《建筑工程饰面砖粘结强度检验标准》JGJ/T 110 的规定。

10.1.8 饰面砖工程的防震缝、伸缩缝、沉降缝等部位的处理应保证缝的使用功能和饰面的完整性。

10.2 内墙饰面砖粘贴工程

Ⅰ 主控项目

10.2.1 内墙饰面砖的品种、规格、图案、颜色和性能应符合设计要求及国家现行标准的有关规定。

检验方法：观察；检查产品合格证书、进场验收记录、性能检验报告和复验报告。

10.2.2 内墙饰面砖粘贴工程的找平、防水、粘结和填缝材料及施工方法应符合设计要求及国家现行标准的有关规定。

检验方法：检查产品合格证书、复验报告和隐蔽工程验收记录。

10.2.3 内墙饰面砖粘贴应牢固。

检验方法：手拍检查，检查施工记录。

10.2.4 满粘法施工的内墙饰面砖应无裂缝，大面和阳角应无空鼓。

检验方法：观察；用小锤轻击检查。

Ⅱ 一般项目

10.2.5 内墙饰面砖表面应平整、洁净、色泽一致，应无裂痕和缺损。

检验方法：观察。

10.2.6 内墙面凸出物周围的饰面砖应整砖套割吻合，边缘应整齐。墙裙、贴脸突出墙面的厚度应一致。

检验方法：观察；尺量检查。

10.2.7 内墙饰面砖接缝应平直、光滑，填嵌应连续、密实；宽度和深度应符合设计要求。

检验方法：观察；尺量检查。

10.2.8 内墙饰面砖粘贴的允许偏差和检验方法应符合表 10.2.8 的规定。

内墙饰面砖粘贴的允许偏差和检验方法　　　　表 10.2.8

项次	项目	允许偏差（mm）	检验方法
1	立面垂直度	2	用 2m 垂直检测尺检查
2	表面平整度	3	用 2m 靠尺和塞尺检查
3	阴阳角方正	3	用 200mm 直角检测尺检查
4	接缝直线度	2	拉 5m 线，不足 5m 拉通线，用钢直尺检查
5	接缝高低差	1	用钢直尺和塞尺检查
6	接缝宽度	1	用钢直尺检查

10.3 外墙饰面砖粘贴工程

Ⅰ 主控项目

10.3.1 外墙饰面砖的品种、规格、图案、颜色和性能应符合设计要求及国家现行标准的有关规定。

检验方法：观察；检查产品合格证书、进场验收记录、性能检验报告和复验报告。

10.3.2 外墙饰面砖粘贴工程的找平、防水、粘结、填缝材料及施工方法应符合设计要求和现行行业标准《外墙饰面砖工程施工及验收规程》JGJ 126 的规定。

检验方法：检查产品合格证书、复验报告和隐蔽工程验收记录。

10.3.3 外墙饰面砖粘贴工程的伸缩缝设置应符合设计要求。

检验方法：观察；尺量检查。

10.3.4　外墙饰面砖粘贴应牢固。

检验方法：检查外墙饰面砖粘结强度检验报告和施工记录。

10.3.5　外墙饰面砖工程应无空鼓、裂缝。

检验方法：观察；用小锤轻击检查。

Ⅱ　一般项目

10.3.6　外墙饰面砖表面应平整、洁净、色泽一致，应无裂痕和缺损。

检验方法：观察。

10.3.7　饰面砖外墙阴阳角构造应符合设计要求。

检验方法：观察。

10.3.8　墙面凸出物周围的外墙饰面砖应整砖套割吻合，边缘应整齐。墙裙、贴脸突出墙面的厚度应一致。

检验方法：观察；尺量检查。

10.3.9　外墙饰面砖接缝应平直、光滑，填嵌应连续、密实；宽度和深度应符合设计要求。

检验方法：观察；尺量检查。

10.3.10　有排水要求的部位应做滴水线（槽）。滴水线（槽）应顺直，流水坡向应正确，坡度应符合设计要求。

检验方法：观察；用水平尺检查。

10.3.11　外墙饰面砖粘贴的允许偏差和检验方法应符合表 10.3.11 的规定。

外墙饰面砖粘贴的允许偏差和检验方法　　　　　　　　　　表 10.3.11

项次	项目	允许偏差（mm）	检验方法
1	立面垂直度	3	用 2m 垂直检测尺检查
2	表面平整度	4	用 2m 靠尺和塞尺检查
3	阴阳角方正	3	用 200mm 直角检测尺检查
4	接缝直线度	3	拉 5m 线，不足 5m 拉通线，用钢直尺检查
5	接缝高低差	1	用钢直尺和塞尺检查
6	接缝宽度	1	用钢直尺检查

11　幕墙工程

11.1　一般规定

11.1.1　本章适用于玻璃幕墙、金属幕墙、石材幕墙、人造板材幕墙等分项工程的质量验收。玻璃幕墙包括构件式玻璃幕墙、单元式玻璃幕墙、全玻璃幕墙和点支承玻璃幕墙。

11.1.2　幕墙工程验收时应检查下列文件和记录：

1　幕墙工程的施工图、结构计算书、热工性能计算书、设计变更文件、设计说明及其他设计文件；

　　2　建筑设计单位对幕墙工程设计的确认文件；

　　3　幕墙工程所用材料、构件、组件、紧固件及其他附件的产品合格证书、性能检验报告、进场验收记录和复验报告；

　　4　幕墙工程所用硅酮结构胶的抽查合格证明；国家批准的检测机构出具的硅酮结构胶相容性和剥离粘结性检验报告；石材用密封胶的耐污染性检验报告；

　　5　后置埋件和槽式预埋件的现场拉拔力检验报告；

　　6　封闭式幕墙的气密性能、水密性能、抗风压性能及层间变形性能检验报告；

　　7　注胶、养护环境的温度、湿度记录；双组分硅酮结构胶的混匀性试验记录及拉断试验记录；

　　8　幕墙与主体结构防雷接地点之间的电阻检测记录；

　　9　隐蔽工程验收记录；

　　10　幕墙构件、组件和面板的加工制作检验记录；

　　11　幕墙安装施工记录；

　　12　张拉杆索体系预拉力张拉记录；

　　13　现场淋水检验记录。

11.1.3　幕墙工程应对下列材料及其性能指标进行复验：

　　1　铝塑复合板的剥离强度；

　　2　石材、瓷板、陶板、微晶玻璃板、木纤维板、纤维水泥板和石材蜂窝板的抗弯强度；严寒、寒冷地区石材、瓷板、陶板、纤维水泥板和石材蜂窝板的抗冻性；室内用花岗石的放射性；

　　3　幕墙用结构胶的邵氏硬度、标准条件拉伸粘结强度、相容性试验、剥离粘结性试验；石材用密封胶的污染性；

　　4　中空玻璃的密封性能；

　　5　防火、保温材料的燃烧性能；

　　6　铝材、钢材主受力杆件的抗拉强度。

11.1.4　幕墙工程应对下列隐蔽工程项目进行验收：

　　1　预埋件或后置埋件、锚栓及连接件；

　　2　构件的连接节点；

　　3　幕墙四周、幕墙内表面与主体结构之间的封堵；

　　4　伸缩缝、沉降缝、防震缝及墙面转角节点；

　　5　隐框玻璃板块的固定；

　　6　幕墙防雷连接节点；

　　7　幕墙防火、隔烟节点；

　　8　单元式幕墙的封口节点。

11.1.5　各分项工程的检验批应按下列规定划分：

　　1　相同设计、材料、工艺和施工条件的幕墙工程每 1000m² 应划分为一个检验批，不足 1000m² 也应划分为一个检验批；

　　2　同一单位工程不连续的幕墙工程应单独划分检验批；

3 对于异形或有特殊要求的幕墙，检验批的划分应根据幕墙的结构、工艺特点及幕墙工程规模，由监理单位（或建设单位）和施工单位协商确定。

11.1.6 幕墙工程主控项目和一般项目的验收内容、检验方法、检查数量应符合现行行业标准《玻璃幕墙工程技术规范》JGJ 102、《金属与石材幕墙工程技术规范》JGJ 133 和《人造板材幕墙工程技术规范》JGJ 336 的规定。

11.1.7 幕墙及其连接件应具有足够的承载力、刚度和相对于主体结构的位移能力。当幕墙构架立柱的连接金属角码与其他连接件采用螺栓连接时，应有防松动措施。

11.1.8 玻璃幕墙采用中性硅酮结构密封胶时，其性能应符合现行国家标准《建筑用硅酮结构密封胶》GB 16776 的规定；硅酮结构密封胶应在有效期内使用。

11.1.9 不同金属材料接触时应采用绝缘垫片分隔。

11.1.10 硅酮结构密封胶的注胶应在洁净的专用注胶室进行，且养护环境、温度、湿度条件应符合结构胶产品的使用规定。

11.1.11 幕墙的防火应符合设计要求和现行国家标准《建筑设计防火规范》GB 50016 的规定。

11.1.12 幕墙与主体结构连接的各种预埋件，其数量、规格、位置和防腐处理必须符合设计要求。

11.1.13 幕墙的变形缝等部位处理应保证缝的使用功能和饰面的完整性。

11.2 玻璃幕墙工程主控项目和一般项目

11.2.1 玻璃幕墙工程主控项目应包括下列项目：

1 玻璃幕墙工程所用材料、构件和组件质量；

2 玻璃幕墙的造型和立面分格；

3 玻璃幕墙主体结构上的埋件；

4 玻璃幕墙连接安装质量；

5 隐框或半隐框玻璃幕墙玻璃托条；

6 明框玻璃幕墙的玻璃安装质量；

7 吊挂在主体结构上的全玻璃幕墙吊夹具和玻璃接缝密封；

8 玻璃幕墙节点、各种变形缝、墙角的连接点；

9 玻璃幕墙的防火、保温、防潮材料的设置；

10 玻璃幕墙防水效果；

11 金属框架和连接件的防腐处理；

12 玻璃幕墙开启窗的配件安装质量；

13 玻璃幕墙防雷。

11.2.2 玻璃幕墙工程一般项目应包括下列项目：

1 玻璃幕墙表面质量；

2 玻璃和铝合金型材的表面质量；

3 明框玻璃幕墙的外露框或压条；

4 玻璃幕墙拼缝；

5　玻璃幕墙板缝注胶；
6　玻璃幕墙隐蔽节点的遮封；
7　玻璃幕墙安装偏差。

11.3　金属幕墙工程主控项目和一般项目

11.3.1　金属幕墙工程主控项目应包括下列项目：
1　金属幕墙工程所用材料和配件质量；
2　金属幕墙的造型、立面分格、颜色、光泽、花纹和图案；
3　金属幕墙主体结构上的埋件；
4　金属幕墙连接安装质量；
5　金属幕墙的防火、保温、防潮材料的设置；
6　金属框架和连接件的防腐处理；
7　金属幕墙防雷；
8　变形缝、墙角的连接节点；
9　金属幕墙防水效果。

11.3.2　金属幕墙工程一般项目应包括下列项目：
1　金属幕墙表面质量；
2　金属幕墙的压条安装质量；
3　金属幕墙板缝注胶；
4　金属幕墙流水坡向和滴水线；
5　金属板表面质量；
6　金属幕墙安装偏差。

11.4　石材幕墙工程主控项目和一般项目

11.4.1　石材幕墙工程主控项目应包括下列项目：
1　石材幕墙工程所用材料质量；
2　石材幕墙的造型、立面分格、颜色、光泽、花纹和图案；
3　石材孔、槽加工质量；
4　石材幕墙主体结构上的埋件；
5　石材幕墙连接安装质量；
6　金属框架和连接件的防腐处理；
7　石材幕墙的防雷；
8　石材幕墙的防火、保温、防潮材料的设置；
9　变形缝、墙角的连接节点；
10　石材表面和板缝的处理；
11　有防水要求的石材幕墙防水效果。

11.4.2　石材幕墙工程一般项目应包括下列项目：
1　石材幕墙表面质量；
2　石材幕墙的压条安装质量；

3 石材接缝、阴阳角、凸凹线、洞口、槽；

4 石材幕墙板缝注胶；

5 石材幕墙流水坡向和滴水线；

6 石材表面质量；

7 石材幕墙安装偏差。

11.5　人造板材幕墙工程主控项目和一般项目

11.5.1　人造板材幕墙工程主控项目应包括下列项目：

1 人造板材幕墙工程所用材料、构件和组件质量；

2 人造板材幕墙的造型、立面分格、颜色、光泽、花纹和图案；

3 人造板材幕墙主体结构上的埋件；

4 人造板材幕墙连接安装质量；

5 金属框架和连接件的防腐处理；

6 人造板材幕墙防雷；

7 人造板材幕墙的防火、保温、防潮材料的设置；

8 变形缝、墙角的连接节点；

9 有防水要求的人造板材幕墙防水效果。

11.5.2　人造板材幕墙工程一般项目应包括下列项目：

1 人造板材幕墙表面质量；

2 板缝；

3 人造板材幕墙流水坡向和滴水线；

4 人造板材表面质量；

5 人造板材幕墙安装偏差。

12　涂饰工程

12.1　一般规定

12.1.1　本章适用于水性涂料涂饰、溶剂型涂料涂饰、美术涂饰等分项工程的质量验收。水性涂料包括乳液型涂料、无机涂料、水溶性涂料等；溶剂型涂料包括丙烯酸酯涂料、聚氨酯丙烯酸涂料、有机硅丙烯酸涂料、交联型氟树脂涂料等；美术涂饰包括套色涂饰、滚花涂饰、仿花纹涂饰等。

12.1.2　涂饰工程验收时应检查下列文件和记录：

1 涂饰工程的施工图、设计说明及其他设计文件；

2 材料的产品合格证书、性能检验报告、有害物质限量检验报告和进场验收记录；

3 施工记录。

12.1.3　各分项工程的检验批应按下列规定划分：

1 室外涂饰工程每一栋楼的同类涂料涂饰的墙面每 $1000m^2$ 应划分为一个检验批，不足 $1000m^2$ 也应划分为一个检验批；

2　室内涂饰工程同类涂料涂饰墙面每 50 间应划分为一个检验批，不足 50 间也应划分为一个检验批，大面积房间和走廊可按涂饰面积每 30m² 计为 1 间。

12.1.4　检查数量应符合下列规定：

1　室外涂饰工程每 100m² 应至少检查一处，每处不得小于 10m²；

2　室内涂饰工程每个检验批应至少抽查 10%，并不得少于 3 间；不足 3 间时应全数检查。

12.1.5　涂饰工程的基层处理应符合下列规定：

1　新建筑物的混凝土或抹灰基层在用腻子找平或直接涂饰涂料前应涂刷抗碱封闭底漆；

2　既有建筑墙面在用腻子找平或直接涂饰涂料前应清除疏松的旧装修层，并涂刷界面剂；

3　混凝土或抹灰基层在用溶剂型腻子找平或直接涂刷溶剂型涂料时，含水率不得大于 8%；在用乳液型腻子找平或直接涂刷乳液型涂料时，含水率不得大于 10%，木材基层的含水率不得大于 12%；

4　找平层应平整、坚实、牢固，无粉化、起皮和裂缝；内墙找平层的粘结强度应符合现行行业标准《建筑室内用腻子》JG/T 298 的规定；

5　厨房、卫生间墙面的找平层应使用耐水腻子。

12.1.6　水性涂料涂饰工程施工的环境温度应为 5～35℃。

12.1.7　涂饰工程施工时应对与涂层衔接的其他装修材料、邻近的设备等采取有效的保护措施，以避免由涂料造成的沾污。

12.1.8　涂饰工程应在涂层养护期满后进行质量验收。

12.2　水性涂料涂饰工程

Ⅰ　主控项目

12.2.1　水性涂料涂饰工程所用涂料的品种、型号和性能应符合设计要求及国家现行标准的有关规定。

　　检验方法：检查产品合格证书、性能检验报告、有害物质限量检验报告和进场验收记录。

12.2.2　水性涂料涂饰工程的颜色、光泽、图案应符合设计要求。

　　检验方法：观察。

12.2.3　水性涂料涂饰工程应涂饰均匀、粘结牢固，不得漏涂、透底、开裂、起皮和掉粉。

　　检验方法：观察；手摸检查。

12.2.4　水性涂料涂饰工程的基层处理应符合本标准第 12.1.5 条的规定。

　　检验方法：观察；手摸检查；检查施工记录。

Ⅱ　一般项目

12.2.5　薄涂料的涂饰质量和检验方法应符合表 12.2.5 的规定。

薄涂料的涂饰质量和检验方法　　　　　　　　　表 12.2.5

项次	项目	普通涂饰	高级涂饰	检验方法
1	颜色	均匀一致	均匀一致	观察
2	光泽、光滑	光泽基本均匀，光滑无挡手感	光泽均匀一致，光滑	
3	泛碱、咬色	允许少量轻微	不允许	
4	流坠、疙瘩	允许少量轻微	不允许	
5	砂眼、刷纹	允许少量轻微砂眼、刷纹通顺	无砂眼，无刷纹	

12.2.6　厚涂料的涂饰质量和检验方法应符合表 12.2.6 的规定。

厚涂料的涂饰质量和检验方法　　　　　　　　　表 12.2.6

项次	项目	普通涂饰	高级涂饰	检验方法
1	颜色	均匀一致	均匀一致	观察
2	光泽	光泽基本均匀	光泽均匀一致	
3	泛碱、咬色	允许少量轻微	不允许	
4	点状分布	—	疏密均匀	

12.2.7　复层涂料的涂饰质量和检验方法应符合表 12.2.7 的规定。

复层涂料的涂饰质量和检验方法　　　　　　　　　表 12.2.7

项次	项目	质量要求	检验方法
1	颜色	均匀一致	观察
2	光泽	光泽基本均匀	
3	泛碱、咬色	不允许	
4	喷点疏密程度	均匀，不允许连片	

12.2.8　涂层与其他装修材料和设备衔接处应吻合，界面应清晰。
　　　检验方法：观察。

12.2.9　墙面水性涂料涂饰工程的允许偏差和检验方法应符合表 12.2.9 的规定。

墙面水性涂料涂饰工程的允许偏差和检验方法　　　　　　　　　表 12.2.9

项次	项目	允许偏差(mm)					检验方法
		薄涂料		厚涂料		复层涂料	
		普通涂饰	高级涂饰	普通涂饰	高级涂饰		
1	立面垂直度	3	2	4	3	5	用 2m 垂直检测尺检查
2	表面平整度	3	2	4	3	5	用 2m 靠尺和塞尺检查
3	阴阳角方正	3	2	4	3	4	用 200mm 直角检测尺检查
4	装饰线、分色线直线度	2	1	2	1	3	拉 5m 线，不足 5m 拉通线，用钢直尺检查
5	墙裙、勒脚上口直线度	2	1	2	1	3	拉 5m 线，不足 5m 拉通线，用钢直尺检查

12.3　溶剂型涂料涂饰工程

Ⅰ　主控项目

12.3.1　溶剂型涂料涂饰工程所选用涂料的品种、型号和性能应符合设计要求及国家现行标准的有关规定。

　　检验方法：检查产品合格证书、性能检验报告、有害物质限量检验报告和进场验收记录。

12.3.2　溶剂型涂料涂饰工程的颜色、光泽、图案应符合设计要求。

　　检验方法：观察。

12.3.3　溶剂型涂料涂饰工程应涂饰均匀、粘结牢固，不得漏涂、透底、开裂、起皮和反锈。

　　检验方法：观察；手摸检查。

12.3.4　溶剂型涂料涂饰工程的基层处理应符合本标准第12.1.5条的要求。

　　检验方法：观察；手摸检查；检查施工记录。

Ⅱ　一般项目

12.3.5　色漆的涂饰质量和检验方法应符合表12.3.5的规定。

色漆的涂饰质量和检验方法　　　　　　　　　　表 12.3.5

项次	项目	普通涂饰	高级涂饰	检验方法
1	颜色	均匀一致	均匀一致	观察
2	光泽、光滑	光泽基本均匀，光滑无挡手感	光泽均匀一致，光滑	观察、手摸检查
3	刷纹	刷纹通顺	无刷纹	观察
4	裹棱、流坠、皱皮	明显处不允许	不允许	观察

12.3.6　清漆的涂饰质量和检验方法应符合表12.3.6的规定。

清漆的涂饰质量和检验方法　　　　　　　　　　表 12.3.6

项次	项目	普通涂饰	高级涂饰	检验方法
1	颜色	基本一致	均匀一致	观察
2	木纹	棕眼刮平、木纹清楚	棕眼刮平，木纹清楚	观察
3	光泽、光滑	光泽基本均匀，光滑无挡手感	光泽均匀一致，光滑	观察、手摸检查
4	刷纹	无刷纹	无刷纹	观察
5	裹棱、流坠、皱皮	明显处不允许	不允许	观察

12.3.7　涂层与其他装修材料和设备衔接处应吻合，界面应清晰。

　　检验方法：观察。

12.3.8　墙面溶剂型涂料涂饰工程的允许偏差和检验方法应符合表12.3.8的规定。

墙面溶剂型涂料涂饰工程的允许偏差和检验方法　　　　表 12.3.8

项次	项目	允许偏差（mm）				检验方法
		色漆		清漆		
		普通涂饰	高级涂饰	普通涂饰	高级涂饰	
1	立面垂直度	4	3	3	2	用 2m 垂直检测尺检查
2	表面平整度	4	3	3	2	用 2m 靠尺和塞尺检查
3	阴阳角方正	4	3	3	2	用 200mm 直角检测尺检查
4	装饰线、分色线直线度	2	1	2	1	拉 5m 线，不足 5m 拉通线，用钢直尺检查
5	墙裙、勒脚上口直线度	2	1	2	1	拉 5m 线，不足 5m 拉通线，用钢直尺检查

12.4　美术涂饰工程

Ⅰ　主控项目

12.4.1　美术涂饰工程所用材料的品种、型号和性能应符合设计要求及国家现行标准的有关规定。

　　检验方法：观察；检查产品合格证书、性能检验报告、有害物质限量检验报告和进场验收记录。

12.4.2　美术涂饰工程应涂饰均匀、粘结牢固，不得漏涂、透底、开裂、起皮、掉粉和反锈。

　　检验方法：观察；手摸检查。

12.4.3　美术涂饰工程的基层处理应符合本标准第 12.1.5 条的要求。

　　检验方法：观察；手摸检查；检查施工记录。

12.4.4　美术涂饰工程的套色、花纹和图案应符合设计要求。

　　检验方法：观察。

Ⅱ　一般项目

12.4.5　美术涂饰表面应洁净，不得有流坠现象。

　　检验方法：观察。

12.4.6　仿花纹涂饰的饰面应具有被模仿材料的纹理。

　　检验方法：观察。

12.4.7　套色涂饰的图案不得移位，纹理和轮廓应清晰。

　　检验方法：观察。

12.4.8　墙面美术涂饰工程的允许偏差和检验方法应符合表 12.4.8 的规定。

墙面美术涂饰工程的允许偏差和检验方法　　表 12.4.8

项次	项目	允许偏差(mm)	检验方法
1	立面垂直度	4	用 2m 垂直检测尺检查
2	表面平整度	4	用 2m 靠尺和塞尺检查
3	阴阳角方正	4	用 200mm 直角检测尺检查
4	装饰线、分色线直线度	2	拉 5m 线,不足 5m 拉通线,用钢直尺检查
5	墙裙、勒脚上口直线度	2	拉 5m 线,不足 5m 拉通线,用钢直尺检查

13　裱糊与软包工程

13.1　一般规定

13.1.1　本章适用于聚氯乙烯塑料壁纸、纸质壁纸、墙布等裱糊工程和织物、皮革、人造革等软包工程的质量验收。

13.1.2　裱糊与软包工程验收时应检查下列资料:

　1　裱糊与软包工程的施工图、设计说明及其他设计文件;

　2　饰面材料的样板及确认文件;

　3　材料的产品合格证书、性能检验报告、进场验收记录和复验报告;

　4　饰面材料及封闭底漆、胶粘剂、涂料的有害物质限量检验报告;

　5　隐蔽工程验收记录;

　6　施工记录。

13.1.3　软包工程应对木材的含水率及人造木板的甲醛释放量进行复验。

13.1.4　裱糊工程应对基层封闭底漆、腻子、封闭底胶及软包内衬材料进行隐蔽工程验收。裱糊前,基层处理应达到下列规定:

　1　新建筑物的混凝土抹灰基层墙面在刮腻子前应涂刷抗碱封闭底漆;

　2　粉化的旧墙面应先除去粉化层,并在刮涂腻子前涂刷一层界面处理剂;

　3　混凝土或抹灰基层含水率不得大于 8%;木材基层的含水率不得大于 12%;

　4　石膏板基层,接缝及裂缝处应贴加强网布后再刮腻子;

　5　基层腻子应平整、坚实、牢固,无粉化、起皮、空鼓、酥松、裂缝和泛碱;腻子的粘结强度不得小于 0.3MPa;

　6　基层表面平整度、立面垂直度及阴阳角方正应达到本标准第 4.2.10 条高级抹灰的要求;

　7　基层表面颜色应一致;

　8　裱糊前应用封闭底胶涂刷基层。

13.1.5　同一品种的裱糊或软包工程每 50 间应划分为一个检验批,不足 50 间也应划分为一个检验批,大面积房间和走廊可按裱糊或软包面积每 30m² 计为 1 间。

13.1.6　检查数量应符合下列规定:

　1　裱糊工程每个检验批应至少抽查 5 间,不足 5 间时应全数检查;

2　软包工程每个检验批应至少抽查 10 间，不足 10 间时应全数检查。

13.2　裱糊工程

Ⅰ　主控项目

13.2.1　壁纸、墙布的种类、规格、图案、颜色和燃烧性能等级应符合设计要求及国家现行标准的有关规定。

　　检验方法：观察；检查产品合格证书、进场验收记录和性能检验报告。

13.2.2　裱糊工程基层处理质量应符合本标准第 4.2.10 条高级抹灰的要求。

　　检验方法：检查隐蔽工程验收记录和施工记录。

13.2.3　裱糊后各幅拼接应横平竖直，拼接处花纹、图案应吻合，应不离缝、不搭接、不显拼缝。

　　检验方法：距离墙面 1.5m 处观察。

13.2.4　壁纸、墙布应粘贴牢固，不得有漏贴、补贴、脱层、空鼓和翘边。

　　检验方法：观察；手摸检查。

Ⅱ　一般项目

13.2.5　裱糊后的壁纸、墙布表面应平整，不得有波纹起伏、气泡、裂缝、皱折；表面色泽应一致，不得有斑污，斜视时应无胶痕。

　　检验方法：观察；手摸检查。

13.2.6　复合压花壁纸和发泡壁纸的压痕或发泡层应无损坏。

　　检验方法：观察。

13.2.7　壁纸、墙布与装饰线、踢脚板、门窗框的交接处应吻合、严密、顺直。与墙面上电气槽、盒的交接处套割应吻合，不得有缝隙。

　　检验方法：观察。

13.2.8　壁纸、墙布边缘应平直整齐，不得有纸毛、飞刺。

　　检验方法：观察。

13.2.9　壁纸、墙布阴角处应顺光搭接，阳角处应无接缝。

　　检验方法：观察。

13.2.10　裱糊工程的允许偏差和检验方法应符合表 13.2.10 的规定。

裱糊工程的允许偏差和检验方法　　　　表 13.2.10

项次	项目	允许偏差(mm)	检验方法
1	表面平整度	3	用 2m 靠尺和塞尺检查
2	立面垂直度	3	用 2m 垂直检测尺检查
3	阴阳角方正	3	用 200mm 直角检测尺检查

13.3　软包工程

Ⅰ　主控项目

13.3.1　软包工程的安装位置及构造做法应符合设计要求。

检验方法:观察;尺量检查;检查施工记录。

13.3.2　软包边框所选木材的材质、花纹、颜色和燃烧性能等级应符合设计要求及国家现行标准的有关规定。

检验方法:观察;检查产品合格证书、进场验收记录、性能检验报告和复验报告。

13.3.3　软包衬板材质、品种、规格、含水率应符合设计要求。面料及内衬材料的品种、规格、颜色、图案及燃烧性能等级应符合国家现行标准的有关规定。

检验方法:观察;检查产品合格证书、进场验收记录、性能检验报告和复验报告。

13.3.4　软包工程的龙骨、边框应安装牢固。

检验方法:手扳检查。

13.3.5　软包衬板与基层应连接牢固,无翘曲、变形,拼缝应平直,相邻板面接缝应符合设计要求,横向无错位拼接的分格应保持通缝。

检验方法:观察;检查施工记录。

Ⅱ　一般项目

13.3.6　单块软包面料不应有接缝,四周应绷压严密。需要拼花的,拼接处花纹、图案应吻合。软包饰面上电气槽、盒的开口位置、尺寸应正确,套割应吻合,槽、盒四周应镶硬边。

检验方法:观察;手摸检查。

13.3.7　软包工程的表面应平整、洁净、无污染、无凹凸不平及皱折;图案应清晰、无色差,整体应协调美观、符合设计要求。

检验方法:观察。

13.3.8　软包工程的边框表面应平整、光滑、顺直,无色差、无钉眼;对缝、拼角应均匀对称、接缝吻合。清漆制品木纹、色泽应协调一致。其表面涂饰质量应符合本标准第 12 章的有关规定。

检验方法:观察;手摸检查。

13.3.9　软包内衬应饱满,边缘应平齐。

检验方法:观察;手摸检查。

13.3.10　软包墙面与装饰线、踢脚板、门窗框的交接处应吻合、严密、顺直。交接(留缝)方式应符合设计要求。

检验方法:观察。

13.3.11　软包工程安装的允许偏差和检验方法应符合表 13.3.11 的规定。

软包工程安装的允许偏差和检验方法　表 13.3.11

项次	项目	允许偏差(mm)	检验方法
1	单块软包边框水平度	3	用 1m 水平尺和塞尺检查
2	单块软包边框垂直度	3	用 1m 垂直检测尺检查
3	单块软包对角线长度差	3	从框的裁口里角用钢尺检查
4	单块软包宽度、高度	0,-2	从框的裁口里角用钢尺检查
5	分格条(缝)直线度	3	拉 5m 线,不足 5m 拉通线,用钢直尺检查
6	裁口线条结合处高度差	1	用直尺和塞尺检查

第16节　《建筑地基基础工程施工质量验收标准》
GB 50202—2018（节选）

《建筑地基基础工程施工质量验收标准》为国家标准，编号为 GB 50202—2018，自 2018 年 10 月 1 日起实施。其中，第 5.1.3 条为强制性条文，必须严格执行。原《建筑地基基础工程施工质量验收规范》GB 50202—2002 同时废止。本节采用原文体例格式。

新修订的标准共分为 10 章和 1 个附录，主要技术内容是：总则、术语、基本规定、地基工程、基础工程、特殊土地基基础工程、基坑支护工程、地下水控制、土石方工程、边坡工程等。

本标准修订的主要技术内容包括：1. 调整了章节的编排；2. 删除了原规范中对具体地基名称的术语说明，增加了与验收要求相关的术语内容；3. 完善了验收的基本规定，增加了验收时应提交的资料、验收程序，验收内容及评价标准的规定；4. 调整了振冲地基和砂桩地基，合并成砂石桩复合地基；5. 增加了无筋扩展基础、钢筋混凝土扩展基础、筏形与箱形基础、锚杆基础等基础验收规定；6. 增加了咬合桩墙、土体加固及与主体结构相结合的基坑支护的验收规定；7. 增加了特殊土地基基础工程的验收规定；8. 增加了地下水控制和边坡工程的验收规定；9. 增加了验槽检验要点规定；10. 删除了原规范中与具体验收内容不协调的规定。

本标准由住房城乡建设部负责管理和对强制性条文的解释，由上海市基础工程集团有限公司负责具体技术内容的解释。

本节主要介绍在《建筑地基基础工程施工质量验收规范》GB 50202—2002 基础上增加的内容。

2　术语

2.0.1　检验

对项目的特征、性能进行量测、检查、试验等，并将结果与设计和标准规定的要求进行比较，以确定项目每项性能是否符合要求的活动。

建筑材料、构配件、设备及器具等进入施工现场后，在外观质量检查和质量证明文件核查符合要求的基础上，按照有关规定从施工现场抽取试样送至试验室进行检验的活动。

2.0.2　验收

在施工单位自行检查合格的基础上，根据设计文件和相关标准以书面形式对工程质量是否达到合格标准作出确认的活动。

2.0.3　主控项目

建筑工程中对质量、安全、节能、环境保护和主要使用功能起决定性作用的检验项目。

2.0.4　一般项目

除主控项目以外的检验项目。

2.0.5　验槽

基坑或基槽开挖至坑底设计标高后，检验地基是否符合要求的活动。

3　基本规定

3.0.1　地基基础工程施工质量验收应符合下列规定：

1　地基基础工程施工质量应符合验收规定的要求；

2　质量验收的程序应符合验收规定的要求；

3　工程质量的验收应在施工单位自行检查评定合格的基础上进行；

4　质量验收应进行分部、分项工程验收；

5　质量验收应按主控项目和一般项目验收。

3.0.2　地基基础工程验收时应提交下列资料：

1　岩土工程勘察报告；

2　设计文件、图纸会审记录和技术交底资料；

3　工程测量、定位放线记录；

4　施工组织设计及专项施工方案；

5　施工记录及施工单位自查评定报告；

6　监测资料；

7　隐蔽工程验收资料；

8　检测与检验报告；

9　竣工图。

3.0.3　施工前及施工过程中所进行的检验项目应制作表格，并应做相应记录、校审存档。

3.0.4　地基基础工程必须进行验槽，验槽检验要点应符合本标准附录 A 的规定。

3.0.5　主控项目的质量检验结果必须全部符合检验标准，一般项目的验收合格率不得低于 80%。

3.0.6　检查数量应按检验批抽样，当本标准有具体规定时，应按相应条款执行，无规定时应按检验批抽检。检验批的划分和检验批抽检数量可按照现行国家标准《建筑工程施工质量验收统一标准》GB 50300 的规定执行。

3.0.7　地基基础标准试件强度评定不满足要求或对试件的代表性有怀疑时，应对实体进行强度检测，当检测结果符合设计要求时，可按合格验收。

3.0.8　原材料的质量检验应符合下列规定：

1　钢筋、混凝土等原材料的质量检验应符合设计要求和现行国家标准《混凝土结构工程施工质量验收规范》GB 50204 的规定；

2　钢材、焊接材料和连接件等原材料及成品的进场、焊接或连接检测应符合设计要求和现行国家标准《钢结构工程施工质量验收标准》GB 50205 的规定；

3　砂、石子、水泥、石灰、粉煤灰、矿（钢）渣粉等掺合料、外加剂等原材料的质量、检验项目、批量和检验方法，应符合国家现行有关标准的规定。

4.9 砂石桩复合地基

4.9.1 施工前应检查砂石料的含泥量及有机质含量等。振冲法施工前应检查振冲器的性能，应对电流表、电压表进行检定或校准。

4.9.2 施工中应检查每根砂石桩的桩位、填料量、标高、垂直度等。振冲法施工中尚应检查密实电流、供水压力、供水量、填料量、留振时间、振冲点位置、振冲器施工参数等。

4.9.3 施工结束后，应进行复合地基承载力、桩体密实度等检验。

4.9.4 砂石桩复合地基质量检验标准应符合表 4.9.4 的规定。

砂石桩复合地基质量检验标准   表 4.9.4

项	序	检查项目	允许值或允许偏差		检查方法
			单位	数值	
主控项目	1	复合地基承载力	不小于设计值		静载试验
	2	桩体密实度	不小于设计值		重型动力触探
	3	填料量	%	≥ -5	实际用料量与计算填料量体积比
	4	孔深	不小于设计值		测钻杆长度或用测绳
一般项目	1	填料的含泥量	%	<5	水洗法
	2	填料的有机质含量	%	≤5	灼烧减量法
	3	填料粒径	设计要求		筛析法
	4	桩间土强度	不小于设计值		标准贯入试验
	5	桩位	mm	$\leq 0.3D$	全站仪或用钢尺量
	6	桩顶标高	不小于设计值		水准测量，将顶部预留的松散桩体挖除后测量
	7	密实电流	设计值		查看电流表
	8	留振时间	设计值		用表计时
	9	褥垫层夯填度	≤0.9		水准测量

注：1. 夯填度指夯实后的褥垫层厚度与虚铺厚度的比值。

2. D 为设计桩径（mm）。

5.2 无筋扩展基础

5.2.1 施工前应对放线尺寸进行检验。

5.2.2 施工中应对砌筑质量、砂浆强度、轴线及标高等进行检验。

5.2.3 施工结束后，应对混凝土强度、轴线位置、基础顶面标高等进行检验。

5.2.4 无筋扩展基础质量检验标准应符合表 5.2.4 的规定。

无筋扩展基础质量检验标准　　表 5.2.4

项	序	检查项目		允许偏差			检查方法
			单位	数值			
主控项目	1	轴线位置	砖基础	mm	≤10		经纬仪或用钢尺量
			毛石基础	mm	毛石砌体	料石砌体	
						毛料石	粗料石
					≤20	≤20	≤15
			混凝土基础	mm	≤15		
	2	混凝土强度		不小于设计值			28d 试块强度
	3	砂浆强度		不小于设计值			28d 试块强度
一般项目	1	L(或 B)≤30		mm	±5		用钢尺量
		30<L(或 B)≤60		mm	±10		
		60<L(或 B)≤90		mm	±15		
		L(或 B)>90		mm	±20		
	2	基础顶面标高	砖基础	mm	±15		水准测量
			毛石基础	mm	毛石砌体	料石砌体	
						毛料石	粗料石
					±25	±25	±15
			混凝土基础	mm	±15		
	3	毛石砌体厚度		mm	+30 0	+30 0	+15 0

注：L 为长度（m）；B 为宽度（m）。

5.3　钢筋混凝土扩展基础

5.3.1　施工前应对放线尺寸进行检验。

5.3.2　施工中应对钢筋、模板、混凝土、轴线等进行检验。

5.3.3　施工结束后，应对混凝土强度、轴线位置、基础顶面标高进行检验。

5.3.4　钢筋混凝土扩展基础质量检验标准应符合表 5.3.4 的规定。

钢筋混凝土扩展基础质量检验标准　　表 5.3.4

项	序	检查项目	允许偏差		检查方法
			单位	数值	
主控项目	1	混凝土强度	不小于设计值		28d 试块强度
	2	轴线位置	mm	≤15	经纬仪或用钢尺量
一般项目	1	L(或 B)≤30	mm	±5	用钢尺量
		30<L(或 B)<60	mm	±10	
		60<L(或 B)≤90	mm	±16	
	2	L(或 B)>90	mm	±20	水准测量
		基础顶面标高	mm	±15	

注：L 为长度（m）；B 为宽度（m）。

5.4 筏形与箱形基础

5.4.1 施工前应对放线尺寸进行检验。

5.4.2 施工中应对轴线、预埋件、预留洞中心线位置、钢筋位置及钢筋保护层厚度进行检验。

5.4.3 施工结束后，应对筏形和箱形基础的混凝土强度、轴线位置、基础顶面标高及平整度进行验收。

5.4.4 筏形和箱形基础质量检验标准应符合表 5.4.4 的规定。

筏形和箱形基础质量检验标准　　　　　　　　　　　　表 5.4.4

项	序	检查项目	允许偏差		检查方法
			单位	数值	
主控项目	1	混凝土强度	不小于设计值		28d 试块强度
	2	轴线位置	mm	≤15	经纬仪或用钢尺量
一般项目	1	基础顶面标高	mm	±15	水准测量
	2	平整度	mm	±10	用 2m 靠尺
	3	尺寸	mm	+15 −10	用钢尺量
	4	预埋件中心位置	mm	≤10	用钢尺量
	5	预留洞中心线位置	mm	≤15	用钢尺量

5.4.5 大体积混凝土施工过程中应检查混凝土的坍落度、配合比、浇筑的分层厚度、坡度以及测温点的设置，上下两层的浇筑搭接时间不应超过混凝土的初凝时间。养护时混凝土结构构件表面以内 50～100mm 位置处的温度与混凝土结构构件内部的温度差值不宜大于 25℃，且与混凝土结构构件表面温度的差值不宜大于 25℃。

5.12 岩石锚杆基础

5.12.1 施工前应检验原材料质量、水泥砂浆或混凝土配合比。

5.12.2 施工中应对孔位、孔径、孔深、注浆压力等进行检验。

5.12.3 施工结束后应对抗拔承载力和锚固体强度进行检验。

5.12.4 岩石锚杆质量检验标准应符合表 5.12.4 的规定。

岩石锚杆质量检验标准　　　　　　　　　　　　表 5.12.4

项	序	检查项目	允许值或允许偏差		检查方法
			单位	数值	
主控项目	1	抗拔承载力	不小于设计值		抗拔试验
	2	孔深	不小于设计值		测钻杆套管长度
	3	锚固体强度	不小于设计值		28d 试块强度
一般项目	1	垂直度	本标准表 5.1.4		经纬仪测量
	2	孔位	本标准表 5.1.4		基坑开挖前量护筒，开挖后量孔中心
	3	孔径	mm	±10	用钢尺量
	4	杆体标高	mm	+30 −50	水准测量
	5	锚固长度	mm	+100 0	用钢尺量
	6	注浆压力	设计要求		检查压力表读数

6 特殊土地基基础工程

6.1 一般规定

6.1.1 特殊土地区的建筑施工，应根据设计要求、场地条件和施工季节，针对特殊土的特性编制施工组织设计。

6.1.2 地基基础施工前应完成场地平整、挡土墙、护坡、截洪沟、排水沟、管沟等工程，保持场地排水通畅、边坡稳定。

6.1.3 地基基础施工应合理安排施工程序，防止施工用水和场地雨水流入建（构）筑物地基、基坑或基础周围。

6.1.4 地基基础施工宜采取分段作业，施工过程中基坑（槽）不得暴晒或泡水。地基基础工程宜避开雨天施工，雨季施工时应采取防水措施。

6.2 湿陷性黄土

6.2.1 湿陷性黄土场地上的素土、灰土地基质量检验和验收除应符合本标准第4.2节的规定外，尚应对外放尺寸和垫层总厚度进行检验，并应符合表6.2.1的规定。

湿陷性黄土场地上素土、灰土地基质量检验标准　　　　　　表6.2.1

项	序	检查项目	允许值或允许偏差		检查方法
			单位	数值	
主控项目	1	地基承载力	不小于设计值		静载试验
	2	配合比	设计值		检查拌合时的体积比
	3	压实系数	不小于设计值		环刀法
	4	外放尺寸	不小于设计值		用钢尺量
一般项目	1	石灰粒径	mm	≤5	筛析法
	2	土料有机质含量	%	≤5	灼烧减量法
	3	土颗粒粒径	mm	≤15	筛析法
	4	含水量	最优含水量±2%		烘干法
	5	分层厚度	mm	±50	水准测量或用钢尺量
	6	垫层总厚度	不小于设计值		水准测量或用钢尺量

6.2.2 湿陷性黄土场地上的强夯地基质量检验和验收除应符合本标准第4.6节的规定外，尚应对起夯标高，设计处理厚度内夯实土层的湿陷性、湿陷系数和压实系数进行验收，并应符合表6.2.2规定。

湿陷性黄土场地上强夯地基质量检验标准　　　　　　表6.2.2

项	序	检查项目	允许值或允许偏差		检查方法
			单位	数值	
主控项目	1	地基承载力	不小于设计值		静载试验
	2	处理后地基土的强度	不小于设计值		原位测试
	3	变形指标	设计值		原位测试
	4	湿陷性	设计要求		原位浸水静载试验或室内试验

续表

项	序	检查项目	允许值或允许偏差		检查方法
			单位	数值	
一般项目	1	夯锤落距	mm	±300	钢索设标志
	2	锤的质量	kg	±100	称重
	3	夯击遍数	不小于设计值		计数法
	4	夯击顺序	设计要求		检查施工记录
	5	夯击击数	不小于设计值		计数法
	6	夯点定位	mm	≤500	用钢尺量
	7	夯击范围（超出基础范围距离）	不小于设计值		用钢尺量
	8	前后两遍间歇时间	不小于设计值		检查施工记录
	9	最后两击平均夯沉量	不大于设计值		水准测量
	10	场地平整度	mm	±100	水准测量
	11	起夯标高	mm	±300	水准测量
	12	湿陷系数	≤0.015		室内湿陷系数试验，取样竖向间隔不宜大于1m
	13	压实系数	不小于设计值		环刀法，取样竖向间隔不宜大于1m

6.2.3 湿陷性黄土场地上的土和灰土挤密桩地基。除应符合本标准第4.12节的规定外，尚应符合下列规定：

　　1 对预钻孔夯扩桩，在施工前应检查夯锤重量、钻头直径，施工中应检查预钻孔孔径、每次填料量、夯锤提升高度、夯击次数、成桩直径等参数；

　　2 对复合土层湿陷性、桩间土湿陷系数、桩间土平均挤密系数进行检验，并应符合表6.2.3的规定。

湿陷性黄土场地上挤密地基质量检验标准　　表6.2.3

项	序	检查项目	允许值或允许偏差		检查方法
			单位	数值	
主控项目	1	复合地基承载力	不小于设计值		静载试验
	2	桩长	不小于设计值		测桩管长度或用测绳
	3	桩体填料平均压实系数	不小于设计值		环刀法
	4	复合土层湿陷性	设计要求		原位浸水静载试验或室内试验
一般项目	1	土料有机质含量	%	≤5	灼烧减量法
	2	石灰粒径	mm	≤5	筛析法
	3	桩位	≤0.25D		全站仪或用钢尺量
	4	桩径	不小于设计值		用钢尺量
	5	垂直度	≤1/100		经纬仪测桩管
	6	桩顶垫层压实系数	不小于设计值		环刀法
	7	夯锤提升高度	不小于设计值		用钢尺量
	8	桩间土湿陷系数	<0.015		室内湿陷系数试验，取样竖向间隔不宜大于1m
	9	桩间土平均挤密系数	不小于设计要求		环刀法，取样竖向间隔不宜大于1m

　　注：D为设计桩径（mm）。

6.2.4　使用挤密桩消除地基湿陷性后采用桩基或水泥粉煤灰碎石桩等复合地基的工程，应对挤密桩和桩基或复合地基分别验收，并符合下列规定：

1　挤密桩验收应符合本标准第 4.12 节及第 6.2.3 条的规定；设计无要求时，挤密地基承载力可不作为验收参数。

2　桩基础应按本标准第 5 章验收；水泥粉煤灰碎石桩复合地基应按本标准第 4.13 节验收。

6.2.5　预浸水法质量检验应符合下列规定：

1　施工前应检查浸水坑平面开挖尺寸和深度、浸水孔数量、深度和间距；

2　施工中应检查湿陷变形量及浸水坑内水头高度；

3　预浸水法质量检验标准应符合表 6.2.5 的规定。

预浸水法质量检验标准　　　　　　　　　　　　表 6.2.5

项	序	检查项目	允许值或允许偏差		检查方法
			单位	数值	
主控项目	1	湿陷变形稳定标准	mm/d	设计要求，按连续 5d 平均值计算	水准测量
	2	浸水坑边长或直径		不小于设计值	用钢尺量
一般项目	1	浸水坑底标高	mm	±150	水准测量
	2	浸水坑内水头高度		不小于设计要求	用钢尺量
	3	浸水孔深度	mm	±200	用钢尺量
	4	浸水孔间距	mm	≤0.1l	用钢尺量

注：l 为设计浸水孔间距（mm）。

6.3　冻土

6.3.1　冻土地区保温隔热地基的验收应符合下列规定：

1　施工前应对保温隔热材料单位面积的质量、厚度、密度、强度、压缩性等做检验；

2　施工中应检查地基土质量，回填料铺设厚度及平整度，保温隔热材料的铺设厚度、方向、接缝、防水、保护层与结构连接状况；

3　施工结束后应进行承载力或压缩变形检验；

4　保温隔热地基质量检验标准应符合表 6.3.1 的规定。

保温隔热地基质量检测标准　　　　　　　　　　表 6.3.1

项	序	检查项目	允许值或允许偏差		检查方法
			单位	数值	
主控项目	1	材料强度	％	－5	室内试验
	2	材料压缩性	％	±3	室内试验
	3	地基承载力		不小于设计值	静载试验
一般项目	1	材料接缝质量		设计要求	目测法
	2	层面平整度	mm	±20	用 2m 靠尺
	3	每层铺设厚度	mm	±1.0	用钢尺量

6.3.2 多年冻土地区钢筋混凝土预制桩基础的验收应符合表 6.3.2 的规定。

钢筋混凝土预制桩质量检验标准 表 6.3.2

项	序	检查项目	允许值或允许偏差		检查方法
			单位	数值	
主控项目	1	承载力	不小于设计值		静载试验
	2	建筑场地地温	℃	±0.05	热敏电阻测量
一般项目	1	桩孔直径	mm	≥−20	用钢尺量
	2	桩侧回填	设计要求		用2m靠尺
	3	钻孔打入桩成孔直径	不大于设计值		用钢尺量
	4	钻孔打入桩钻孔深度	不小于设计值		量钻头和钻杆高度或用测绳
	5	钻孔插入桩成孔直径	不大于设计值		用钢尺量

6.3.3 多年冻土地区混凝土灌注桩基础的验收应符合下列规定：

1 多年冻土区混凝土灌注桩基础的验收除应符合本标准第 5.1 节、第 5.6 节～第 5.8 节的规定外，尚应符合下列规定：

1）施工中应检查桩身混凝土灌注温度及负温混凝土防冻剂、早强剂掺量；应检查在多年冻土融化层内的桩周外侧和低桩承台或基础梁下防止基土冻胀作用的措施，并应符合设计要求；

2）桩基施工中应在场区内进行地温监测。

2 施工结束后，应进行桩的承载力检验。

3 混凝土灌注桩质量检验标准应符合表 6.3.3 的规定。

混凝土灌注桩质量检验标准 表 6.3.3

项	序	检查项目	允许值或允许偏差		检查方法
			单位	数值	
主控项目	1	承载力	不小于设计值		静载试验
	2	场地地温	℃	±0.05	热敏电阻测量
一般项目	1	混凝土灌注温度	℃	5～10	用温度计量
	2	桩侧防冻措施	设计要求		目测法
	3	承台、基础梁下防冻措施	设计要求		目测法

6.3.4 多年冻土地区架空通风基础的验收应符合下列规定：

1 施工前应按规定对使用的保温隔热材料及换填材料送检与抽检，并应对场地地温进行监测；

2 施工中应检查通风空间顶棚与地面的最小距离；采用隐蔽式通风孔施工的，应检查通风孔位置、单孔大小及总通风面积；

3 施工结束后应对基础周围回填土质量进行检验，并对通风空间顶板的保温层质量与保温层厚度进行检验；

4 架空通风基础质量检验应符合表 6.3.4 的规定。

架空通风基础质量检验标准　　　　　　　　　　　表 6.3.4

项	序	检查项目	允许值或允许偏差		检查方法
			单位	数值	
主控项目	1	地基承载力或单桩承载力	不小于设计值		静载试验
	2	场地地温	℃	±0.05	热敏电阻测量
一般项目	1	保温材料性能	设计要求		室内试验
	2	地基活动层内防冻胀措施	设计要求		目测法
	3	架空通风空间地面排水	设计要求		目测法
	4	架空采暖水管线与架空下排水管保温	设计要求		目测法
	5	架空层高度	mm	±10	现场尺量
	6	隐蔽式通风孔面积	%	±5	尺量计算
	7	通风空间顶板底保温厚度	mm	±10	现场尺量

6.4　膨胀土

6.4.1　当膨胀土地基采用素土、灰土垫层或砂、砂石垫层时，其质量验收应符合本标准第 4.2 节或第 4.3 节的规定。

6.4.2　当膨胀土地基采用桩基础时，其质量验收应符合本标准第 5.7 节、第 5.8 节的规定。

6.4.3　膨胀土地区建筑物四周设置的散水或宽散水质量验收标准应符合表 6.4.3 的规定。

散水质量检验标准　　　　　　　　　　　表 6.4.3

项	序	检查项目	允许值或允许偏差		检查方法
			单位	数值	
主控项目	1	散水宽度	mm	+100 0	用钢尺量
	2	面层厚度	mm	+20 0	用钢尺量
	3	垫层厚度	mm	+20 0	用钢尺量
	4	隔热保温层厚度	mm	+20 0	用钢尺量
一般项目	1	散水坡度	设计值		用钢尺量
	2	垫层、隔热保温层配合比	设计值		检查拌和时的体积比
	3	垫层、隔热保温层压实系数	不小于设计值		环刀法
	4	石灰粒径	mm	≤5	筛析法
	5	土料有机质含量	%	≤5	灼烧减量法
	6	土颗粒粒径	mm	≤15	筛析法
	7	土的含水量	最优含水量±2%		烘干法

6.5　盐渍土

6.5.1　盐渍土地基中设置隔水层时，隔水层施工前应检验土工合成制料的抗拉强度、抗老化性能、防腐蚀性能，施工过程中应检查土工合成材料的搭接宽度或焊接强度、保护层厚度等。

6.5.2 盐渍土地区基础施工前应检验建筑材料（砖、砂、石、水等）的含盐量、防腐添加剂及防腐涂料的质量，施工过程中应检验防腐添加剂的用法和用量、防腐涂层的施工质量。

6.5.3 当盐渍土地基采用换土垫层时，其质量检验应符合本标准第 4.3 节、第 4.5 节的规定。

6.5.4 当盐渍土地基采用强夯与强夯置换法时，其质量检验应符合本标准第 4.6 节的规定。

6.5.5 当盐渍土地基采用砂石桩复合地基时，其质量检验应符合本标准第 4.9 节的规定。

6.5.6 当盐渍土地基采用浸水预溶法地基处理时，其质量检验应符合表 6.5.6 的规定。

浸水预溶法质量检验标准　　　　　　　　　　　　表 6.5.6

项	序	检查项目	允许值或允许偏差		检查方法
			单位	数值	
主控项目	1	浸水下沉量	不小于设计值		水准测量
	2	有效浸水影响深度	不小于设计值		用钢尺量
	3	浸水坑的外放尺寸	不小于设计值		用钢尺量
一般项目	1	水头高度	不小于设计值		用钢尺量

6.5.7 当盐渍土地基采用盐化法地基处理时，其质量检验应符合表 6.5.7 的规定。

盐化法质量检验标准　　　　　　　　　　　　表 6.5.7

项	序	检查项目	允许值或允许偏差		检查方法
			单位	数值	
主控项目	1	含盐量	不小于设计值		实验室测量
	2	浸水影响深度	不大于设计值		用钢尺量
	3	浸盐坑的外放尺寸	不小于设计值		用钢尺量
一般项目	1	水头高度	不小于设计值		用钢尺量

7.4　咬合桩围护墙

7.4.1 施工前，应对导墙的质量和钢套管顺直度进行检查。

7.4.2 施工过程中应对桩成孔质量、钢筋笼的制作、混凝土的坍落度进行检查。咬合桩围护墙施工中的质量检测要求尚应符合本标准第 7.2 节的规定。

7.4.3 咬合桩围护墙质量检验标准应符合表 7.4.3-1 和表 7.4.3-2 的规定。

单桩混凝土坍落度检验次数　　　　　　　　　　表 7.4.3-1

项	序	单桩混凝土量（m³）	次数	检测时间
一般项目	1	≤30	2	灌注混凝土前、后阶段各一次
	2	>30	3	灌注混凝土前、后和中间阶段各一次

导墙、钢套管允许偏差　　　　　　表 7. 4. 3-2

项	序	检查项目	允许值或允许偏差		检查方法
			单位	数值	
主控项目	1	导墙定位孔孔径	mm	±10	用钢尺量
	2	导墙定位孔孔口定位	mm	≤10	用钢尺量
	3	钢套管顺直度		≤1/500	用线锤测
	4	成孔孔径	mm	+30 0	用超声波或井径仪测量
	5	成孔垂直度		≤1/300	用超声波或测斜仪测量
	6	成孔孔深		不小于设计值	测钻杆长度或用测绳
一般项目	1	导墙面平整度	mm	±5	用钢尺量
	2	导墙平面位置	mm	≤20	用钢尺量
	3	导墙顶面标高	mm	±20	水准测量
	4	桩位	mm	≤20	全站仪或用钢尺量
	5	矩形钢筋笼长边	mm	±10	用钢尺量
	6	矩形钢筋笼短边	mm	0 −10	用钢尺量
	7	矩形钢筋笼转角	—	≤5	用量角器量
	8	钢筋笼安放位置	mm	≤10	用钢尺量

7.12　与主体结构相结合的基坑支护

7.12.1　与主体结构外墙相结合的灌注排桩围护墙、咬合桩围护墙和地下连续墙的质量检验应按本标准第 7.2 节、第 7.4 节和第 7.7 节的规定执行。

7.12.2　结构水平构件施工应与设计工况一致，施工质量检验应符合现行国家标准《混凝土结构工程施工质量验收规范》GB 50204 和《钢结构工程施工质量验收标准》GB 50205 的规定。

7.12.3　支承桩施工结束后，应采用声波透射法、钻芯法或低应变法进行桩身完整性检验，以上三种方法的检验总数量不应少于总桩数的 10％，且不应少于 10 根。

7.12.4　钢管混凝土支承柱在基坑开挖后应采用低应变法检验柱体质量，检验数量应为 100％。当发现立柱有缺陷时，应采用声波透射法或钻芯法进行验证。

7.12.5　竖向支承桩柱除应符合本标准第 7.10 节的规定外，尚应符合表 7.12.5 的规定。

竖向支承桩柱的质量检验标准　　　　　表 7. 12. 5

项	序	检查项目	允许偏差		检查方法
			单位	数值	
主控项目	1	支承桩柱定位	mm	≤10	用钢尺量
	2	支承柱的垂直度		≤1/300	经纬仪测量或线锤测量
一般项目	1	支承柱成孔垂直度		≤1/200	用超声波或井径仪测
	2	支承柱插入支承桩的长度	mm	±50	用钢尺量

8 地下水控制

8.1 一般规定

8.1.1 降排水运行前，应检验工程场区的排水系统。排水系统最大排水能力不应小于工程所需最大排量的 1.2 倍。

8.1.2 基坑工程开挖前应验收预降排水时间。预降排水时间应根据基坑面积、开挖深度、工程地质与水文地质条件以及降排水工艺综合确定。减压预降水时间应根据设计要求或减压降水验证试验结果确定。

8.1.3 降排水运行中，应检验基坑降排水效果是否满足设计要求。分层、分块开挖的土质基坑，开挖前潜水水位应控制在土层开挖面以下 0.5～1.0m；承压含水层水位应控制在安全水位埋深以下。岩质基坑开挖施工前，地下水位应控制在边坡坡脚或坑中的软弱结构面以下。

8.1.4 设有截水帷幕的基坑工程，宜通过预降水过程中的坑内外水位变化情况检验帷幕止水效果。

8.1.5 截水帷幕的施工质量验收应根据选用的帷幕类型，按本标准第 7 章的规定执行。

8.2 降排水

8.2.1 采用集水明排的基坑，应检验排水沟、集水井的尺寸。排水时集水井内水位应低于设计要求水位不小于 0.5m。

8.2.2 降水井施工前，应检验进场材料质量。降水施工材料质量检验标准应符合表 8.2.2 的规定。

降水施工材料质量检验标准　　　　　　　　表 8.2.2

项	序	检查项目	允许值或允许偏差		检查方法
			单位	数值	
主控项目	1	井、滤管材质	设计要求		查产品合格证书或按设计要求参数现场检测
	2	滤管孔隙率	设计值		测算单位长度滤管孔隙面积或与等长标准滤管渗透对比法
	3	滤料粒径	$(6\sim12)d_{50}$		筛析法
	4	滤料不均匀系数	≤3		筛析法
一般项目	1	沉淀管长度	mm	$^{+50}_{0}$	用钢尺量
	2	封孔回填土质量	设计要求		现场搓条法检验土性
	3	挡砂网	设计要求		查产品合格证书或现场量测目数

注：d_{50} 为土颗粒的平均粒径。

8.2.3 降水井正式施工时应进行试成井。试成井数量不应少于 2 口（组），并应根据试成井检验成孔工艺、泥浆配比，复核地层情况等。

8.2.4 降水井施工中应检验成孔垂直度。降水井的成孔垂直度偏差为 1/100，井管应居中竖直沉设。

8.2.5　降水井施工完成后应进行试抽水，检验成井质量和降水效果。

8.2.6　降水运行应独立配电。降水运行前，应检验现场用电系统。连续降水的工程项目，尚应检验双路以上独立供电电源或备用发电机的配置情况。

8.2.7　降水运行过程中，应监测和记录降水场区内和周边的地下水位。采用悬挂式帷幕基坑降水的，尚应计量和记录降水井抽水量。

8.2.8　降水运行结束后，应检验降水井封闭的有效性。

8.2.9　轻型井点施工质量验收应符合表 8.2.9 的规定。

轻型井点施工质量检验标准　　　　　　　　　表 8.2.9

项	序	检查项目	允许值或允许偏差		检查方法
			单位	数值	
主控项目	1	出水量	不小于设计值		查看流量表
一般项目	1	成孔孔径	mm	+20	用钢尺量
	2	成孔深度	mm	+1000 −200	测绳测量
	3	滤料回填量	不小于设计计算体积的 95%		测算滤料用量且测绳测量回填高度
	4	黏土封孔高度	mm	≥1000	用钢尺量
	5	井点管间距	m	0.8～1.6	用钢尺量

8.2.10　喷射井点施工质量验收应符合表 8.2.10 的规定。

喷射井点施工质量检验标准　　　　　　　　　表 8.2.10

项	序	检查项目	允许值或允许偏差		检查方法
			单位	数值	
主控项目	1	出水量	不小于设计值		查看流量表
一般项目	1	成孔孔径	mm	+50 0	用钢尺量
	2	成孔深度	mm	+1000 −200	测绳测量
	3	滤料回填量	不小于设计计算体积的 95%		测算滤料用量且测绳测量回填高度
	4	井点管间距	m	2～3	用钢尺量

8.2.11　管井施工质量检验标准应符合表 8.2.11 的规定。

管井施工质量检验标准　　　　　　　　　表 8.2.11

项	序	检查项目	允许值或允许偏差		检查方法
			单位	数值	
主控项目	1	泥浆比重	1.05～1.10		比重计
	2	滤料回填高度	+10% 0		现场搓条法检验土性、测算封填黏土体积、孔口浸水检验密封性
	3	封孔	设计要求		现场检验
	4	出水量	不小于设计值		查看流量表

续表

项	序	检查项目	允许值或允许偏差 单位	允许值或允许偏差 数值	检查方法
一般项目	1	成孔孔径	mm	+50	用钢尺量
	2	成孔深度	mm	+20	测绳测量
	3	扶中器	设计要求		测量扶中器高度或厚度、间距，检查数量
	4	活塞洗井 次数	次	≥20	检查施工记录
		活塞洗井 时间	h	≥2	检查施工记录
	5	沉淀物高度	≤5‰井深		测锤测量
	6	含砂量（体积比）	≤1/20000		现场目测或用含砂量计测量

8.2.12 轻型井点、喷射井点、真空管井降水运行质量检验标准应符合表 8.2.12 的规定。

轻型井点、喷射井点、真空管井降水运行质量检验标准　　表 8.2.12

项	序	检查项目	允许值或允许偏差 单位	允许值或允许偏差 数值	检查方法
主控项目	1	降水效果	设计要求		量测水位、观测土体团结或沉降情况
一般项目	1	真空负压	MPa	≥0.065	查看真空表
	2	有效井点数	≥90%		现场目测出水情况

8.2.13 减压降水管井运行质量检验标准应符合表 8.2.13 的规定。

减压降水管井运行质量检验标准　　表 8.2.13

项	序	检查项目	允许值或允许偏差 单位	允许值或允许偏差 数值	检查方法
主控项目	1	观测井水位	+10% 0		量测水位
一般项目	1	安全操作平台	设计及安全要求		现场检查平台连续稳定性，牢固性，安全防护措施到位率

8.2.14 钢管井封井质量检验标准应符合表 8.2.14 的规定。

钢管井封井质量检验标准　　表 8.2.14

项	序	检查项目	允许值或允许偏差 单位	允许值或允许偏差 数值	检查方法
主控项目	1	注浆量	+10% 0		测算注浆量
	2	混凝土强度	不小于设计值		28d 试块强度
	3	内止水钢板焊接质量	满焊，无缝隙		焊缝外观检测、掺水检验

续表

项	序	检查项目	允许值或允许偏差		检查方法
			单位	数值	
一般项目	1	外止水钢板宽度、厚度、位置	设计要求		现场量测
	2	细石子粒径	mm	5～10	筛析法或目测
	3	细石子回填量	+10% 0		测算滤料用量且测绳测量回填高度
	4	混凝土灌注量	+10% 0		测算混凝土用量
	5	24h 残存水高度	mm	≤500	量测水位
	6	砂浆封孔	设计要求		外观检验

8.2.15　塑料管井、混凝土管井、钢筋笼滤网井封井时，应检验管内止水材料回填的密实度和止水效果。穿越基坑底板时，尚应按设计要求检验其穿越基坑底板构造的防水效果。

10　边坡工程

10.1　一般规定

10.1.1　锚杆（索）、挡土墙等可根据与施工方式相一致且便于控制施工质量的原则，按支护类型、施工缝或施工段划分若干检验批。

10.1.2　对边坡工程的质量验收，应在钢筋、混凝土、预应力锚杆、挡土墙等验收合格的基础上，进行质量控制资料的检查及感观质量验收，并对涉及结构安全的材料、试件、施工工艺和结构的重要部位进行见证检测或结构实体检验。

10.1.3　边坡工程应进行监控量测。

10.2　喷锚支护

10.2.1　施工前应检验锚杆（索）锚固段注浆（砂浆）所用的水泥、细骨料、矿物、外加剂等主要材料的质量。同时应检验锚杆材质的接头质量，同一截面锚杆的接头面积不应超过锚杆总面积的 25%。

10.2.2　施工中应检验锚杆（索）锚固段注浆（砂浆）配合比、注浆（砂浆）质量、锚杆（索）锚固段长度和强度、喷锚混凝土强度等。

10.2.3　锚杆（索）在下列情况应进行基本试验，试验数量不应少于 3 根，试验方法应按现行国家标准《建筑边坡工程技术规范》GB 50330 的规定执行：

　　1　当设计有要求时；

　　2　采用新工艺、新材料或新技术的锚杆（索）；

　　3　无锚固工程经验的岩土层内的锚杆（索）；

　　4　一级边坡工程的锚杆（索）。

10.2.4　施工结束后应进行锚杆验收试验，试验的数量应为锚杆总数的 5%，且不应少于 5 根。同时应检验预应力锚杆（索）锚固后的外露长度。预应力锚杆（索）拉张的时间应按照设计要求，当无设计要求时应待注浆固结体强度达到设计强度的90%后再进行张拉。

10.2.5 边坡喷锚质量检验标准应符合表10.2.5的规定。

边坡喷锚质量检验标准　　　　　表10.2.5

项	序	检查项目	允许值或允许偏差		检查方法
			单位	数值	
主控项目	1	锚杆承载力	不小于设计值		锚杆拉拔试验
	2	锚杆(索)锚固长度	mm	±50	用钢尺量(差值法)；每孔测1点
	3	喷锚混凝土强度	不小于设计值		28试块强度
	4	预应力锚杆(索)的张拉力、锚固力	不小于设计值		拉拔试验
一般项目	1	锚孔位置	mm	≤50	用钢尺量；每孔测1点
	2	锚孔孔径	mm	±20	用钢尺量；每孔测1点
	3	锚孔倾角	°	≤1	导杆法；每孔测1点
	4	锚孔深度	不小于设计值		用钢尺量；每孔测1点
	5	锚杆(索)长度	mm	±50	用钢尺量；每孔测1点
	6	预应力锚杆(索)张拉伸长量	±6%		用钢尺量
	7	锚固段注浆体强度	不小于设计值		28d试块强度
	8	泄水孔直径、孔深	mm	±3	用钢尺量
	9	预应力锚杆(索)锚固后的外露长度	mm	≥30	用钢尺量
	10	钢束断丝滑丝数	≤1%		目测法、用钢尺量；每根(束)

10.3　挡土墙

10.3.1 施工前，应检验墙背填筑所用填料的重度、强度，同时应检验墙身材料的物理力学指标。

10.3.2 施工中应进行验槽，并检验墙背填筑的分层厚度、压实系数、挡土墙埋置深度，基础宽度、排水系统、泄水孔(沟)、反滤层材料级配及位置。重力式挡土墙的墙身为混凝土时，应检验混凝土的配合比、强度。

10.3.3 施工结束后，应检验重力式挡土墙砌体墙面质量、墙体高度、顶面宽度，砌缝、勾缝质量，结构变形缝的位置、宽度，泄水孔的位置、坡率等。

10.3.4 挡土墙质量检验标准应符合表10.3.4的规定。

挡土墙质量检验标准　　　　　表10.3.4

项	序	检查项目		允许值或允许偏差		检查方法
				单位	数值	
主控项目	1	挡土墙埋置深度		mm	±10	经纬仪测量
	2	墙身材料强度	石材	MPa	≥30	点荷载试验(石材)、试块强度(混凝土)
			混凝土	不小于设计值		
	3	分层压实系数		不小于设计值		环刀法

续表

项	序	检查项目	允许值或允许偏差		检查方法
			单位	数值	
一般项目	1	平面位置	mm	≤50	全站仪测量
	2	墙身、压顶断面尺寸	不小于设计值		用钢尺量；每一缝段测 3 个断面,每段面各 2 点
	3	压顶顶面高程	mm	±10	水准测量；每一缝段测量 3 点
	4	墙背加筋材料强度、延伸率	不小于设计值		拉伸试验
	5	泄水孔尺寸	mm	±3	用钢尺量；每一缝段测量 3 点
	6	泄水孔的坡度	设计值		
	7	伸缩缝、沉降缝宽度	mm	+20 0	用钢尺量；每一缝段测量 3 点
	8	轴线位置	mm	≤30	经纬仪测量；每一缝段纵横各测量 2 点
	9	墙面倾斜率	≤0.5%		线锤测量；每一缝段测量 3 点
	10	墙表面平整度(混凝土)	mm	±10	2m 直尺、塞尺量；每一缝段测量 3 点

10.4 边坡开挖

10.4.1 施工前应检查平面位置、标高、边坡坡率、降排水系统。

10.4.2 施工中,应检验开挖的平面尺寸、标高、坡率、水位等。

10.4.3 预裂爆破或光面爆破的岩质边坡的坡面上宜保留炮孔痕迹,残留炮孔痕迹保存率不应小于 50%。

10.4.4 边坡开挖施工应检查监测和监控系统,监测、监控方法应按现行国家标准《建筑边坡工程技术规范》GB 50330 的规定执行。在采用爆破施工时,应加强环境监测。

10.4.5 施工结束后,应检验边坡坡率、坡底标高、坡面平整度等。

10.4.6 边坡开挖质量检验标准应符合表 10.4.6 的规定。

边坡开挖质量检验标准　　　　　　　　　　表 10.4.6

项	序	检查项目		允许值或允许偏差		检查方法
				单位	数值	
主控项目	1	坡率		设计值		目测法或用坡度尺检查；每 20m 抽查 1 处
	2	坡底标高		mm	±100	水准测量
一般项目	1	坡面平整度	土坡	mm	±100	3m 直尺测量；每 20m 测 1 处
			岩坡	mm	软岩±200 硬岩±350	
	2	平台宽度	土坡	mm	+200 0	用钢尺量
			岩坡	mm	软岩+300 硬岩+500	
	3	坡脚线偏位	土坡	mm	+500 −100	经纬仪测量；每 20m 测 2 点
			岩坡	mm	软岩+500 −200	
				mm	硬岩+800 −250	

附录 A 地基与基础工程验槽

A.1 一般规定

A.1.1 勘察、设计、监理、施工、建设等各方相关技术人员应共同参加验槽。

A.1.2 验槽时，现场应具备岩土工程勘察报告、轻型动力触探记录（可不进行轻型动力触探的情况除外）、地基基础设计文件、地基处理或深基础施工质量检测报告等。

A.1.3 当设计文件对基坑坑底检验有专门要求时，应按设计文件要求进行。

A.1.4 验槽应在基坑或基槽开挖至设计标高后进行，对留置保护土层时其厚度不应超过100mm；槽底应为无扰动的原状土。

A.1.5 遇到下列情况之一时，尚应进行专门的施工勘察。

1 工程地质与水文地质条件复杂，出现详勘阶段难以查清的问题时；

2 开挖基槽发现土质、地层结构与勘察资料不符时；

3 施工中地基土受严重扰动，天然承载力减弱，需进一步查明其性状及工程性质时；

4 开挖后发现需要增加地基处理或改变基础型式，已有勘察资料不能满足需求时；

5 施工中出现新的岩土工程或工程地质问题，已有勘察资料不能充分判别新情况时。

A.1.6 进行过施工勘察时，验槽时要结合详勘和施工勘察成果进行。

A.1.7 验槽完毕填写验槽记录或检验报告，对存在的问题或异常情况提出处理意见。

A.2 天然地基验槽

A.2.1 天然地基验槽应检验下列内容：

1 根据勘察、设计文件核对基坑的位置、平面尺寸、坑底标高；

2 根据勘察报告核对基坑底、坑边岩土体和地下水情况；

3 检查空穴、古墓、古井、暗沟、防空掩体及地下埋设物的情况，并应查明其位置、深度和性状；

4 检查基坑底土质的扰动情况以及扰动的范围和程度；

5 检查基坑底土质受到冰冻、干裂、受水冲刷或浸泡等扰动情况，并应查明影响范围和深度。

A.2.2 在进行直接观察时，可用袖珍式贯入仪或其他手段作为验槽辅助。

A.2.3 天然地基验槽前应在基坑或基槽底普遍进行轻型动力触探检验，检验数据作为验槽依据。轻型动力触探应检查下列内容：

1 地基持力层的强度和均匀性；

2 浅埋软弱下卧层或浅埋突出硬层；

3 浅埋的会影响地基承载力或基础稳定性的古井、墓穴和空洞等。

轻型动力触探宜采用机械自动化实施，检验完毕后，触探孔位处应灌砂填实。

A.2.4 采用轻型动力触探进行基槽检验时，检验深度及间距应按表 A.2.4 执行。

轻型动力触探检验深度及间距（m）　　　　表 A.2.4

排列方式	基坑或基槽宽度	检验深度	检验间距
中心一排	<0.8	1.2	一般 1.0～1.5m，出现明显异常时，需加密至足够掌握异常边界
两排错开	0.8～2.0	1.5	
梅花型	>2.0	2.1	

注：对于设置有抗拔桩或抗拔锚杆的天然地基，轻型动力触探布点间距可根据抗拔桩或抗拔锚杆的布置进行适当
　　调整：在土层分布均匀部位可只在抗拔桩或抗拔锚杆间距中心布点，对土层不太均匀部位以掌握土层不均匀
　　情况为目的，参照上表间距布点。

A.2.5　遇下列情况之一时，可不进行轻型动力触探：

　1　承压水头可能高于基坑底面标高，触探可造成冒水涌砂时；

　2　基础持力层为砾石层或卵石层，且基底以下砾石层或卵石层厚度大于 1m 时；

　3　基础持力层为均匀、密实砂层，且基底以下厚度大于 1.5m 时。

A.3　地基处理工程验槽

A.3.1　设计文件有明确地基处理要求的，在地基处理完成、开挖至基底设计标高后进行验槽。

A.3.2　对于换填地基、强夯地基，应现场检查处理后的地基均匀性、密实度等检测报告和承载力检测资料。

A.3.3　对于增强体复合地基，应现场检查桩位、桩头、桩间土情况和复合地基施工质量检测报告。

A.3.4　对于特殊土地基，应现场检查处理后地基的湿陷性、地震液化、冻土保湿、膨胀土隔水、盐渍土改良等方面的处理效果检测资料。

A.3.5　经过地基处理的地基承载力和沉降特性，应以处理后的检测报告为准。

A.4　桩基工程验槽

A.4.1　设计计算中考虑桩筏基础、低桩承台等桩间土共同作用时，应在开挖清理至设计标高后对桩间土进行检验。

A.4.2　对人工挖孔桩，应在桩孔清理完毕后，对桩端持力层进行检验。对大直径挖孔桩，应逐孔检验孔底的岩土情况。

A.4.3　在试桩或桩基施工过程中，应根据岩土工程勘察报告对出现的异常情况、桩端岩土层的起伏变化及桩周岩土层的分布进行判别。

第3章　新材料、新设备

第1节　钢筋锚固板

钢筋锚固板是将螺帽与垫板合二为一的锚固板通过螺纹与钢筋端部相连形成的锚固装置。其工作的机理是，钢筋的锚固力全部由锚固板承担或由锚固板和钢筋的粘结力共同承担（图3-1），从而减少钢筋的锚固长度。其与传统的钢筋锚固技术相比，可减少钢筋锚固长度40%以上，节约锚固钢筋40%以上。在复杂节点采用钢筋锚固板技术，还可简化钢筋工程施工，减少钢筋密集拥堵绑扎困难，改善节点受力性能，提高混凝土浇筑质量。钢筋锚固板主要适用于：代替传统弯筋，用于框架结构梁柱节点；代替传统弯筋和直钢筋锚固，用于简支梁支座、梁或板的抗剪钢筋。

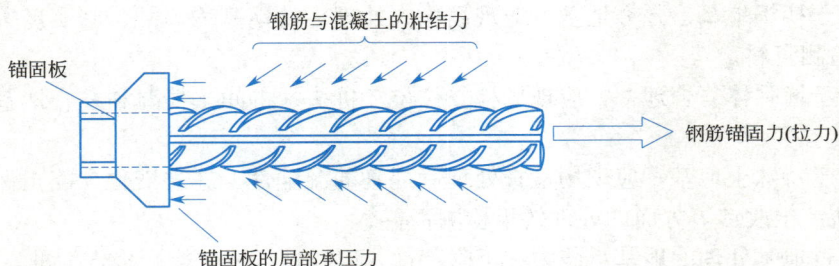

图 3-1　带锚固板钢筋的受力机理示意图

3.1.1　锚固板的分类与尺寸

锚固板有多种类型，按材料分有球墨铸铁锚固板、钢板锚固板、锻钢锚固板、铸钢锚固板；按形状分有圆形、方形、长方形；按厚度分有等厚、不等厚；按连接方式分有螺纹连接锚固板、焊接连接锚固板；按受力性能分有部分锚固板、全锚固板。

部分锚固板是指依靠锚固长度范围内钢筋与混凝土的粘结作用和锚固板承压面的承压作用共同承担钢筋规定锚固力的锚固板。全锚固板是指全部依靠锚固板承压面的承压作用承担钢筋规定锚固力的锚固板。

锚固板选用应符合下列规定：全锚固板承压面积不应小于锚固钢筋公称面积的9倍；部分锚固板承压面积不应小于锚固钢筋公称面积的4.5倍；锚固板厚度不应小于锚固钢筋公称直径。当采用不等厚或长方形锚固板时，除应满足上述面积和厚度要求外，尚应通过省部级的产品鉴定。采用部分锚固板锚固的钢筋公称直径不宜大于40mm；当公称直径大于40mm的钢筋采用部分锚固板锚固时，应通过试验验证确定其设计参数。

3.1.2　钢筋锚固板的性能要求

锚固板原材料通常为球墨铸铁、钢板、锻钢和铸钢，其牌号宜选用表3-1中的牌号，且应满足表 3-1 的力学性能要求；当锚固板与钢筋采用焊接连接时，锚固板原材料尚应符合《钢筋焊接及验收规程》JGJ 18—2012 对连接件材料的可焊性要求。

锚固板原材料力学性能要求   表 3-1

锚固板原材料	牌号	抗拉强度 σ_s（N/mm²）	屈服强度 σ_b（N/mm²）	伸长率 δ（%）
球墨铸铁	QT450-10	≥450	≥310	≥10
钢板	45	≥600	≥355	≥16
	Q345	450～630	≥325	≥19
锻钢	45	≥600	≥355	≥16
	Q235	370～500	≥225	≥22
铸钢	ZG230-450	≥450	≥230	≥22
	ZG270-500	≥500	≥270	≥18

钢筋应符合《钢筋混凝土用钢 第 2 部分：热轧带肋钢筋》GB/T 1499.2—2018 及《钢筋混凝土用余热处理钢筋》GB 13014—2013 的规定。采用部分锚固板的钢筋不应采用光圆钢筋。采用全锚固板的钢筋可选用光圆钢筋，光圆钢筋应符合《钢筋混凝土用钢 第 1 部分：热轧光圆钢筋》GB/T 1499.1—2017 的规定。

钢筋锚固板试件的极限拉力不应小于钢筋达到极限强度标准值时的拉力 $f_{stk}A_s$。钢筋锚固板在混凝土中的锚固极限拉力不应小于钢筋达到极限强度标准值时的拉力 $f_{stk}A_s$。

锚固板与钢筋的连接宜选用直螺纹连接，连接螺纹的公差带应符合《普通螺纹 公差》GB/T 197 中 6H、6f 级精度规定。采用焊接连接时，宜选用穿孔塞焊，其技术要求应符合《钢筋焊接及验收规程》JGJ 18—2012 的规定。

1. 采用部分锚固板的基本要求

（1）一类环境中设计使用年限为 50 年的结构，锚固板侧面和端面的混凝土保护层厚度不应小于 15mm；更长使用年限结构或其他环境类别，宜按照《混凝土结构设计规范（2015 年版）》GB 50010—2010 的相关规定增加保护层厚度，也可对锚固板进行防腐处理。

（2）钢筋的混凝土保护层厚度应符合《混凝土结构设计规范（2015 年版）》GB 50010—2010 的规定，锚固长度范围内钢筋的混凝土保护层厚度不宜小于 $1.5d$；锚固长度范围内应配置不少于 3 根箍筋，其直径不应小于纵向钢筋直径的 0.25 倍，间距不应大于 $5d$，且不应大于 100mm，第 1 根箍筋与锚固板承压面的距离应小于 $1d$；锚固长度范围内钢筋的混凝土保护层厚度大于 $5d$ 时，可不设横向箍筋。

（3）钢筋净间距不宜小于 $1.5d$。

（4）锚固长度 l_{ab} 不宜小于 $0.4l_{ab}$（或 $0.4l_{abE}$）；对于 500MPa、400MPa、335MPa 级钢筋，锚固区混凝土强度等级分别不宜低于 C35、C30、C25。

（5）纵向钢筋不承受反复拉、压力，且满足下列条件时，锚固长度 l_{ab} 可减小至 $0.3l_{ab}$：

1）锚固长度范围内钢筋的混凝土保护层厚度不小于 $2d$；

2）对 500MPa、400MPa、335MPa 级钢筋，锚固区的混凝土强度等级分别不低于 C40、C35、C30。

（6）梁、柱或拉杆等构件的纵向受拉主筋采用锚固板集中锚固于与其正交或斜交的边柱、顶板、底板等边缘构件时（图 3-2），锚固长度 l_{ab} 除应符合采用部分锚固板基本要求中的第（4）条或第（5）条的规定外，宜将钢筋锚固板延伸至正交或斜交边缘构件对侧纵向主筋内边。

2. 采用全锚固板的基本要求

（1）全锚固板的混凝土保护层厚度应按前述采用部分锚固板中的规定执行；

（2）钢筋的混凝土保护层厚度不宜小于 $3d$；

（3）钢筋净间距不宜小于 $5d$；

（4）钢筋锚固板用做梁的受剪钢筋、附加横向钢筋或板的抗冲切钢筋时，应在钢筋两端设置锚固板，并应分别伸至梁或板主筋的上侧和下侧定位（图 3-3）；墙体拉结筋的锚固板宜置于墙体内层钢筋外侧；

（5）500MPa、400MPa、300MPa 级钢筋采用全锚固板时，混凝土强度等级分别不宜低于 C35、C30 和 C25。

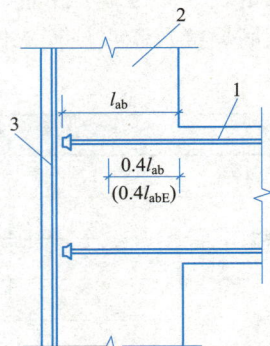

图 3-2　钢筋锚固板在边缘构件梁中的锚固示意图

1—构件纵向受拉主筋；2—边缘构件；
3—边缘构件对侧纵向主筋

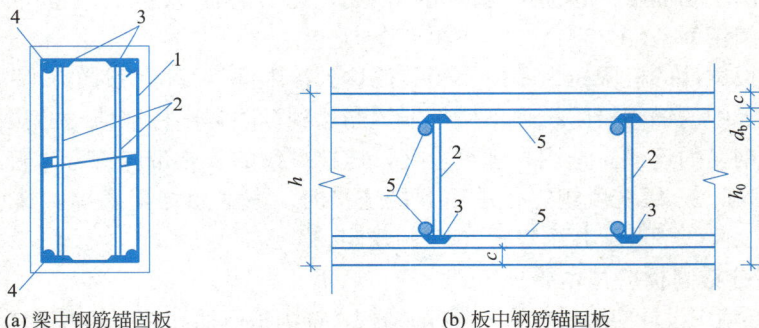

(a) 梁中钢筋锚固板　　　　(b) 板中钢筋锚固板

图 3-3　梁、板中钢筋锚固板设置示意图

1—箍筋；2—钢筋锚固板；3—锚固板；4—梁主筋；5—板主筋

第 2 节　钢筋套筒灌浆连接

钢筋套筒灌浆连接（简称"套筒灌浆连接"）是在金属套筒中插入单根带肋钢筋并注入灌浆料拌合物，通过拌合物硬化形成整体并实现传力的钢筋对接连接，如图 3-4 所示。套筒灌浆连接应用于装配式混凝土结构中的竖向构件钢筋对接时，金属灌浆套筒常预埋在竖向预制混凝土构件底部，连接时在灌浆套筒中插入带肋钢筋后注入灌浆料拌合物。同时也有灌浆套筒预埋在竖向预制构件顶部的情况，连接时应在灌浆套筒中倒入灌浆料拌合物后再插入带肋钢筋。钢筋套筒灌浆连接也可应用于预制构件及既有建筑与新建结构相连时的水平钢筋连接。

钢筋套筒灌浆连接所用的材料包括带肋钢筋、钢筋连接用灌浆套筒和灌浆料。

图 3-4　钢筋套筒灌浆连接

3.2.1　带肋钢筋

套筒灌浆连接的钢筋应采用符合现行国家标准《钢筋混凝土用钢 第 2 部分：热轧带肋钢筋》GB/T 1499.2—2018、《钢筋混凝土用余热处理钢筋》GB 13014—2013 要求的带肋钢筋。钢筋直径不宜小于 12mm，且不宜大于 40mm。

3.2.2　钢筋连接用灌浆套筒

钢筋连接用灌浆套筒（简称"灌浆套筒"）按加工方式分为铸造灌浆套筒和机械加工灌浆套筒；按结构形式分为全灌浆套筒和半灌浆套筒，如图 3-5 所示。半灌浆套筒按非灌浆一端连接方式分为滚轧直螺纹灌浆套筒、剥肋滚轧直螺纹灌浆套筒和镦粗直螺纹灌浆套筒。

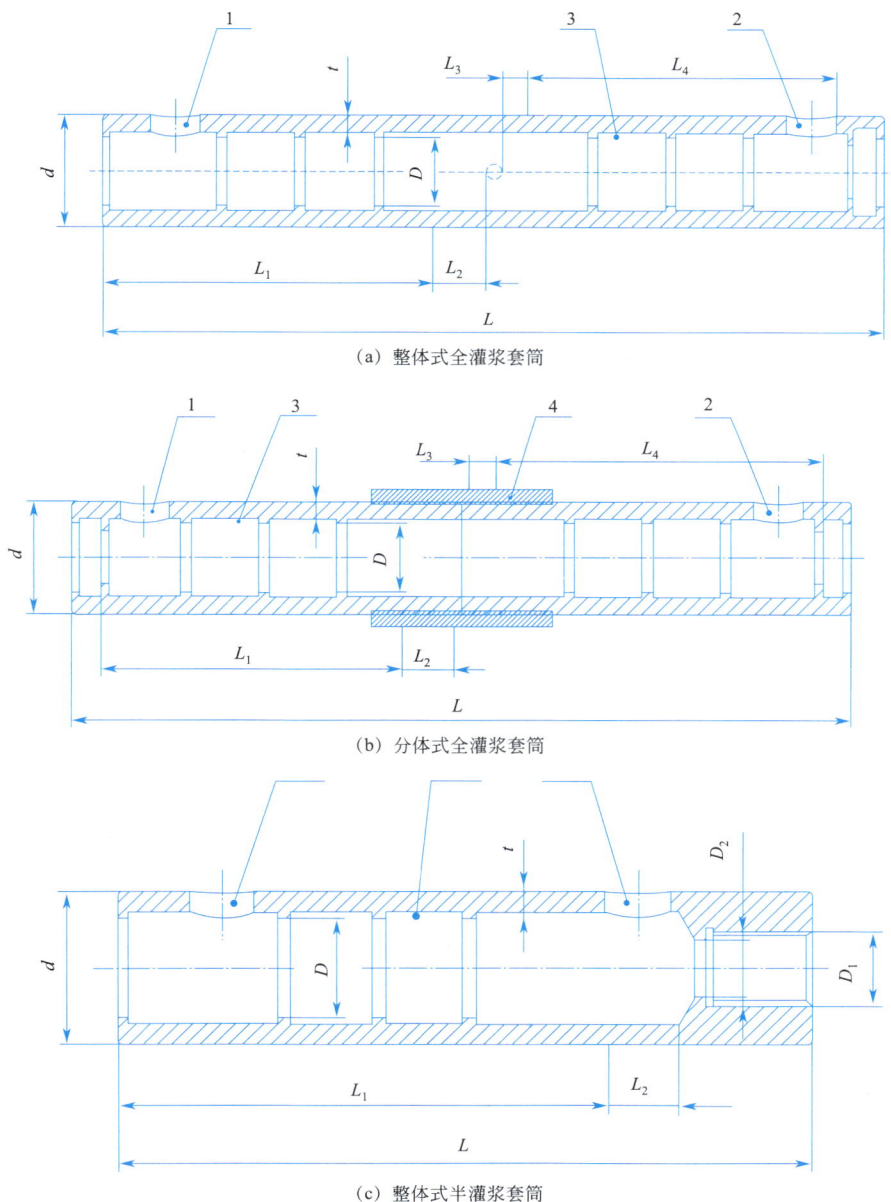

(a) 整体式全灌浆套筒

(b) 分体式全灌浆套筒

(c) 整体式半灌浆套筒

图 3-5　灌浆套筒示意图（一）

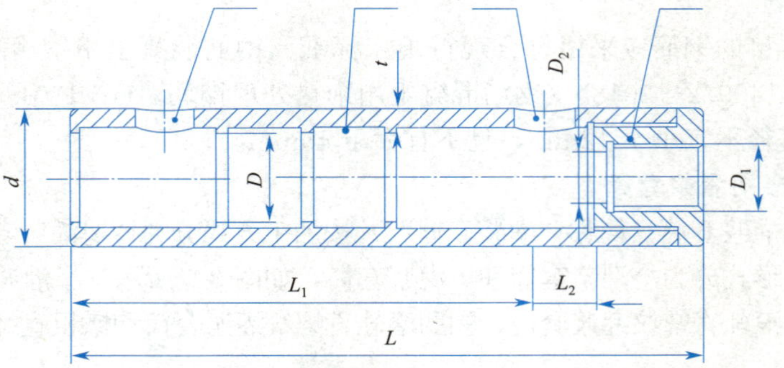

(d) 分体式半灌浆套筒

图 3-5　灌浆套筒示意图（二）

1—灌浆孔；	L_3—预制端预留钢筋安装调整长度；
2—排浆孔；	L_4—排浆端锚固长度；
3—剪力槽；	t—灌浆套筒名义壁厚；
4—连接套筒；	d—灌装套筒外径；
L—灌浆套筒总长；	D—灌浆筒最小内径；
L_1—注浆端锚固长度；	D_1—灌浆套筒机械连接端螺纹的公称直径；
L_2—装配端预留钢筋安装调整长度；	D_2—灌浆套筒螺纹端与灌浆端连接处的通孔直径

注：1. D 不包括灌浆孔、排浆孔外侧因导向、定位等比锚固段环形突起内径偏小的尺寸。

2. D 可为非等截面。

3. 当灌浆套筒为竖向连接套筒时，套筒注浆端锚固长度 L_1 为从套筒端面至挡销圆柱面深度减去调整长度 20mm；当灌浆套筒为水平连接套筒时，套筒注浆端锚固长度 L_1 为从密封圈内侧端面位置至挡销圆柱面深度减去调整长度 20mm。

1. 型号

灌浆套筒型号由名称代号、分类代号、钢筋强度级别主参数代号、加工方式分类代号、钢筋直径主参数代号、特征代号和更新及变型代号组成。灌浆套筒主参数应为被连接钢筋的强度级别和公称直径。灌浆套筒型号表示如下：

更新及变型代号：用大写英文字母顺序表示，A，B，C……

特征代号：无标注表示整体式结构，F 表示分体式结构。

钢筋直径主参数代号：用××/×× 表示，前面的 ×× 表示灌浆端钢筋直径，后面的 ×× 表示非灌浆端钢筋直径，全灌浆套筒及非变径半灌浆套筒后面的"/××"省略。

加工方式分类代号：Z 表示铸造灌浆套筒，J 表示机械加工灌浆套筒。

钢筋强度级别主参数代号：4 表示 400MPa 及以下级，5 表示 500MPa 级。

分类代号：Q 表示全灌浆套筒，G 表示直接滚轧直螺纹半灌浆套筒，B 表示剥肋滚轧直螺纹半灌浆套筒，D 表示镦粗直螺纹半灌浆套筒。

灌浆套筒名称代号：用 GT 表示。

示例：

1. 连接标准屈服强度为 400MPa，直径 40mm 钢筋，采用铸造加工的全灌装套筒表示为：GTQ4Z-40。

2. 连接标准屈服强度为 500MPa 钢筋，灌装端连接直径 36mm 钢筋，非灌装端连接直径 32mm 钢筋，采用机械加工的剥肋滚轧直螺纹灌浆套筒的第一次变型，表示为：GTB5J-36/32A。

3. 连接标准屈服强度为 500MPa，直径 32mm 钢筋，采用机械加工的分体式全灌浆套筒表示为：GTQ5J-32F。

2. 一般要求

（1）全灌浆套筒中部、半灌浆套筒排浆孔位置计入最大负公差后，筒体拉力最大区段的抗拉承载力和屈服承载力的设计值，应符合下列规定：

1）设计抗拉承载力不应小于被连接钢筋抗拉承载力标准值的 1.15 倍；

2）设计屈服承载力不应小于被连接钢筋屈服承载力标准值。

（2）灌浆套筒生产应符合产品设计要求，灌浆套筒尺寸应根据被连接钢筋牌号、直径及套筒原材料的力学性能，按上述（1）规定的设计抗拉承载力、屈服承载力计算和灌浆套筒力学性能要求确定，套筒灌浆连接接头性能应符合 JGJ 355 的规定。

（3）灌浆套筒长度应根据试验确定，且灌浆连接端的钢筋锚固长度不宜小于 8 倍钢筋公称直径，其锚固长度不包括钢筋安装调整长度和封浆挡圈段长度，全灌浆套筒中间轴向定位点两侧应预留钢筋安装调整长度，预制端不宜小于 10mm，装配端不宜小于 20mm。

（4）灌浆套筒封闭环剪力槽宜符合表 3-2 的规定，其他非封闭环剪力槽结构形式的灌浆套筒应通过灌浆接头试验确定，并满足力学性能的规定，且灌浆套筒结构的锚固性能不应低于同等灌浆接头封闭环剪力槽的作用。

灌浆套筒封闭环剪力槽　表 3-2

连接钢筋直径(mm)	12～20	22～32	36～40
剪力槽数量(个)	≥3	≥4	≥5
剪力槽两侧凸台轴向宽度(mm)	≥2		
剪力槽两侧凸台径向高度(mm)	≥2		

（5）灌浆套筒计入负公差后的最小壁厚应符合表 3-3 的规定。

灌浆套筒计入负公差后的最小壁厚　表 3-3

连接钢筋公称直径(mm)	12～14	16～40
机械加工成型灌浆套筒(mm)	2.5	3
铸造成型灌浆套筒(mm)	3	4

（6）半灌浆套筒螺纹端与灌浆端连接处的通孔直径设计不宜过大，螺纹小径与通孔直径差不应小于 1mm，通孔的长度不应小于 3mm。

（7）灌浆套筒最小内径与被连接钢筋公称直径的差值应符合表 3-4 的规定。

灌浆套筒最小内径与被连接钢筋公称直径的差值　表 3-4

连接钢筋公称直径(mm)	12～25	28～40
灌浆套筒最小内径与被连接钢筋公称直径的差值(mm)	≥10	≥15

（8）分体式全灌浆套筒和分体式半灌浆套筒的分体连接部分的力学性能和螺纹副配合应符合下列规定：

1）设计抗拉承载力不应小于被连接钢筋抗拉承载力标准值的 1.15 倍；

2）设计屈服承载力不应小于被连接钢筋屈服承载力标准值；

3）螺纹副精度应符合 GB/T 197 中 H6/f6 的规定。

（9）灌浆套筒使用时螺纹副的旋紧扭矩应符合表 3-5 的规定。

灌浆套筒螺纹副旋紧扭矩　　　　　　表 3-5

钢筋公称直径(mm)	12～16	18～20	22～25	28～32	36～40
铸造灌浆套筒的螺纹副旋紧扭矩(N·m)	≥80	≥200	≥260	≥320	≥360
机械加工灌浆套筒的螺纹副旋紧扭矩(N·m)	≥100	≥200	≥260	≥320	≥360

注：扭矩值是直螺纹连接处最小安装拧紧扭矩值。

3. 材料性能

（1）铸造灌浆套筒

铸造灌浆套筒宜选用球墨铸铁，采用球墨铸铁制造的灌浆套筒，其材料性能、几何形状及尺寸公差应符合 GB/T 1348 的规定，材料性能参数见表 3-6。

球墨铸铁灌浆套筒的材料性能　　　　　　表 3-6

项目	材料	抗拉强度 R_m(MPa)	断后伸长率 A(%)	球化率(%)	硬度(HBW)
性能指标	QT500	≥500	≥7	≥85	170～230
	QT550	≥550	≥5		180～250
	QT600	≥600	≥3		190～270

（2）机械加工灌浆套筒

机械加工灌浆套筒原材料宜选用优质碳素结构钢、碳素结构钢、低合金高强度结构钢、合金结构钢、冷拔或冷轧精密无缝钢管、结构用无缝钢管，其力学性能及外观、尺寸应符合 GB/T 699、GB/T 700、GB/T 1591、GB/T 3077、GB/T 3639、GB/T 8162、GB/T 702、GB/T 17395 的规定，优质碳素结构钢热轧和锻制圆管坯应符合 YB/T 5222 的规定，材料性能参数见表 3-7。

机械加工灌浆套筒常用钢材材料性能参数　　　　　　表 3-7

项目	性能指标					
材料	45 号圆钢	45 号圆管	Q390	Q345	Q235	40Cr
屈服强度 R_{eL}(MPa)	≥355	≥335	≥390	≥345	≥235	≥785
抗拉强度 R_m(MPa)	≥600	≥590	≥490	≥470	≥375	≥980
断后伸长率 A(%)	≥16	≥14	≥18	≥20	≥25	≥9

注：当屈服现象不明显时，用规定塑性延伸强度 $R_{p0.2}$ 代替。

当机械加工灌浆套筒原材料采用 45 号钢的冷轧精密无缝钢管时，应进行退火处理，并应符合 GB/T 3639 的规定，其抗拉强度不应大于 800MPa，断后伸长率不宜小于 14%。45 号钢冷轧精密无缝钢管的原材料应采用牌号为 45 号的管坯钢，并应符合 YB/T 5222 的规定。

当机械加工灌浆套筒原材料采用冷压或冷轧加工工艺成型时，宜进行退火处理，并应符合 GB/T 3639 的规定，其抗拉强度不应大于 800MPa，断后伸长率不宜小于 14%，且灌浆套筒设计时不应利用经冷加工提高强度而减少灌浆套筒横截面面积。机械滚压或挤压加工的灌浆套筒材料宜选用 Q345、Q390 及其他符合 GB/T 8162 规定的钢管材料，也可选用符合 GB/T 699 规定的机械加工钢管材料。

机械加工灌浆套筒原材料可选用经接头型式检验证明符合 JGJ 355 中接头性能规定的其他钢材。

4. 尺寸偏差

灌浆套筒的尺寸偏差应符合表 3-8 的规定。

灌浆套筒尺寸偏差　　　　表 3-8

项目	灌浆套筒尺寸偏差					
	铸造灌浆套筒			机械加工灌浆套筒		
钢筋直径(mm)	10~20	22~32	36~40	10~20	22~32	36~40
内、外径允许偏差(mm)	±0.8	±1.0	±1.5	±0.5	±0.6	±0.8
壁厚允许偏差(mm)	±0.8	±1.0	±1.2	±12.5%l 或±0.4,取其中较大者		
长度允许偏差(mm)	±2.0			±1.0		
最小内径允许偏差(mm)	±1.5			±1.0		
剪力槽两侧凸台顶部轴向宽度允许偏差(mm)	±1.0			±1.0		
剪力槽两侧凸台径向高度允许偏差(mm)	±1.0			±1.0		
直螺纹精度	GB/T 197 中 6H 级			GB/T 197 中 6H 级		

5. 外观

（1）铸造灌浆套筒内外表面不应有影响使用性能的夹渣、冷隔、砂眼、缩孔、裂纹等质量缺陷。

（2）机械加工灌浆套筒外表面可为加工表面或无缝钢管、圆钢的自然表面，表面应无目测可见裂纹等缺陷，端面和外表面的边棱处应无尖棱、毛刺。

（3）灌浆套筒表面允许有锈斑或浮锈，不应有锈皮。

（4）滚压型灌浆套筒滚压加工时，灌浆套筒内外表面不应出现微裂纹等缺陷。

（5）灌浆套筒表面标记和标识应符合有关规定。

6. 力学性能

（1）灌浆套筒组成钢筋套筒灌浆连接接头的极限抗拉承载力不应小于被连接钢筋抗拉承载力标准值的 1.15 倍，屈服承载力不应小于被连接钢筋屈服承载力的标准值。当接头拉力达到连接钢筋抗拉荷载标准值的 1.15 倍而未发生破坏时，可停止试验。

（2）除应符合上述规定外，钢筋套筒灌浆连接接头的抗拉强度和变形性能还应符合表 3-9 和表 3-10 的规定。

钢筋套筒灌浆连接接头的抗拉强度　　　　表 3-9

项目	强度要求
抗拉强度	接头破坏时,接头试件实测抗拉强度>1.15 倍钢筋抗拉强度标准值

注：接头破坏指断于钢筋、断于套筒、套筒开裂、钢筋从套筒中拔出、钢筋外露螺纹部分破坏、钢筋镦粗过渡段破坏或套筒内螺纹部分拉脱以及其他连接组件破坏。

钢筋套筒灌浆连接接头的变形性能 表 3-10

项目		变形性能
对中和偏置单向拉伸	残余变形（mm）	接头试件加载至 0.6 倍钢筋屈服强度标准值并卸载后在规定标距内的残余变形≤0.10（d≤32）； 接头试件加载至 0.6 倍钢筋屈服强度标准值并卸载后在规定标距内的残余变形≤0.14（d>32）
	最大力总伸长率（%）	接头试件的最大力总伸长率≥6.0
高应力反复拉压	残余变形（mm）	接头经高应力反复拉压 20 次后的残余变形≤0.3
大变形反复拉压	残余变形（mm）	接头经大变形反复拉压 4 次后的残余变形≤0.3 且接头经大变形反复拉压 8 次后的残余变形≤0.6

3.2.3 钢筋连接用套筒灌浆料

钢筋连接用套筒灌浆料（简称"套筒灌浆料"）是以水泥为基本材料，配以细骨料以及混凝土外加剂和其他材料组成的干混料。该材料加水搅拌后具有良好的流动性、早强、高强、微膨胀等性能，填充于套筒和带肋钢筋间隙内，形成钢筋套筒灌浆连接接头。

1. 一般要求

套筒灌浆料应按产品设计（说明书）要求的用水量进行配制。拌合用水应符合 JGJ 63 的规定。常温型套筒灌浆料使用时，施工及养护过程中 24h 内灌浆部位所处的环境温度不应低于 5℃；低温型套筒灌浆料使用时，施工及养护过程中 24h 内灌浆部位所处的环境温度不应低于−5℃，且不宜超过 10℃。

2. 性能要求

（1）常温型套筒灌浆料的性能指标应符合表 3-11 的规定。

常温型套筒灌浆料的性能指标 表 3-11

检测项目		性能指标
流动度（mm）	初始	≥300
	30min	≥260
抗压强度（MPa）	1d	≥35
	3d	≥60
	28d	≥85
竖向膨胀率（%）	3h	0.02～2
	24h 与 3h 差值	0.02～0.40
28d 自干燥收缩（%）		≤0.045
氯离子含量[a]（%）		≤0.03
泌水率（%）		0

注：a. 氯离子含量以灌浆料总量为基准。

（2）低温型套筒灌浆料的性能指标应符合表 3-12 的规定。

低温型套筒灌浆料的性能指标　　　　　　　　　表 3-12

检测项目		性能指标
−5℃流动度（mm）	初始	≥300
	30min	≥260
8℃流动度（mm）	初始	≥300
	30min	≥260
抗压强度（MPa）	−1d	≥35
	−3d	≥60
	−7d+21d[a]	≥85
竖向膨胀率（%）	3h	0.02~2
	24h 与 3h 差值	0.02~0.40
28d 自干燥收缩（%）		≤0.045
氯离子含量[b]（%）		≤0.03
泌水率（%）		0

注：a. −1d 代表在负温养护 1d；−3d 代表在负温养护 3d；−7d+21d 代表在负温养护 7d 转标养 21d。
　　b. 氯离子含量以灌浆料总量为基准。

第 3 节　夹心保温墙板

夹心保温墙板（又称"三明治夹心保温墙板"）是指把保温材料夹在两层混凝土墙板（内叶墙、外叶墙）之间形成的复合墙板（图 3-6），可达到增强外墙保温节能性能，减小外墙火灾危险，提高墙板保温寿命，从而减少外墙维护费用的目的。其适用于高层及多层装配式剪力墙结构外墙、高层及多层装配式框架结构非承重外墙挂板、高层及多层钢结构非承重外墙挂板等外墙形式，可用于各类居住与公共建筑。

图 3-6　夹心保温墙板

3.3.1　夹心保温墙板组成、分类与适用范围

夹心保温墙板一般由内叶墙、保温板、拉结件和外叶墙组成（图 3-7），形成类似于三明治的构造形式。内叶墙和外叶墙一般为钢筋混凝土材料，保温板一般为 B1 或 B2 级有机保温材料，拉结件一般为 FRP 高强复合材料或不锈钢材质。

根据夹心保温外墙的受力特点，可分为非组合夹心保温外墙、组合夹心保温外墙和部分组合夹心保温外墙。非组合夹心保温外墙内外叶混凝土墙板受力相互独立，易于计算和设计，可适用于各种高层建筑的剪力墙和围护墙；组合夹心保温外墙的内外叶混凝土墙板需要共同受力，一般只适用于单层建筑的承重外墙或作为围护墙；部分组合夹心保温外墙的受力介于组合和非组合之间，受力非常复杂，计算和设计难度较大，其应用方法及范围有待进一步研究。

非组合夹心墙板一般由内叶墙承受所有的荷载作用，外叶墙起到保温材料的保护层作

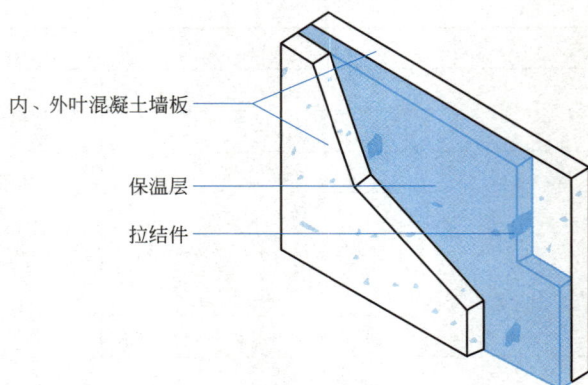

内、外叶混凝土墙板

保温层

拉结件

图 3-7　夹心保温墙板示意图

用，两层混凝土墙板之间可以产生微小的相互滑移，保温拉结件对外叶墙的平面内变形约束较小，可以释放外叶墙在温差作用下产生的温度应力，从而避免外叶墙在温度作用下产生开裂，使得外叶墙、保温板与内叶墙和结构同寿命。我国装配混凝土结构预制外墙主要采用的是非组合夹心墙板。

夹心保温墙板中的保温拉结件布置应综合考虑墙板生产、施工和正常使用工况下的受力安全和变形影响。

3.3.2　夹心保温墙板技术指标

1. 混凝土、钢筋和钢材

预制夹心外墙板采用的混凝土，力学性能指标和耐久性要求等应符合现行国家标准《混凝土结构设计规范（2015 年版）》GB 50010 的规定，设计强度等级不应低于 C30。与建筑物主体结构现浇连接部分的混凝土设计强度等级不应低于预制夹心外墙板的混凝土设计强度等级。

预制夹心外墙板采用的钢筋，其性能指标和要求应符合现行国家标准《混凝土结构设计规范（2015 年版）》GB 50010 的规定；钢筋焊接网应符合现行国家标准《钢筋混凝土用钢筋焊接网》GB/T 1499.3 和行业标准《钢筋焊接网混凝土结构技术规程》JGJ 114 的规定；吊环应采用未经冷加工的 HPB300 级钢筋或 Q235B 圆钢制作。吊装用内埋式螺母或吊杆的材料应符合现行国家相关标准及产品应用技术文件的规定。

预制夹心外墙板采用的钢材，其力学性能指标和耐久性要求等应符合现行国家标准《钢结构设计标准》GB 50017 的规定。

2. 保温材料

预制夹心外墙板可采用有机类保温板和无机类保温板作为夹心保温材料，其产品性能指标和要求等应符合相应的标准要求。保温材料燃烧性能等级应符合现行国家标准《建筑设计防火规范（2018 年版）》GB 50016 的规定，且不应低于现行国家标准《建筑材料及制品燃烧性能分级》GB 8624 中 B1 级的要求，其他性能尚应符合下列规定。

1) 聚苯乙烯应符合下列规定：

①模塑聚苯乙烯板应符合现行国家标准《模塑聚苯板薄抹灰外墙外保温系统材料》GB/T 29906 的有关规定；

②挤塑聚苯乙烯板应符合现行国家标准《绝热用挤塑聚苯乙烯泡沫塑料（XPS）》GB/T 10801.2 中带皮板的有关规定。

2）硬泡聚氨酯板应符合现行国家标准《建筑绝热用硬质聚氨酯泡沫塑料》GB/T 21558 中Ⅲ类产品的有关规定。

3）酚醛泡沫板应符合现行国家标准《绝热用硬质酚醛泡沫制品（PE）》GB/T 20974 中Ⅱ类产品的有关规定。

4）泡沫玻璃板应符合现行行业标准《泡沫玻璃绝热制品》JC/T 647 中Ⅱ类产品的有关规定。

5）采用的其他保温材料应符合相关标准的要求，或有有效的技术依据，并通过省部级以上建设行政管理部门的产品鉴定。

3. 连接材料

预制夹心外墙板连接件宜采用纤维增强塑料（FRP）连接件或不锈钢连接件。当有可靠依据时，也可采用其他类型连接件。

纤维增强塑料（FRP）连接件应由纤维增强塑料连接板（杆）和套环组成，宜采用拉挤成型工艺制作，端部宜设计成带有锚固槽口的形式；其力学性能指标应符合表 3-13 的要求。纤维增强塑料（FRP）连接件的抗拉强度设计值应考虑混凝土环境及长期荷载的影响予以折减。

纤维增强塑料（FRP）连接件力学性能指标　　　　　　　　表 3-13

项目	指标要求
拉伸强度（MPa）	≥700
拉伸弹模（GPa）	≥42
层间抗剪强度（MPa）	≥40

不锈钢连接件的力学性能指标应符合表 3-14 的要求。

不锈钢连接件力学性能指标　　　　　　　　表 3-14

项目	指标要求
屈服强度（MPa）	≥380
拉伸强度（MPa）	≥500
拉伸弹模（GPa）	≥190
抗剪强度（MPa）	≥300

预制夹心外墙板与建筑物主体结构之间的连接材料应符合下列规定：

（1）钢筋锚固板应符合现行行业标准《钢筋锚固板应用技术规程》JGJ 256 的规定。

（2）受力预埋件的锚板及锚筋材料应符合现行国家标准《混凝土结构设计规范（2015年版）》GB 50010 的有关规定。专用预埋件及连接材料应符合国家现行有关标准的规定。

（3）连接用焊接材料及螺栓、锚栓和铆钉等紧固件应符合现行国家标准《钢结构设计标准》GB 50017、《钢结构焊接规范》GB 50661 和现行行业标准《钢筋焊接及验收规程》

JGJ 18 等的规定。

4. 防水材料

防水密封胶应选用耐候性密封胶，密封胶应与混凝土具有相容性，并具有低温柔性、防霉及耐水等性能，其最大伸缩变形量和剪切变形等均应满足设计要求。

防水密封胶性能应满足现行行业标准《混凝土接缝用建筑密封胶》JC/T 881 的规定。当选用硅酮类密封胶时，应满足现行国家标准《硅酮和改性硅酮建筑密封胶》GB/T 14683 的规定。

止水条性能指标应符合现行国家标准《高分子防水材料 第 2 部分：止水带》GB 18173.2 中 J 型的规定。

第 4 节 活性粉末混凝土 RPC、高耐久性混凝土

3.4.1 活性粉末混凝土 RPC

活性粉末混凝土 RPC 是以水泥和矿物掺合料等活性粉末材料、细骨料、外加剂、高强度微细钢纤维（有机合成纤维）、水等原料生产的超高强增韧混凝土。这种混凝土的抗压强度可以达到 200～800MPa；抗拉强度可以达到 20～50MPa；弹性模量为 40～60GPa；断裂韧性高达 40000J/m^2，是普通混凝土的 250 倍；抗渗透性能好，氯离子渗透性是高强混凝土的 1/25；抗冻性好，经 300 次快速冻融循环后，仍不会受损。活性粉末混凝土 RPC 在工程结构中的应用可以解决目前高强与高性能混凝土抗拉强度不够高、脆性大、体积稳定性不良等缺点，同时还可以解决钢结构投资高、防火性能差、易锈蚀等问题。

活性粉末混凝土 RPC 分为两类，即用于现场浇筑的活性粉末混凝土（RC）和用于工厂化预制制品的活性粉末混凝土（RP）。用于混凝土制品生产的活性粉末混凝土（RP），力学性能等级为 RPC140，标记为 RPC140-RP-GB/T31387；用于现场浇筑用的活性粉末混凝土（RC），力学性能等级为 RPC100，标记为 RPC100-RP-GB/T 31387。

1. 原材料

（1）胶凝材料

水泥应符合现行《通用硅酸盐水泥》GB 175 的规定。宜采用硅酸盐水泥或普通硅酸盐水泥。粉煤灰应符合现行《用于水泥和混凝土中的粉煤灰》GB/T 1596 的规定，粒化高炉矿渣应符合现行《用于水泥、砂浆和混凝土中的粒化高炉矿渣粉》GB/T 18046 的规定，硅灰符合现行《砂浆和混凝土用硅灰》GB/T 27690 的规定，钢铁渣粉应符合现行《钢铁渣粉》GB/T 28293 的规定。宜采用 I 级粉煤灰、S95 以上等级的粉化高炉矿渣和 G85 及以上等级的钢铁渣粉。当采用其他矿物掺合料时，应通过试验进行验证，确定活性粉末混凝土性能满足工程应用要求后方可使用。

（2）骨料

RPC120 以上等级的活性粉末混凝土所用骨料宜为单粒级石英砂和石英粉，性能指标应符合表 3-15 的规定。石英砂应分为粗粒径砂（0.63～1.25mm）、中粒径砂（0.315～0.63mm）和细粒径砂（0.16～0.315mm）三个粒级。不同粒级石英砂的超粒径颗粒含量限值应符合表 3-16 的规定。石英粉中公称粒径小于 0.16mm 的颗粒的比例应大于 95%。石英砂和石英粉的筛分试验应符合现行《普通混凝土用砂、石质量及检验方法标准》JGJ

52 的规定；石英砂和石英粉的二氧化硅含量检验应符合现行《水泥用硅质原料化学分析方法》JC/T 874 的规定；石英砂和石英粉的氯离子含量、硫化物及硫酸盐含量、云母含量检验方法应符合现行《普通混凝土用砂、石质量及检验方法标准》JGJ 52 的规定。

RPC120 及以下等级的活性粉末混凝土可选用级配 II 区的中砂。砂中公称粒径大于5mm 的颗粒含量应小于 1％。天然砂的含泥量应符合表 3-17 的要求；人工砂的亚甲蓝试验结果（MB 值）应小于 1.4，石粉含量应符合表 3-18 的要求。砂的性能应符合现行《普通混凝土用砂、石质量及检验方法标准》JGJ 52 的规定。

石英砂和石英粉技术指标（％）　　　　　　　　　表 3-15

项目	技术指标	项目	技术指标
二氧化硅含量	≥97	硫化物及硫酸盐含量	≤0.50
氯离子含量	≤0.02	云母含量	≤0.50

不同粒级石英砂的超粒径颗粒含量（％）　　　　　　表 3-16

粒级要求	0.63～1.25mm 粒级		0.315～0.63mm 粒级		0.16～0.315mm 粒级	
	＜0.63mm	≥1.25mm	＜0.315mm	≥0.63mm	＜0.16mm	≥0.315mm
超粒径颗粒含量	≤10	≤5	≤10	≤5	≤5	≤5

天然砂的含泥量和泥块含量（％）　　　　　　　　表 3-17

项目	含泥量	泥块含量
指标	≤0.5	0

人工砂的石粉含量　　　　　　　　　　　　表 3-18

亚甲蓝 MB 值	石粉含量
$MB>1.0$	≤5.0％
$1.0≤MB≤1.4$	≤2.0％

（3）外加剂

减水剂应符合现行《混凝土外加剂》GB 8076 和现行《混凝土外加剂应用技术规范》GB 50119 的规定，宜选用高性能减水剂，减水剂的减水率宜大于 30％。掺用改善活性粉末混凝土性能的其他外加剂时，应保证其性能应符合国家现行相关标准的规定，且应通过试验确认活性粉末混凝土性能满足工程应用要求。

（4）钢纤维

钢纤维应采用高强度微细纤维，其性能指标应符合表 3-19 的规定。钢纤维的性能检验应符合规定。活性粉末混凝土中掺加的有机合成纤维应符合现行《水泥混凝土和砂浆用合成纤维》GB/T 21120 的规定，并通过试验确认活性粉末混凝土性能达到标准的要求和设计要求。

钢纤维的性能指标　　　　　　　　　　　　表 3-19

项目	性能指标
抗拉强度（MPa）	≥2000
长度 12～16mm 纤维比例[a]（％）	≥96

续表

项目	性能指标
直径 0.18～0.22mm 纤维比例[b]（%）	≥90
形状合格率（%）	≥96
杂度含量（%）	≤1.0

注：a. 50 根试样的长度平均值应在 12～16mm 范围内。

b. 50 根试样的直径平均值在 0.18～0.22mm 范围内。

（5）拌合用水

拌合用水应符合现行《混凝土用水标准》JGJ 63 的规定。

2. 配合比

（1）一般规定

活性粉末混凝土配合比设计应考虑结构形式特点、施工工艺以及环境作用等因素，并应根据混凝土工作性能、强度、耐久性以及其他必要性能要求计算初始配合比。设计时应经试配、调整，得出满足工作性要求的基准配合比，并经强度等技术指标复核后确定。活性粉末混凝土配合比设计宜采用绝对体积法。当需要改善活性粉末混凝土的密实性时，宜增加粉体材料用量；当需要改善拌合物的黏聚性和流动性时，宜调整减水剂的掺量。

（2）配合比设计

活性粉末混凝土的配制强度应按式（3-1）计算：

$$f_{cu,0} \geq 1.1 f_{cu,k} \tag{3-1}$$

式中 $f_{cu,0}$——活性粉末混凝土配制强度（MPa）；

$f_{cu,k}$——要求的活性粉末混凝土的力学性能等级对应的立方体抗压强度等级值（MPa）。

活性粉末混凝土的水胶比、胶凝材料用量和钢纤维掺量宜符合表 3-20 的规定。掺加有机合成纤维时，其掺量不宜大于 1.5kg/m³。硅灰用量不宜小于胶凝材料用量的 10%，水泥用量不宜小于胶凝材料用量的 50%。骨料体积的计算应为混凝土总体积减去水、胶凝材料和钢纤维的体积，以及含气量。骨料的总用量应由骨料体积乘以骨料的密度得到。骨料各个粒级的相对比例宜遵循最密实堆积理论，并经过试配，确认拌合物的工作性满足要求后确定比例。必要时可掺加适量石英粉，改善硬化混凝土的密实性。

活性粉末混凝土的水胶比、胶凝材料用量和钢纤维掺量   表 3-20

等级	水胶比	胶凝材料用量（kg/m³）	钢纤维掺量（体积分数）（%）
PRC120	≤0.20	≤900	≥1.2
PRC140	≤0.18	≤950	≥1.7
PRC160	≤0.16	≤1000	≥2.0
PRC180	≤0.14	≤100	≥2.5

活性粉末混凝土试配、配合比调整与确定应符合下列规定：

1）活性粉末混凝土试配时应采用工程实际使用的原材料，每盘混凝土的最小搅拌量不宜小于 1.5L。

2）试配时，首先应进行试拌、检查拌合物工作性。当试拌所得拌合物的工作性不能满足要求时，应在水胶比不变、胶凝材料用量和外加剂量合理的原则下，调整胶凝材料用量、外加剂用量或不同粒级砂的体积分数等，直到符合要求为止。根据试拌结果提出活性粉末混凝土强度试验用的基准配合比。

3）活性粉末混凝土强度试验时应至少采用 3 个不同的配合比。当采用不同的配合比时，其中一个应按②确定的基准配合比，另外两个配合比的水胶比宜较基准配合比分别增加和减小 0.01；用水量与基准配合比相同时，砂的体积分数分别增加和减少 1％。

4）制作活性粉末混凝土强度试件时，应验证拌合物工作性是否达到设计要求，并以该结果代表相应配合比的活性粉末混凝土拌合物性能指标。

5）活性粉末混凝土强度试验时每种配合比应至少制作一组（3 块）试件，按规定的条件养护到要求的龄期试压。如有耐久性要求时，还应制作相应的试件并检测相应的指标。

6）根据试配结果对基准配合比进行调整，确定的配合比为设计配合比；对于应用条件特殊的工程，宜对确定的设计配合比进行模拟试验。

3. 技术要求

（1）力学性能

活性粉末混凝土的力学性能等级应符合表 3-21 的规定。

活性粉末混凝土力学性能等级　　　　　　　　　　表 3-21

等级	抗压强度（MPa）	抗折强度（MPa）	弹性模量（GPa）
RPC100	≥100	≥10	≥40
RPC120	≥120	≥12	≥40
RPC140	≥140	≥14	≥40
RPC160	≥160	≥16	≥40
RPC180	≥180	≥18	≥40

注：当对混凝土的韧性或延性有特殊要求时，混凝土的等级可由抗折强度决定，抗压强度不应低于 100MPa。

（2）耐久性能

活性粉末混凝土的耐久性能应符合表 3-22 的规定。

活性粉末混凝土的耐久性　　　　　　　　　　表 3-22

抗冻性（快冻法）	抗氯离子渗透性（电量法）（C）	抗硫酸盐侵蚀性
≥F500	$Q \leq 100$	≥KS120

注：采用电量法测试活性粉末混凝土的抗氯离子渗透性时，试件不应掺加钢纤维等导电介质。

3.4.2　高耐久性混凝土

高耐久性混凝土是通过对原材料的质量控制、优选及施工工艺的优化控制，合理掺加优质矿物掺合料或复合掺合料，采用高效（高性能）减水剂制成的具有良好工作性、满足结构所要求的各项力学性能且耐久性优异的混凝土。

高耐久性混凝土适用于对耐久性要求高的各类混凝土结构工程，如内陆港口与海港、地铁与隧道、滨海地区盐渍土环境工程等，包括桥梁及设计使用年限 100 年的混凝土结构，以及其他严酷环境中的工程。

1. 技术内容

（1）原材料和配合比的要求

1）水胶比（W/B）≤0.38。

2）水泥必须采用符合现行国家标准规定的水泥，如硅酸盐水泥或普通硅酸盐水泥等，不得选用立窑水泥；水泥比表面积宜小于350m^2/kg，不应大于380m^2/kg。

3）粗骨料的压碎值≤10%，宜采用分级供料的连续级配，吸水率<1.0%，且无潜在碱骨料反应危害。

4）采用优质矿物掺合料或复合掺合料及高效（高性能）减水剂是配制高耐久性混凝土的特点之一。优质矿物掺合料主要包括硅灰、粉煤灰、磨细矿渣粉及天然沸石粉等，所用的矿物掺合料应符合国家现行有关标准，且宜达到优品级，对于沿海港口、滨海盐田、盐渍土地区，可添加防腐阻锈剂、防腐流变剂等。矿物掺合料等量取代水泥的最大量宜为：硅粉≤10%，粉煤灰≤30%，矿渣粉≤50%，天然沸石粉≤10%，复合掺合料≤50%。

5）混凝土配制强度可按式(3-2)计算：

$$f_{cu,0} \geqslant f_{cu,k} + 1.645\sigma \qquad (3-2)$$

式中　$f_{cu,0}$——混凝土配制强度（MPa）；

　　　$f_{cu,k}$——混凝土立方体抗压强度标准值（MPa）；

　　　σ——强度标准差，无统计数据时，预拌混凝土可按现行《普通混凝土配合比设计规程》JGJ 55 的规定取值。

（2）耐久性设计要求

对处于严酷环境的混凝土结构的耐久性，应根据工程所处环境条件，按现行《混凝土结构耐久性设计标准》GB/T 50476 进行耐久性设计，应考虑的环境劣化因素及可采取措施有：

1）抗冻害耐久性要求：①根据不同冻害地区确定最大水胶比；②考虑不同冻害地区的抗冻耐久性指数 DF 或抗冻等级；③受除冰盐冻融循环作用时，应满足单位面积剥蚀量的要求；④处于冻害环境的，应掺入引气剂，引气量应达到3%～5%。

2）抗盐害耐久性要求：①根据不同盐害环境确定最大水胶比；②抗氯离子的渗透性、扩散性，宜以56d龄期电通量或84d氯离子迁移系数来确定。一般情况下，56d电通量宜≤800C，84d氯离子迁移系数宜≤2.5×$10^{-12}$$m^2$/s；③混凝土表面裂缝宽度应符合规范要求。

3）抗硫酸盐腐蚀耐久性要求：①用于硫酸盐侵蚀较为严重的环境时，水泥熟料中的C_3A不宜超过5%，宜掺加优质的掺合料并降低单位用水量；②根据不同硫酸盐腐蚀环境，确定最大水胶比、混凝土抗硫酸盐侵蚀等级；③混凝土抗硫酸盐侵蚀等级宜不低于 KS120。

4）对于腐蚀环境中的水下灌注桩，为解决其耐久性和施工问题，宜掺入具有防腐和流变性能的矿物外加剂，如防腐流变剂等。

5）抑制碱—骨料反应有害膨胀的要求：①混凝土中碱含量<3.0kg/m^3；②在含碱环境或高湿度条件下，应采用非碱活性骨料；③对于重要工程，应采取抑制碱骨料反应的技

术措施。

2. 技术指标

（1）工作性

根据工程特点和施工条件，确定合适的坍落度或扩展度指标；和易性良好；坍落度经时损失满足施工要求，具有良好的充填模板和正常通过钢筋间隙的性能。

（2）力学及变形性能

混凝土强度等级宜≥C40；体积稳定性好，弹性模量与同强度等级的普通混凝土基本相同。

（3）耐久性

可根据具体工程情况，按照现行《混凝土结构耐久性设计标准》GB/T 50476、现行《混凝土耐久性检验评定标准》JGJ/T 193 及上述技术内容中的耐久性技术指标进行控制；对于极端严酷环境和重大工程，宜针对性地开展耐久性专题研究。

耐久性试验方法宜采用现行《普通混凝土长期性能和耐久性能试验方法标准》GB/T 50082 和现行《预防混凝土碱骨料反应技术规范》GB/T 50733 规定的方法。

第5节　自保温混凝土复合砌块

自保温混凝土复合砌块是通过在骨料中加入轻质骨料和（或）在实心混凝土块孔洞中填插保温材料等工艺生产，且所砌筑墙体具有保温功能的混凝土小型空心砌块，简称"自保温砌块（SIB）"，如图 3-8 所示。

自保温砌块墙体由具有良好热工性能的自保温砌块砌筑而成，其构成的墙体主体两侧不附加其他保温措施，墙体的传热系数能满足建筑所在地区现行建筑节能设计标准规定的墙体平均传热系数限值。其具有耐久、防火、耐冲击、施工方便、综合成本低、质量通病少、与建筑物同寿命等特点，与外墙外保温系统等保温技术相比较，自保温砌块墙体在施工性、安全性、耐久性、经济性等方面具有显著优势。

3.5.1　自保温混凝土复合砌块分类与标记

1. 自保温混凝土复合砌块类别

按自保温砌块复合类型可分为Ⅰ、Ⅱ、Ⅲ三类。Ⅰ类：在骨料中复合轻质骨料制成的自保温砌块；Ⅱ类：在孔洞中填插保温材料制成的自保温砌块；Ⅲ类：在骨料中复合轻质骨料且在孔洞中填插保温材料制成的自保温砌块。

按自保温砌块孔的排放分为三类：单排孔、双排孔、多排孔。

图 3-8　自保温混凝土复合砌块

2. 自保温混凝土复合砌块等级

自保温砌块密度等级分为九级：500、600、700、800、900、1000、1100、1200、1300；自保温砌块强度等级分为五级：MU3.5、MU5.0、MU7.5、MU10.0、MU15.0；自保温砌块砌体当量导热系数等级分为七级：EC10、EC15、EC20、EC25、EC30、EC35、EC40；自保温砌块砌体当量蓄热系数等级分为七级：ES1、ES2、ES3、ES4、ES5、ES6、ES7。

3. 自保温混凝土复合砌块标记与示例

自保温砌块的标记由自保温混凝土复合砌块产品代号、复合类型、孔排数、密度等级、强度等级、当量导热系数等级、当量蓄热系数等级和 JG/T 407—2013 编号八部分组成，表示如下：

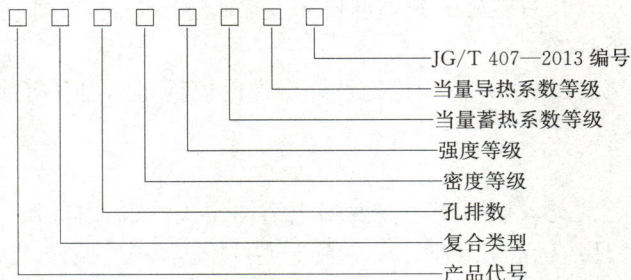

标记示例：复合类型为Ⅱ类、双排孔、密度等级为1000，强度等级为 MU5.0，当量导热系数等级为 EC20，当量蓄热系数等级为 ES4 的自保温砌块标记为：SIBⅡ（2）1000 MU5.0 EC20 ES4 JG/T 407—2013。

3.5.2 原材料

1. 水泥

水泥应符合现行《通用硅酸盐水泥》GB 175 的规定。

2. 普通骨料

（1）粗骨料

碎石、卵石最大粒径不宜大于 10mm，其他应符合现行《建设用卵石、碎石》GB/T 14685 的规定。

（2）细骨料

细骨料小于 0.15mm 的颗粒含量不应大于 20%，其他应符合现行《建设用砂》GB/T 14684 的规定。

3. 轻质骨料

粉煤灰陶粒、黏土陶粒、页岩陶粒、天然轻骨料、超轻陶粒、自然煤矸石轻骨料和黏土砖渣应符合现行《轻集料及其试验方法 第 1 部分：轻集料》GB/T 17431.1 的规定。非煅烧粉煤灰轻骨料除应符合现行《轻集料及其试验方法 第 1 部分：轻集料》GB/T 17431.1 的规定外，SO_3 含量应小于 1%，烧失量小于 15%。最大粒径不宜大于 10mm。膨胀珍珠岩应符合现行《膨胀珍珠岩》JC/T 209，堆积密度不宜低于 $80kg/m^3$。聚苯颗粒应符合表 3-23 的规定。其他轻质骨料应符合相关现行国家标准的规定。

聚苯颗粒主要技术指标 表 3-23

项目	技术指标
堆积密度（kg/m^3）	8.0～21.0
粒度（5mm 筛孔筛余）（%）	≤5

4. 掺合料

粉煤灰应符合现行《用于水泥和混凝土中的粉煤灰》GB/T 1596 的规定。磨细矿渣粉应符合现行《用于水泥、砂浆和混凝土中的粒化高炉矿渣粉》GB/T 18046 的规定。

5. 外加剂

减水剂应符合现行《混凝土外加剂》GB 8076 的规定。其他外加剂应符合相关现行国家标准的规定。

6. 拌合水

应符合现行《混凝土用水标准》JGJ 63 的规定。

7. 填插材料

（1）填插用挤塑聚苯乙烯泡沫塑料（XPS）、模塑聚苯乙烯泡沫塑料（EPS）

填插用挤塑聚苯乙烯泡沫塑料（XPS）、模塑聚苯乙烯泡沫塑料（EPS）主要性能指标应符合表 3-24 的规定。

XPS、EPS 主要性能指标　　　　表 3-24

序号	项目	性能指标	
		XPS	EPS
1	密度（kg/m³）	≥20	≥9
2	导热系数［W/(m·K)］（平均温度 25℃）	≤0.035	≤0.050
3	体积吸水率（%）	≤4.0	≤5.0

（2）填孔用聚苯颗粒保温浆料

填孔用聚苯颗粒保温浆料主要性能指标应符合表 3-25 的规定。

填孔用聚苯颗粒保温浆料主要性能指标　　　　表 3-25

序号	项目	性能指标
1	干密度（kg/m³）	120～180
2	导热系数［W/(m·K)］（平均温度 25℃）	≤0.055
3	吸水率（%）	≤20

（3）填孔用泡沫混凝土

填孔用泡沫混凝土主要性能指标应符合表 3-26 的规定。

泡沫混凝土主要性能指标　　　　表 3-26

序号	项目	性能指标
1	干密度（kg/m³）	≤300
2	导热系数［W/(m·K)］（平均温度 25℃）	≤0.08
3	吸水率（%）	≤25

（4）其他填插保温材料

其他填插保温材料的主要性能指标应符合相关现行国家标准的规定。

3.5.3 自保温混凝土复合砌块技术要求

1. 自保温混凝土复合砌块规格尺寸

自保温砌块的主规格长度为 390mm、290mm，宽度为 190mm、240mm、280mm，高度为 190mm，其他规格尺寸由供需双方商定。尺寸允许偏差应符合表 3-27 的规定。

尺寸允许偏差 表 3-27

项目	指标
长度（mm）	±3
宽度（mm）	±3
高度（mm）	±3

注：1. 自承重墙体的砌块最小外壁厚不应小于 15mm，最小肋厚不应小于 15mm。

2. 承重墙体的砌块最小外壁厚不应小于 30mm，最小肋厚不应小于 25mm。

2. 外观质量

自保温砌块的外观质量应符合表 3-28 的规定。

外观质量 表 3-28

弯曲（mm）	≤3
缺棱掉角个数（个）	≤2
缺棱掉角在长、宽、高度三个方向投影尺寸的最大值（mm）	≤30
裂缝延伸投影的累计尺寸（mm）	≤30

3. 密度等级

自保温砌块的密度等级应符合表 3-29 的规定。

密度等级 表 3-29

密度等级	砌块干表观密度的范围（kg/m³）	密度等级	砌块干表观密度的范围（kg/m³）
500	≤500	1000	910～1000
600	510～600	1100	1010～1100
700	610～700	1200	1110～1200
800	710～800	1300	1210～1300
900	810～900		

4. 强度等级

自保温砌块的强度等级应符合表 3-30 的规定。

强度等级 表 3-30

强度等级	砌块抗压强度（MPa）	
	平均值	最小值
MU3.5	≥3.5	≥2.8
MU5.0	≥5.0	≥4.0
MU7.5	≥7.5	≥6.0
MU10.0	≥10.0	≥8.0
MU15.0	≥15.0	≥12.0

5. 当量导热系数及当量蓄热系数等级

自保温砌块的当量导热系数等级应符合表 3-31 的规定，当量蓄热系数等级应符合表 3-32 的规定。

当量导热系数等级　　　　　表 3-31

当量导热系数等级	砌块当量导热系数 [W/(m·K)]	当量导热系数等级	砌块当量导热系数 [W/(m·K)]
EC10	≤0.10	EC30	0.26~0.30
EC15	0.11~0.15	EC35	0.31~0.35
EC20	0.16~0.20	EC40	0.36~0.40
EC25	0.21~0.25	—	—

当量蓄热系数等级　　　　　表 3-32

当量蓄热系数等级	砌块当量蓄热系数 [W/(m²·K)]	当量蓄热系数等级	砌块当量蓄热系数 [W/(m²·K)]
ES1	1.00~1.99	ES5	5.00~5.99
ES2	2.00~2.99	ES6	6.00~6.99
ES3	3.00~3.99	ES7	≥7.00
ES4	4.00~4.99	—	—

6. 质量吸水率和干缩率

去除填插保温材料后，自保温砌块的质量吸水率不应大于 18%，自保温砌块的干缩率不应大于 0.065。

7. 抗渗性能

用于清水墙的自保温砌块，其抗渗性能应符合表 3-33 的规定。

抗渗性能　　　　　表 3-33

项目名称	指标
三块中任一块的水面下降高度(mm)	≤10

8. 碳化系数和软化系数

自保温砌块的碳化系数不应小于 0.85；软化系数不应小于 0.85。

9. 抗冻性能

自保温砌块的抗冻性能应符合表 3-34 的规定。

抗冻性能　　　　　表 3-34

使用条件	抗冻指标	质量损失(%)	强度损失(%)
夏热冬冷地区	F25		
寒冷地区	F35	≤5	≤25
严寒地区	F50		

注：1. F25、F35、F50 分别指冻融循环 25 次、35 次、50 次。

　　2. 针对自保温砌块Ⅱ、Ⅲ类型，应去除填插保温材料后再进行测试。

10. 放射性核素限量

掺工业废渣的砌块及填充无机保温材料，其放射性核素限量应符合现行《建筑材料放射性核素限量》GB 6566 的规定。

第 6 节　高性能门窗、一体化遮阳窗

3.6.1　高性能门窗

1. 高性能保温门窗

高性能保温门窗是指具有良好保温性能的门窗，应用最广泛的主要包括高性能断桥铝合金保温门窗、高性能塑料保温门窗和复合门窗。它适用于公共建筑、居住建筑，广泛应用于低能耗建筑、绿色建筑、被动房等对门窗保温性能要求极高的建筑。

（1）高性能断桥铝合金保温门窗

高性能断桥铝合金保温门窗是在铝合金门窗基础上为提高门窗保温性能而推出的改进型门窗（图 3-9），通过尼龙隔热条将铝合金型材分为内外两部分，阻隔铝合金框材的热传导。同时框材再配上 2 腔或 3 腔的中空结构，腔壁垂直于热流方向分布，多道腔壁对通过的热流起到多重阻隔作用，腔内传热（对流、辐射和导热）相应被削弱，特别是辐射传热强度随腔数量增加而成倍减少，使门窗的保温效果大大提高。高性能断桥铝合金保温门窗采用的玻璃主要为中空 Low-E 玻璃、三玻双中空玻璃及真空玻璃。

（2）高性能塑料保温门窗

图 3-9　高性能断桥铝合金保温门窗　　　图 3-10　高性能塑料保温门窗

高性能塑料保温门窗，即采用 U-PVC 塑料型材制作而成的门窗（图 3-10）。塑料型材本身具有较低的导热性能，使得塑料门窗的整体保温性能大大提高。另外，可通过增加门窗密封层数、增加塑料异型材截面尺寸厚度、增加塑料异型材保温腔室、采用质量好的五金件等方式来提高塑料门窗的保温性能。同时为增加门窗的刚性，在塑料门窗窗框、窗扇、梃型材的受力杆件中，使用增强型钢增加了窗户的强度。高性能塑料保温门窗采用的玻璃主要为中空 Low-E 玻璃、三玻双中空玻璃及真空玻璃。

图 3-11　复合门窗

（3）复合门窗

复合门窗是指型材采用两种不同材料复合而成，使用较多的复

合门窗主要是铝木复合门窗和铝塑复合门窗（图 3-11）。铝木复合门窗是以铝合金挤压型材为框、梃、扇的主料作受力杆件（承受并传递自重和荷载的杆件），另一侧覆以实木装饰制作而成的门窗，由于实木的导热系数较低，因而使得铝木复合门窗整体的保温性能大大提高。铝塑复合门窗是用塑料型材将室内外两层铝合金既隔开又紧密连接成一个整体，由于塑料型材的导热系数较低，所以做成的这种铝塑复合门窗保温性能也大大提高。复合门窗采用的玻璃主要为中空 Low-E 玻璃、三玻双中空及真空玻璃。

（4）技术指标

公共建筑使用的门窗的传热系数应符合现行《公共建筑节能设计标准》GB 50189 的规定，其限值不得大于表 3-35 的规定。

外窗（包括透光幕墙）的传热系数和太阳得热系数基本要求　　表 3-35

气候分区	窗墙面积比	传热系数 $K[W/(m^2 \cdot K)]$	太阳得热系数 $SHGC$
严寒 A、B 区	0.40<窗墙面积比≤0.60	≤2.5	—
	窗墙面积比>0.60	≤2.2	
严寒 C 区	0.40<窗墙面积比≤0.60	≤2.6	—
	窗墙面积比>0.60	≤2.3	
寒冷地区	0.40<窗墙面积比≤0.70	≤2.7	—
	窗墙面积比>0.70	≤2.4	
夏热冬冷地区	0.40<窗墙面积比≤0.70	≤3.0	≤0.44
	窗墙面积比>0.70	≤2.6	
夏热冬暖地区	0.40<窗墙面积比≤0.70	≤4.0	≤0.44
	窗墙面积比>0.70	≤3.0	

居住建筑使用的门窗按所在气候区的不同，其传热系数应相应符合现行《严寒和寒冷地区居住建筑节能设计标准》JGJ 26、现行《夏热冬暖地区居住建筑节能设计标准》JGJ 75 和现行《夏热冬冷地区居住建筑节能设计标准》JGJ 134 的规定，不应高于门窗的最大限值要求。

2. 耐火节能窗

耐火节能窗是针对现行国家标准《建筑设计防火规范（2018 年版）》GB 50016 对高层建筑中部分外窗应具有耐火完整性要求研发而成，如图 3-12 所示。建筑外窗作为建筑物外围护结构的开口部位，是火灾竖向蔓延的重要途径之一，外窗的防火性能已成为阻止高层建筑火灾层间蔓延的关键因素；同时建筑外窗也是建筑物与外界进行热交换和热传导的窗口，因此在高层建筑上应用同时具备耐火和节能性能的窗，有重大的工程应用价值。

图 3-12　耐火节能窗

（1）技术内容

耐火窗是指在规定时间内，能满足耐火完整性要求的窗。目前市场上主流的建筑外窗，如断桥铝合金窗、塑钢窗等，经采取一定的技术手段，可实现耐火完整性不应低于

0.5h 的要求。对有耐火完整性要求的建筑外窗，所用玻璃应最少有一层符合现行《建筑用安全玻璃 第 1 部分：防火玻璃》GB 15763.1 的规定，耐火完整性应达到 C 类不小于 0.5h 的要求。

外窗型材所用的加强钢或其他增强材料应连接成封闭的框架。在玻璃镶嵌槽口内宜采取钢质构件固定玻璃，该构件应安装在增强型材料钢主骨架上，防止玻璃受火软化后脱落蹿火，失去耐火完整性。耐火窗所使用的防火膨胀密封条、防火密封胶、门窗密封件、五金件等材料，应是不燃或难燃材料，其燃烧性能应符合现行国家标准的要求。

耐火窗可以采用湿法和干法安装，与普通窗洞口安装不一样的地方就是在洞口与窗框之间的密封要采用防火阻燃密封材料（如防火密封胶）。

（2）技术指标

高层建筑耐火节能窗的耐火完整性按照现行《镶玻璃构件耐火试验方法》GB/T 12513 试验，其耐火完整性不应小于 0.5h。

其保温性能按照现行《建筑外门窗保温性能分级及检测方法》GB/T 8484 的规定进行试验，其传热系数应满足工程设计要求。

（3）适用

① 住宅建筑

建筑高度大于 27m，但不大于 100m，当其外墙外保温系统采用 B_1 级保温材料时，其建筑外墙上门、窗的耐火完整性不应小于 0.5h；建筑高度不大于 27m，当其外墙外保温系统采用 B_2 级保温材料时，其建筑外墙上门、窗的耐火完整性不应小于 0.5h。

建筑高度大于 54m 的住宅建筑，每户应有一间房间的外窗耐火完整性不应小于 1.0h。

② 除住宅建筑外的其他建筑（未设置人员密集场所）

建筑高度大于 24m，但不大于 50m，当其外墙外保温系统采用 B_1 级保温材料时，其建筑外墙上门、窗的耐火完整性不应小于 0.5h；

建筑高度不大于 24m，当其外墙外保温系统采用 B_2 级保温材料时，其建筑外墙上门和窗的耐火完整性不应小于 0.5h。

3.6.2　一体化遮阳窗

一体化遮阳窗指的是活动遮阳部件与窗一体化设计、配套制造及安装，且具有遮阳功能的外窗。其具有便于保证遮阳效果、简化施工安装、方便使用保养的优点，并符合国家建筑工业化产业政策导向。其主要有内置百叶一体化遮阳窗、硬卷帘一体化遮阳窗、软卷帘一体化遮阳窗、遮阳篷一体化遮阳窗和金属百叶帘一体化遮阳窗等产品类型。

1. 分类和标记

（1）分类

按遮阳部件类型分为内置遮阳中空玻璃（代号 NZ）、硬卷帘（代号 YJ）、软卷帘（代号 RJ）、遮阳篷（代号 ZP）和百叶帘（代号 BY）。

按遮阳部件位置分为外遮阳（代号 W）、中间遮阳（代号 Z）和内遮阳（N）。

按外窗材质类型分为玻璃钢窗（代号 BG）、铝合金窗（代号 LJ）、钢窗（代号 GC）、木窗（代号 MC）、塑料窗（代号 SC）、铝木复合窗（LM）和铝塑复合窗（代号 LS）。

按遮阳部件的操作方式分为电动（代号 DD）和手动（代号 SD）。

（2）标记

一体化遮阳窗按遮阳代号、遮阳部件代号、遮阳位置代号、外窗类型代号、规格性能代号、标准编号顺序进行标记，如下所示。

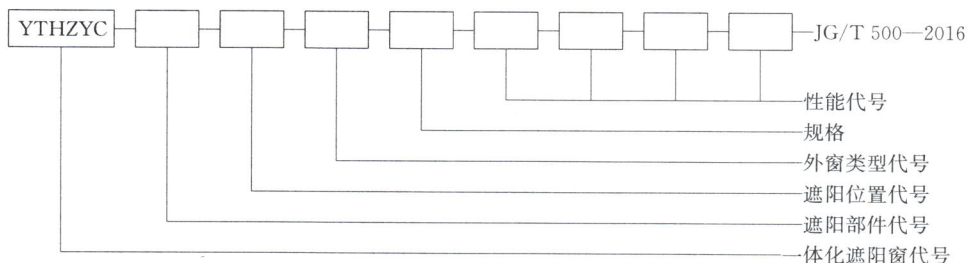

注：性能代号标记顺序：抗风、水密、气密、隔声、遮阳、保温、采光；当抗风、水密、气密、隔声、遮阳、保温、采光性能无指标要求时，可不填写。

示例1：一体化遮阳窗，硬卷帘外遮阳铝合金窗，宽度为1150mm，高度为1450mm，抗风性能整窗静压性能4.0kPa、动态风压性能17.2m/s，水密性能遮阳部件收回状态下150Pa，遮阳部件完全伸展状态下200Pa，气密性能1.5m³/（m·h），隔声性能遮阳部件收回状态下30dB、遮阳部件完全伸展状态下35dB，遮阳性能遮阳部件收回状态下0.50、遮阳部件完全伸展状态下0.15，保温性能遮阳部件收回状态下2.7W/（m²·K）、遮阳部件完全伸展状态下2.5W/（m²·K），采光性能0.4。标记为：YTHZYC—YJ—W—LJ—115145—$P_3$4.0（V17.2）—△P150（200）—q_1（或 q_2）1.5—R_w30（35）—SC0.50（0.15）—K_2.7（2.5）—T_r0.4—JG/T 500—2016。

示例2：一体化遮阳窗，软卷帘内遮阳铝塑复合窗，宽度为1200mm，高度为1500mm，性能无指标要求时不填写，标记为：YTHZYC—N—RJ—LS—120150—JG/T 500—2016。

2. 材料要求

金属百叶帘及材料与配件应符合JG/T 251—2017中的规定。遮阳篷及材料应符合JG/T 253—2015中的规定。软卷帘及材料应符合JG/T 254—2015中的规定。内置遮阳中空玻璃及材料配件及构造应符合JG/T 255—2009中的规定。硬卷帘的帘片、填充物、侧扣、密封条、卷管应符合JG/T 443—2014中的规定。玻璃钢窗材料应符合JG/T 186—2006中的规定。铝合金材料应符合GB/T 8478—2008中的规定。钢窗材料应符合GB/T 20909—2017中的规定。塑料窗材料应符合GB/T 28887—2012中的规定。木窗材料应符合GB/T 29498—2013中的规定。铝木复合窗材料、配件应符合GB/T 29734.1—2013中的规定。铝塑复合窗材料、配件材料应符合GB/T 29734.2—2013中的规定。电传动系统中的电力驱动装置应符合JG/T 276—2010的规定。电路的安全性应符合GB 4706.1—2015中的规定。

3. 性能要求

（1）外观

1）金属构件表面不应有金属屑、毛刺、污渍、杂质，色泽均匀无明显色差。

2）帘布表面不应有破损、明显折痕、皱叠、污垢、明显色差、毛边；接缝处不应跳缝、脱线。

3）塑料件表面应光洁，无明显擦伤、划痕，不应有毛刺及锐角，不应有明显色差。

4）木质件不应有腐朽、裂纹、虫孔和霉变，表面喷漆应均匀，无爆皮，不应有漏喷、粘漆、挂漆等缺陷。

5）密封胶缝应连续、平滑，连接处不应有外溢的胶粘剂。

6）玻璃应无明显色差，表面不应有明显擦伤、划伤和霉变。

（2）尺寸偏差

1）遮阳部件位于外窗中间的一体化遮阳窗的尺寸偏差应符合其外窗类型对应标准中尺寸偏差的规定。

2）遮阳部件位于外窗外、内的一体化遮阳窗的尺寸偏差应符合表3-36的规定。

窗及装配尺寸允许偏差表 表3-36

项目	尺寸范围（mm）	允许偏差（mm）
高度、宽度	≤2000	±2.0
	>200	±2.5
对边尺寸之差	≤2000	≤2.0
	>200	≤3.0
两对角线尺寸之差	≤3000	≤2.5
	>3000	≤3.5
相邻两构件同一平面高低差	—	≤0.4
装配间隙	—	≤0.5

（3）装配

窗框、扇、杆件、五金配件等各部件装配应符合设计要求，装配牢固无松动，五金配件安装位置正确。密封条安装位置应正确，连续、无翘曲。遮阳部件的安装连接构造应可靠，方便更换和维修。

（4）操作性能

开启扇启闭灵活，无卡滞、无噪声，闭合后间隙均匀，无翘曲。遮阳部件的伸展和收回、开启和关闭应操作方便、反应灵敏、动作准确，完成运行后，可有效自动定位于设定位置。遮阳部件帘片边缘在运行过程中不应与其他构件接触。

（5）操作力

窗扇操作力的最大值（F_W）应符合表3-37的规定。遮阳部件操作力的最大值（F_C）应符合表3-38的规定。

窗扇操作力分级（N） 表3-37

操作方式	窗材质				
	铝合金、钢、木铝	塑料、玻璃纤维增强塑料			
		平开		推拉	
		平合页	滑撑	左右	上下
窗开启和关闭	≤50	≤80	≥30且≤80	≤100	≤135
锁闭器开启和关闭	—	≤80（力矩不大于10N·m）		≤100	

遮阳部件操作力分级（N）　　　　表 3-38

操作方式		F_C	
		1 级	2 级
曲柄、铰盒		$15<F_C\leqslant30$	$\leqslant15$
拉绳(链或带)		$50<F_C\leqslant90$	$\leqslant50$
棒	垂直面	$50<F_C\leqslant90$	$\leqslant50$
	水平或斜面	$30<F_C\leqslant50$	$\leqslant30$
磁控	伸展、收回	$\leqslant50$	—
	开启、关闭	$\leqslant50$	—

注：带弹簧负载的遮阳部件，在完全伸展和收回被锁住时允许用 1.5 倍 F_C 的力。

（6）耐久性

耐久性包括窗扇反复启闭耐久性能、遮阳部件机械耐久性能，需符合现行《建筑一体化遮阳窗》JG/T 500—2016 的规定。

（7）抗风性能

1）静压性能

一体化遮阳窗静压性能分级应符合表 3-39 的规定。外窗在各性能分级指标值风压下，主要受力杆件相对（面法线）挠度应符合表 3-40 的规定。风压作用后，窗不应出现使用功能障碍和损坏。

静压性能分级（kPa）　　　　表 3-39

分级	指标值	分级	指标值
1	$1.0\leqslant P_3<1.5$	6	$3.5\leqslant P_3<4.0$
2	$1.5\leqslant P_3<2.0$	7	$4.0\leqslant P_3<4.5$
3	$2.0\leqslant P_3<2.5$	8	$4.5\leqslant P_3<5.0$
4	$2.5\leqslant P_3<3.0$	9	$P_3\geqslant5.0$
5	$3.0\leqslant P_3<3.5$	—	—

注：1. P_3 为定级检测压力差值。
2. 第 9 级应在分级后同时注明具体检测压力值。

窗主要受力杆件相对（面法线）挠度要求（mm）　　　　表 3-40

支承玻璃种类	单层玻璃、夹层玻璃	中空玻璃
相对挠度	$L/100$	$L/150$
相对挠度最大值	20	

注：L 为主要受力杆件的支承跨距。

2）动态风压性能

遮阳部件的动态风压性能分级应符合表 3-41 的规定，试验后遮阳部件不应出现损坏和功能障碍，手动遮阳部件试验前后操作力数值应维持在试验前初始操作力的等级范围内。

动态风压性能分级（m/s） 表 3-41

分级	指标值	分级	指标值
1	$0.3 \leqslant V < 1.6$	7	$13.9 \leqslant V < 17.2$
2	$1.6 \leqslant V < 3.4$	8	$17.2 \leqslant V < 20.8$
3	$3.4 \leqslant V < 5.5$	9	$20.8 \leqslant V < 24.5$
4	$5.5 \leqslant V < 8.0$	10	$24.5 \leqslant V < 28.5$
5	$8.0 \leqslant V < 10.8$	11	$28.5 \leqslant V < 32.7$
6	$10.8 \leqslant V < 13.9$	12	$\geqslant 32.7$

注：1. V 为检测风速。

2. 窗扇开启状态下，遮阳系统应处于伸展状态。

3. 超过 12 级应在分级后注明检测风速。

（8）水密性

一体化遮阳窗在遮阳部件收回、伸展状态下的水密性能分级应符合表 3-42 的规定。具体的测试状态由供需双方协商确定。

水密性能分级（Pa） 表 3-42

分级	指标值	分级	指标值
1	$100 \leqslant \Delta P < 150$	5	$500 \leqslant \Delta P < 700$
2	$150 \leqslant \Delta P < 250$	6	$700 \leqslant \Delta P < 1000$
3	$250 \leqslant \Delta P < 350$	7	$1000 \leqslant \Delta P < 1600$
4	$350 \leqslant \Delta P < 500$	8	$\Delta P \geqslant 1600$

注：1. ΔP 为严重渗漏压力差值的前一级压力差值。

2. 第 8 级应在分级后注明检测压力差值。

（9）气密性

一体化遮阳窗在遮阳产品收回状态下的气密性能分级应符合表 3-43 的规定。

气密性能分级 表 3-43

分级	单位缝长指标值 $q_1[\mathrm{m^3/(m \cdot h)}]$	单位面积指标值 $q_2[\mathrm{m^3/(m^2 \cdot h)}]$	分级	单位缝长指标值 $q_1[\mathrm{m^3/(m \cdot h)}]$	单位面积指标值 $q_2[\mathrm{m^3/(m^2 \cdot h)}]$
1	$4.0 \geqslant q_1 > 3.5$	$12.0 \geqslant q_2 > 10.5$	5	$2.0 \geqslant q_1 > 1.5$	$6.0 \geqslant q_2 > 4.5$
2	$3.5 \geqslant q_1 > 3.0$	$10.5 \geqslant q_2 > 9.0$	6	$1.5 \geqslant q_1 > 1.0$	$4.5 \geqslant q_2 > 3.0$
3	$3.0 \geqslant q_1 > 2.5$	$9.0 \geqslant q_2 > 7.5$	7	$1.0 \geqslant q_1 > 0.5$	$3.0 \geqslant q_2 > 1.5$
4	$2.5 \geqslant q_1 > 2.0$	$7.5 \geqslant q_2 > 6.0$	8	$q_1 \leqslant 0.5$	$q_2 \leqslant 1.5$

（10）隔声性能

一体化遮阳窗的隔声性能以计权隔声和交通噪声频谱修正量之和 $R_w + C_u$ 表示，遮阳部件收回、伸展状态下的隔声性能分级应符合表 3-44 的规定，具体测试状态由供需双方协商确定。

隔声性能分级 表 3-44

分级	指标值	分级	指标值
1	$20 \leqslant R_w + C_u < 25$	4	$35 \leqslant R_w + C_u < 40$
2	$25 \leqslant R_w + C_u < 30$	5	$40 \leqslant R_w + C_u < 45$
3	$30 \leqslant R_w + C_u < 35$	6	$R_w + C_u \geqslant 45$

（11）遮阳性能

一体化遮阳窗的遮阳性能以遮阳部件收回、伸展状态下的遮阳系数 SC 表示，遮阳性能的分级应符合表 3-45 的规定。

遮阳性能分级　　　　　表 3-45

分级	2	3	4
指标值	$0.6{\leqslant}SC{<}0.7$	$0.5{\leqslant}SC{<}0.6$	$0.4{\leqslant}SC{<}0.5$
分级	5	6	7
指标值	$0.3{\leqslant}SC{<}0.4$	$0.2{\leqslant}SC{<}0.3$	$SC{\leqslant}0.2$

（12）保温性能

一体化遮阳窗保温性能以遮阳部件收回、伸展状态下的窗传热系数 K 值表示，遮阳部件收回、伸展状态下保温性能分级应符合表 3-46 的规定。

保温性能分级 $[W/(m^2 \cdot K)]$　　　　　表 3-46

分级	1	2	3	4	5
指标值	$K{\geqslant}5.0$	$5.0{>}K{\geqslant}4.0$	$4.0{>}K{\geqslant}3.5$	$3.5{>}K{\geqslant}3.0$	$3.0{>}K{\geqslant}2.5$
分级	6	7	8	9	10
指标值	$2.5{>}K{\geqslant}2.0$	$2.0{>}K{\geqslant}1.6$	$1.6{>}K{\geqslant}1.3$	$1.3{>}K{\geqslant}1.1$	$K{<}1.1$

（13）耐火完整性

当外墙保温防火等级为 B_1、B_2 时，一体化遮阳窗在遮阳部件收回的状态下，在耐火试验期间能继续保持耐火隔火性能的时间不应小于 30min。

（14）采光性能

采光性能以透光折减系数 T_t 表示，一体化遮阳窗在遮阳部件收回的状态下，其采光性能分级应符合表 3-47 的规定。

采光性能分级　　　　　表 3-47

分级	1	2	3	4	5
指标值	$0.20{\leqslant}T_t{<}0.30$	$0.30{\leqslant}T_t{<}0.40$	$0.40{\leqslant}T_t{<}0.50$	$0.50{\leqslant}T_t{<}0.60$	$T_t{\geqslant}0.60$

第 7 节　钢结构防火涂料、防腐涂料

3.7.1　钢结构防火涂料

钢结构防火涂料是指施涂于建（构）筑物的钢结构表面，能形成耐火隔热保护层，以提高钢结构耐火极限的涂料。

1. 钢结构防火涂料分类

（1）按火灾防护对象分类

普通钢结构防火涂料：用于普通工业与民用建（构）筑物钢结构表面的防火涂料。

特种钢结构防火涂料：用于特殊建（构）筑物（如石油化工设施、变配电站等）钢结构表面的防火涂料。

（2）按使用场所分类

室内钢结构防火涂料：用于建筑物室内或隐蔽工程的钢结构表面的防火涂料。

室外钢结构防火涂料：用于建筑物室外或露天工程的钢结构表面的防火涂料。

（3）按分散介质分类

水基性钢结构防火涂料：以水作为分散介质的钢结构防火涂料。

溶剂性钢结构防火涂料：以有机溶剂作为分散介质的钢结构防火涂料。

（4）按防火机理分类

膨胀型钢结构防火涂料：涂层在高温时膨胀发泡，形成耐火隔热保护层的钢结构防火涂料。

非膨胀型钢结构防火涂料：涂层在高温时不膨胀发泡，其自身成为耐火隔热保护层的钢结构防火涂料。

2. 钢结构防火涂料的性能要求

钢结构防火材料的性能应符合现行《钢结构防火涂料》GB 14907 的规定（表 3-48、表 3-49），涂层厚度及质量要求应符合现行《钢结构防火涂料应用技术规程》CECS 24 的规定和设计要求，防火材料中环境污染物的含量应符合现行《民用建筑工程室内环境污染控制标准》GB 50325 的规定和要求。

钢结构防火涂料生产厂家必须有防火监督部门核发的生产许可证。防火涂料应通过国家检测机构检测合格。产品必须具有国家检测机构的耐火极限检测报告和理化性能检测报告，并应附有涂料品种、名称、技术性能、制造批量、贮存期限和使用说明书。在施工前应复验防火涂料的粘结强度和抗压强度。防火涂料施工过程中和涂层干燥固化前，环境温度宜保持在 5~38℃，相对湿度不宜大于 90%，空气应流通。当风速大于 5m/s，或雨天和构件表面有结露时，不宜作业。

室内钢结构防火涂料的理化性能 表 3-48

序号	理化性能项目	技术指标		缺陷类别
		膨胀型	非膨胀型	
1	在容器中的状态	经搅拌后呈均匀细腻状态或稠厚流体状态，无结块	经搅拌后呈均匀稠厚流体状态，无结块	C
2	干燥时间（表干）(h)	≤12	≤24	C
3	初期干燥抗裂性	不应出现裂纹	允许出现 1~3 条裂纹，其宽度应≤0.5mm	C
4	粘结强度（MPa）	≥0.15	≥0.04	A
5	抗压强度（MPa）	—	≥0.3	C
6	干密度（kg/m³）	—	≤500	C
7	隔热效率偏差	±15%	±15%	—
8	pH 值	≥7	≥7	C
9	耐水性	24h 试验后，涂层应无起层、发泡、脱落现象，且隔热效率衰减量应≤35%	24h 试验后，涂层应无起层、发泡、脱落现象，且隔热效率衰减量应≤35%	A
10	耐冷热循环性	15 次试验后，涂层应无开裂、剥落、起泡现象，且隔热效率衰减量应≤35%	15 次试验后，涂层应无开裂、剥落、起泡现象，且隔热效率衰减量应≤35%	B

注：1. A 为致命缺陷，B 为严重缺陷，C 为轻缺陷；"—"表示无要求。

2. 隔热效率偏差只作为出厂检验项目。

3. pH 值只适用于水基性钢结构防火涂料。

室外钢结构防火涂料的理化性能 表 3-49

序号	理化性能项目	技术指标		缺陷类别
		膨胀型	非膨胀型	
1	在容器中的状态	经搅拌后呈均匀细腻状态或稠厚流体状态，无结块	经搅拌后呈均匀稠厚流体状态，无结块	C
2	干燥时间（表干）(h)	≤12	≤24	C
3	初期干燥抗裂性	不应出现裂纹	允许出现1~3条裂纹，其宽度应≤0.5 mm	C
4	粘结强度（MPa）	≥0.15	≥0.04	A
5	抗压强度（MPa）	—	≥0.5	C
6	干密度（kg/m³）	—	≤650	C
7	隔热效率偏差	±15%	±15%	—
8	pH 值	≥7	≥7	C
9	耐曝热性	720h 试验后，涂层应无起层、脱落、空鼓、开裂现象，且隔热效率衰减量应≤35%	720h 试验后，涂层应无起层、脱落、空鼓、开裂现象，且隔热效率衰减量应≤35%	B
10	耐湿热性	504h 试验后，涂层应无起层、脱落现象，且隔热效率衰减量应≤35%	504h 试验后，涂层应无起层、脱落现象，且隔热效率衰减量应≤35%	B
11	耐冻融循环性	15 次试验后，涂层应无开裂、脱落、起泡现象，隔热效率衰减量应≤35%	15 次试验后，涂层应无开裂、脱落、起泡现象，隔热效率衰减量应≤35%	B
12	耐酸性	360h 试验后，涂层应无起层、脱落、开裂现象，且隔热效率衰减量应≤35%	360h 试验后，涂层应无起层、脱落、开裂现象，且隔热效率衰减量应≤35%	B
13	耐碱性	360h 试验后，涂层应无起层、脱落、开裂现象，且隔热效率衰减量应≤35%	360h 试验后，涂层应无起层、脱落、开裂现象，且隔热效率衰减量应≤35%	B
14	耐盐雾腐蚀性	30 次试验后，涂层应无起泡、明显的变质、软化现象，且隔热效率衰减量应≤35%	30 次试验后，涂层应无起泡、明显的变质、软化现象，且隔热效率衰减量应≤35%	B
15	耐紫外线辐照性	60 次试验后，涂层应无起层、开裂、粉化现象，且隔热效率衰减量应≤35%	60 次试验后，涂层应无起层、开裂、粉化现象，且隔热效率衰减量应≤35%	B

注：1. A 为致命缺陷，B 为严重缺陷，C 为轻缺陷；"—"表示无要求。
2. 隔热效率偏差只作为出厂检验项目。
3. pH 值只适用于水基性钢结构防火涂料。

3.7.2 钢结构用水性防腐涂料

钢结构用水性防腐涂料是以水为主要介质，在大气腐蚀环境（C2~C4）条件下使用的低合金碳钢材质的钢结构表面用防腐涂料。

1. 钢结构用水性防腐涂料分类和分级

（1）按用途分类

它按用途分为底漆、中间漆和面漆。底漆常用水性醇酸涂料、水性丙烯酸涂料、水性环氧涂料、水性无机硅酸锌底漆、水性环氧富锌底漆等。中间漆常用水性环氧涂料、水性丙烯酸涂料、水性聚氨酯涂料、水性氟树脂涂料等。面漆常用水性醇酸涂料、水性丙烯酸涂料、水性双组分丙烯酸涂料、水性聚氨酯涂料、水性氟树脂涂料、水性环氧涂料等。

（2）按大气腐蚀性分级

它按大气腐蚀性严重程度分为 C1、C2、C3、C4、C5-Ⅰ 和 C5-M，由低到高，如表 3-50 所示。

大气腐蚀性等级和典型环境示例   表 3-50

腐蚀性等级	单位面积质量损失/厚度损失（经过 1 年暴露后）				温和气候下典型环境示例	
	低碳钢		锌		外部	内部
	质量损失（g/m²）	厚度损失（μm）	质量损失（g/m²）	厚度损失（μm）		
C1 很低	≤10	≤1.3	≤0.7	≤0.1	—	加热的建筑物内部，空气洁净。如办公室、商店、学校和宾馆等
C2 低	10~200	1.3~25	0.7~5	0.1~0.7	污染水平较低。大部分是乡村地区	未加热的地方，冷凝有可能发生，如库房、体育馆等
C3 中等	200~400	25~50	5~15	0.7~2.1	城市和工业大气，中等二氧化硫污染。低盐度沿海区	具有高湿度和一些空气污染的生产车间，如食品加工厂、洗衣店、酿酒厂、牛奶场
C4 高	400~650	50~80	15~30	2.1~4.2	中等盐度的工业区和沿海区	化工厂、游泳池、沿海船舶和造船厂
C5-Ⅰ 很高（工业）	650~1500	80~200	30~60	4.2~8.4	高湿度和恶劣气氛的工业区	总是有冷凝和高污染的建筑物和地区
C5-M 很高（海洋）	650~1500	80~200	30~60	4.2~8.4	高盐度的沿海和海上区域	总是有冷凝和高污染的建筑物和地区

注：在沿海区的炎热、潮湿地带，质量或厚度损失值可能超过 C5-M 种类的界限。

（3）按涂层体系耐久性等级分级

每种大气腐蚀性等级下的涂层体系的耐久性等级按 GB/T 30790—2014 的要求分为低、中、高 3 级。其中低（L），2~3 年；中（M），5~15 年；高（H），15 年以上。

2. 钢结构用水性防腐涂料产品的性能要求

（1）钢结构用水性防腐涂料底漆应符合表 3-51 的要求。

钢结构用水性防腐涂料底漆的要求　　　　　　表 3-51

项目		技术指标	
		水性富锌底漆	其他水性底漆
在容器中状态		液料:搅拌混合后无硬块,呈均匀状态; 粉料:呈微小的均匀粉末状态	
冻融稳定性(3 次循环)		不变质	
不挥发物含量(%) ≥		商定	
密度(g/mL)		商定值±0.05	
挥发性有机化合物(VOC)含量(g/L) ≤		200	
施工性		施涂无障碍	
涂膜外观		正常	
闪锈抑制性		正常	
干燥时间(h)	表干 ≤	4	
	实干 ≤	24	
早期耐水性		无异常	
划格试验a(级) ≤		—	1
附着力(拉开法)b(MPa) ≥		3	
不挥发分中金属锌含量(%) ≥		60	—

注：a. 不含锌的水性底漆测试该项目。

　　b. 水性富锌底漆和水性含锌底漆测试该项目。

（2）钢结构用水性防腐涂料中间漆应符合表 3-52 的要求。

钢结构用水性防腐涂料中间漆的要求　　　　　　表 3-52

项目		指标
在容器中状态		搅拌混合后无硬块,呈均匀状态
冻融稳定性(3 次循环)		不变质
不挥发物含量(%) ≥		商定
密度(g/mL)		商定值±0.05
挥发性有机化合物(VOC)含量(g/L) ≤		200
施工性		施涂无障碍
涂膜外观		正常
干燥时间(h)	表干 ≤	4
	实干 ≤	24
耐冲击性(cm) ≥		40
划格试验(级) ≤		1
早期耐水性		无异常

（3）钢结构用水性防腐涂料面漆应符合表 3-53 的要求。

钢结构用水性防腐涂料面漆的要求　　　　表 3-53

项目		指标
在容器中状态		搅拌混合后无硬块，呈均匀状态
冻融稳定性（3 次循环）		不变质
不挥发物含量（%）	≥	商定
密度（g/mL）		商定值±0.05
挥发性有机化合物（VOC）含量（g/L）	≤	250
施工性		施涂无障碍
涂膜外观		正常
干燥时间（h）	表干　≤	4
	实干　≤	24
弯曲试验（mm）	≤	3
耐冲击性（cm）	≥	40
划格试验（级）	≤	1
光泽（60°）（单位值）		商定
早期耐水性		无异常

3. 钢结构用水性防腐涂料涂层体系配套

（1）要求

涂层体系配套要求由供需双方商定。配套体系示例参见表 3-54。较高腐蚀性等级和非较高耐久性等级的涂层配套也可作为较低腐蚀性等级和较低耐久性等级的涂层配套体系使用，并可适当降低涂层厚度。

低合金碳钢上常见钢结构用水性防腐涂料涂层配套体系示例　　　表 3-54

配套体系编号	涂层体系配套情况									适用的大气腐蚀性等级（最高耐久性等级）
	底漆			中间漆			面漆			
	类型	建议施涂道数（道）	最低干膜厚度（μm）	类型	建议施涂道数（道）	最低干膜厚度（μm）	类型	建议施涂道数（道）	最低干膜厚度（μm）	
配套 1	水性醇酸涂料	1	40	—	—	—	水性醇酸涂料	1	40	C2(L)
配套 2	水性醇酸涂料	1~2	80	—	—	—	水性醇酸涂料	1	40	C2(M),C3(L)
配套 3	水性醇酸涂料	2~3	120	—	—	—	水性醇酸涂料	1	40	C2(H)
配套 4	水性醇酸涂料	1~2	80	—	—	—	水性醇酸涂料	2~3	80	C2(H),C3(M)
配套 5	水性醇酸涂料	1~2	80	—	—	—	水性醇酸涂料	2~3	120	C2(H),C3(H)
配套 6	水性醇酸涂料	1~2	80	—	—	—	水性丙烯酸涂料	1~2	60	C2(M),C3(L)
配套 7	水性醇酸涂料	1~2	80	—	—	—	水性丙烯酸涂料	2~3	80	C2(H),C3(M)
配套 8	水性醇酸涂料	1~2	80	—	—	—	水性丙烯酸涂料	2~3	120	C2(H),C3(H)
配套 9	水性丙烯酸涂料	2~3	100	—	—	—	—			C2(M)
配套 10	水性丙烯酸涂料	2~3	120	—	—	—	水性丙烯酸涂料	1	40	C2(H)

续表

配套体系编号	涂层体系配套情况									适用的大气腐蚀性等级（最高耐久性等级）
	底漆			中间漆			面漆			
	类型	建议施涂道数（道）	最低干膜厚度（μm）	类型	建议施涂道数（道）	最低干膜厚度（μm）	类型	建议施涂道数（道）	最低干膜厚度（μm）	
配套 11	水性丙烯酸涂料	1~2	80	—	—	—	水性丙烯酸涂料	1~2	80	C2(H)、C3(M)
配套 12	水性丙烯酸涂料	1~2	80	—	—	—	水性丙烯酸涂料	2~3	120	C2(H)、C3(H)
配套 13	水性丙烯酸涂料	1	100	—	—	—	水性丙烯酸涂料	2	100	C4(H)
配套 14	水性丙烯酸涂料	1~2	80	—	—	—	水性丙烯酸涂料	2~3	160	C2(H)、C3(H)
配套 15	水性丙烯酸涂料	2	160	—	—	—	水性丙烯酸涂料	1	40	C3(H)、C4(L)
配套 16	水性环氧涂料	1	100	—	—	—	水性丙烯酸涂料	1~2	80	C2(H)、C3(H)
配套 17	水性环氧涂料	1	100	—	—	—	水性氟碳涂料	1	50	C4(H)
配套 18	水性环氧涂料	2	80	—	—	—	水性双组分丙烯酸涂料	2	60	C3(H)
配套 19	水性环氧涂料	1	80	—	—	—	水性聚氨酯涂料	1	60	C2(H)、C3(M)
配套 20	水性环氧涂料	2	160	—	—	—	水性聚氨酯涂料	1	40	C3(H)、C4(M)
配套 21	水性环氧涂料	2	200	—	—	—	水性聚氨酯涂料	1	40	C4(M)
配套 22	水性环氧涂料	1	100	—	—	—	水性聚氨酯或水性氟树脂涂料	1~2	100	C2(H)、C3(H)
配套 23	水性环氧涂料	2	160	—	—	—	水性聚氨酯或水性氟树脂涂料	1	40	C3(H)
配套 24	水性环氧涂料	1~2	80	水性环氧涂料	1~2	80	水性聚氨酯或水性氟树脂涂料	1~2	80	C2(H)、C3(L)
配套 25	水性环氧涂料	1~1	80	水性环氧涂料	2~3	120	水性环氧、水性聚氨酯或水性氟树脂涂料	1~2	80	C2(H)、C3(M)
配套 26	水性环氧涂料	1~2	80	水性环氧涂料	2~4	160	水性环氧、水性聚氨酯或水性氟树脂涂料	1~2	80	C2(H)、C3(H)
配套 27	水性环氧涂料	1~2	80	水性环氧涂料	2~4	160	水性环氧、水性聚氨酯或水性氟树脂涂料	1	40	C4(H)
配套 28	水性环氧涂料	1~2	80	水性环氧涂料	3~5	200	水性环氧、水性聚氨酯或水性氟树脂涂料	1~2	80	C2(H)、C3(H)、C4(H)
配套 29	水性无机硅酸锌底漆	2	100	—	—	—				C2(H)、C3(H)、C4(H)
配套 30	水性环氧富锌底漆	1	60	—	—	—				C2(H)、C3(M)
配套 31	水性环氧富锌底漆	1	40	水性双组分环氧涂料	1	40	水性双组分丙烯酸涂料	1	40	C3(H)、C4(M)
配套 32	水性环氧富锌底漆	1	60	水性环氧涂料	1~2	80	水性丙烯酸涂料	1~2	80	C2(H)、C3(M)、C4(L)

续表

配套体系编号	涂层体系配套情况									适用的大气腐蚀性等级（最高耐久性等级）
	底漆			中间漆			面漆			
	类型	建议施涂道数（道）	最低干膜厚度（μm）	类型	建议施涂道数（道）	最低干膜厚度（μm）	类型	建议施涂道数（道）	最低干膜厚度（μm）	
配套33	水性环氧富锌底漆	1	40	水性环氧涂料	1~2	110	水性聚氨酯涂料	1	50	C4(M)
配套34	水性环氧富锌底漆	1	40	水性环氧涂料	2~3	160	水性聚氨酯涂料	1	40	C4(H)
配套35	水性环氧富锌底漆	1	40	水性环氧涂料	2~4	200	水性聚氨酯涂料	1	40	C4(H)
配套36	水性环氧富锌底漆	1	60	水性环氧涂料	2~3	120	水性丙烯酸涂料	1~2	80	C2(H),C3(H),C4(M)
配套37	水性环氧富锌底漆	1	60	水性环氧涂料	3~4	180	水性丙烯酸涂料	1~2	80	C2(H),C3(H),C4(H)
配套38	水性环氧富锌底漆	1	60	水性环氧涂料	3~4	240	水性丙烯酸涂料	1~2	80	C2(H),C3(H),C4(H)
配套39	水性环氧富锌底漆	1	60	水性环氧涂料	1~2	80	水性丙烯酸、水性聚氨酯或水性氟树脂涂料	1~2	80	C2(H),C3(H),C4(L)
配套40	水性环氧富锌底漆	1	60	水性环氧涂料	2~3	120	水性丙烯酸、水性聚氨酯或水性氟树脂涂料	1~2	80	C2(H),C3(H),C4(M)
配套41	水性环氧富锌底漆	1	60	水性丙烯酸、水性聚氨酯或水性氟树脂涂料	2~3	180	水性丙烯酸、水性聚氨酯或水性氟树脂涂料	1~2	80	C2(H),C3(H),C4(H)

（2）涂层配套体系性能要求

涂层配套体系的性能应符合表 3-55 的要求。涂层配套体系应用于多种大气腐蚀性等级和耐久性等级时，按最高等级要求进行测试。

钢结构用水性防腐涂料涂层配套体系性能要求　　　　表 3-55

项目		腐蚀性等级/耐久性等级								
		C2			C3			C4		
		L	M	H	L	M	H	L	M	H
附着力（拉开法）（MPa）	≥	3（使用锌粉底漆、单组分醇酸底漆或单组分丙烯酸底漆等单组分体系适用）；5（使用其他双组分交联型底漆的体系适用）								
耐水性[a]（h）		48	72	120	72	96	120	96	120	240

续表

项目	腐蚀性等级/耐久性等级								
	C2			C3			C4		
	L	M	H	L	M	H	L	M	H
耐酸性[a,b]（h） （50g/L 硫酸溶液）	—	—	—	48	48	48	48	96	120
耐碱性[a,c]（h） （50g/L 氢氧化钠溶液）							48	96	120
耐油性[a,d]（h） （3 号普通型油漆及清洗用溶剂油或商定）	—	—	—	—	—	—	48	96	120
连续冷凝试验[a]（h）	48	48	120	48	120	240	120	240	480
耐中性盐雾[a]（h）				120	240	480	240	480	720
耐人工气候老化性[e,f]（h）	—	300	500	200	300	500	500	800	1000
附着力（拉开法）（MPa）≥ （盐雾试验后）	2 且不小于初始测试结果的 50%								

注：a. 耐水性、耐酸性、耐碱性、耐油性、连续冷凝试验、耐中性盐雾试验后不生锈、不起泡、不开裂、不剥落。

　　b. 在酸性环境条件下使用时测试。

　　c. 在碱性环境条件下使用时测试。

　　d. 在油类环境条件下使用时测试。

　　e. 在户外条件下使用时测试。

　　f. 人工加速老化试验后性能不低于 GB/T 1766—2008 中保护性涂膜综合评定 1 级的要求。

4. 建筑钢结构防腐技术内容与指标

（1）技术内容

在涂装前，必须对钢构件表面进行除锈。除锈方法应符合设计要求或根据所用涂层类型的需要确定，且应达到设计规定的除锈等级。常用的除锈方法有喷射除锈、抛射除锈、手工和动力工具除锈等。涂料的配置应按涂料使用说明书的规定执行，当天使用的涂料应当天配置，不得随意添加稀释剂。涂装施工可采用刷涂、滚涂、空气喷涂和高压无气喷涂等方法。宜在温度、湿度合适的封闭环境下，根据被涂物体的大小、涂料品种及设计要求，选择合适的涂装方法。构件在工厂加工涂装完毕，现场安装后，针对节点区域及损伤区域需进行二次涂装。

近年来，水性无机富锌漆凭借优良的防腐性能，外加耐光耐热好、使用寿命长等特点，常用于对环境和条件要求苛刻的钢结构领域。

（2）技术指标

防腐涂料中环境污染物的含量应符合现行《民用建筑工程室内环境污染控制标准》GB 50325 的规定和要求。涂装之前钢材表面除锈等级应符合设计要求，设计无要求时应符合现行《涂覆涂料前钢材表面处理　表面清洁度的目视评定　第 1 部分：未涂覆过的钢材表面和全面清除原有涂层后的钢材表面的锈蚀等级和处理等级》GB/T 8923.1 的规定评定等级。涂装施工环境的温度、湿度、基材温度要求，应根据产品使用说明确定，无明确要求的，宜按照环境温度 5～38℃，空气湿度小于 85％，基材表面温度高于露点 3℃以上的要求控制，雨、雪、雾、大风等恶劣天气严禁户外涂装。涂装遍数、涂层厚度应符合设计要求。当设计对涂层厚度无要求时，涂层干漆膜总厚度：室外应为 150μm，室内应为 125μm，允许偏差为 −25μm。每遍涂层干膜厚度的允许偏差为 −5μm。

当钢结构处在有腐蚀介质或露天环境且设计有要求时，应进行涂层附着力测试，可按照现行国家标准《漆膜附着力测定法》GB 1720 或《色漆和清漆　漆膜的划格试验》GB/T 9286 执行。在检测范围内，涂层完整程度达到 70％以上即为合格。

第 8 节　铝合金模板

铝合金模板是由铝合金（AL 6061-T6 或 AL 6082-T6）挤压型材焊接而成的模板（图 3-13），它具有自重轻、强度高、加工精度高、单块幅面大、拼缝少、施工方便的特点；同时模板周转使用次数多、摊销费用低、回收价值高，有较好的综合经济效益；并具有应用范围广、可墙顶同时浇筑、成型混凝土表面质量高、建筑垃圾少的技术优势。铝合金模板符合建筑工业化、环保节能要求。铝合金模板适用于墙、柱、梁、板等混凝土结构支模施工、竖向结构外墙爬模与内墙及梁板支模同步施工，目前在国内住宅标准层得到广泛应用。

图 3-13　铝合金模板

3.8.1　材料

1. 铝合金挤压型材

铝合金挤压型材宜采用现行国家标准《一般工业用铝及铝合金挤压型材》GB/T 6892 中的 AL 6061-T6 或 AL 6082-T6。铝合金材料应符合现行国家标准《变形铝及铝合金化学成分》GB/T 3190 的有关规定。铝合金材料的物理性能指标应满足表 3-56 的要求。铝合金材料的强度设计值应满足表 3-57 的要求。铝合金材料焊接时，应采用交流氩弧气体保护焊或钨极脉冲氩弧气体保护焊，焊丝牌号应与母材成分相匹配。

铝合金材料的物理性能指标　　　　　　　　　　表 3-56

弹性模量 E_a （N/mm^2）	泊松比 v_a	剪变模量 G_a （N/mm^2）	线膨胀系数 α_a （以每℃计）	质量密度 ρ_a （kg/m^3）
70000	0.3	27000	23×10^{-6}	2700

铝合金材料的强度设计值（N/mm^2）　　　　　　表 3-57

铝合金材料			用于构件计算		用于焊接连接计算	
牌号	状态	厚度 （mm）	抗拉、抗压 和抗弯 f_a	抗剪 f_{va}	焊件热影响区抗拉、 抗拉和抗弯 $f_{u,haz}$	焊件热影响 区抗剪 $f_{v,haz}$
6061	T6	所有	200	115	100	60
6082	T6	所有	230	120	100	60

2. 钢材

钢材应符合现行国家标准《碳素结构钢》GB/T 700 和《低合金高强度结构钢》

GB/T 1591 的有关规定；其物理性能指标、强度设计值应符合现行国家标准《钢结构设计标准》GB 50017 的有关规定。焊接钢管应符合现行国家标准《直缝电焊钢管》GB/T 13793 或《低压流体输送用焊接钢管》GB/T 3091 中 Q235、Q345 普通钢管的有关规定。无缝钢管应符合现行国家标准《结构用无缝钢管》GB/T 8162 的有关规定。钢材焊接时，所用焊条应符合现行国家标准《非合金钢及细晶粒钢焊条》GB/T 5117 或《热强钢焊条》GB/T 5118 的有关规定。对拉螺栓应采用粗牙螺纹，其规格和轴向受拉承载力设计值可参考表 3-58。

对拉螺栓规格及轴向受拉承载力设计值（N_t^b）　　　　表 3-58

螺栓规格	螺纹外径（mm）	螺纹内径（mm）	净截面面积 A_n（mm²）	重量（N/m）	轴向受拉承载力设计值 N_t^b（kN）
ϕ18	17.75	14.6	167.4	16.1	28.1
ϕ22	21.6	18.4	265.9	24.6	43.6
ϕ27	26.9	23.0	415.5	38.4	68.1

3.8.2　铝合金模板体系

组合铝合金模板体系是指由铝合金模板、早拆装置、支撑及配件组成的模板体系。

1. 铝合金模板

铝合金模板包括平面模板和转角模板等。

（1）平面模板

平面模板是用于混凝土结构平面处的模板。它由 U 形材和肋焊接而成，如图 3-14、图 3-15 所示。其中面板实测厚度不得小于 3.5mm，边框、端肋公称壁厚不得小于 5.0mm，模板边框与端肋高宜为 65mm，销钉孔位中心与板面距离宜为 40mm。

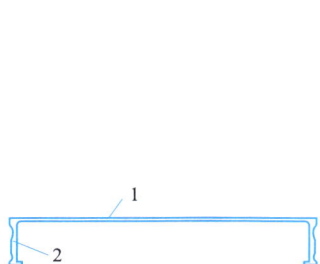

图 3-14　U 形挤压型材截面示意图
1—面板；2—边框

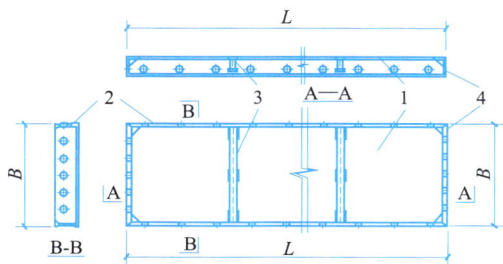

图 3-15　平面模板示意图
1—面板；2—边框；3—次肋；4—端肋

1）平面模板分类及用途

平面模板包括楼板模板、墙柱模板、梁模板、承接模板等，其分类及用途如表 3-59 所示。平面模板有标准模板和非标准模板，建筑层高为 2.8～3.3m 的住宅建筑模板宜采用标准模板，根据工程需要可增设其他非标准模板。

平面模板的分类及用途　　　　　　　　　　　　　　　表 3-59

类别	名称		用途
平面模板	楼板模板		用于楼板
	墙柱模板	外墙柱模板	外墙、柱外侧模板，与承接模板连接
		内墙柱模板	墙、柱内侧模板、底部连有 40mm 高的底脚
		墙端模板	墙端部封口处模板，两长边方向连有 65mm 宽的翼缘，底部连有 40mm 高的底脚
	梁模板	梁侧模板	用于梁侧
		梁底模板	用于梁底，两长边方向均带 65mm 宽的翼缘
	承接模板		承接上层外墙、柱外侧及电梯井道内侧模板

2）标准模板

楼板、梁底模板规格与孔位规定如表 3-60 所示；梁侧模板规格与孔位规定如表 3-61 所示；墙柱模板规格与孔位规定如表 3-62 所示；承接模板规格与孔位规定如表 3-63 所示。

楼板、梁底模板规格与孔位规定（mm）　　　　　　　　表 3-60

规格	长度 L	宽度 B					
	1100	600	400	350	300	250	200
孔位	100＋300×3＋100	50＋100×5＋50	50＋100×3＋50	50＋100＋50＋100＋50	150＋100×2＋50	50×5	50×4

注：用于梁底时，沿模板两长边方向应连接 65mm 宽的翼缘。翼缘可与模板一次挤压成型，也可焊接或用螺栓连接。翼缘孔位中心距应为 50mm。

梁侧模板规格与孔位规定（mm）　　　　　　　　　　表 3-61

规格	长度 L	宽度 B				
	1200	400	350	300	250	200	150
孔位	50＋100＋300×3＋100＋50	50＋100×3＋50	50＋100＋50＋100＋50	50＋100×2＋50	50×5	50×4	50×3

墙柱模板规格与孔位规定（mm）　　　　　　　　　　表 3-62

规格	长度 L	宽度 B						
	2700	2500	400	350	300	250	200	150	100
孔位	50＋100＋300×8＋100＋50	50＋100＋200＋300×6＋200＋100＋50	50＋100×3＋50	50＋100＋50＋100＋50	50＋100×2＋50	50×5	50×4	50×3	50×2

注：用于内墙柱时，模板底部应连接 40mm 高的底脚。底脚可与墙柱模板用螺栓连接，也可焊接。

承接模板规格与孔位规定（mm）　　　表 3-63

规格	长度 L					宽度 B
	1800	1500	1200	900	600	300
孔位	$N \times 50$					$50+100 \times 2+50$

注：承接模板锚栓孔为长圆孔，沿长度方向孔中心间距不应大于 800mm。

3）非标准模板

非标准平面模板边框、端肋的孔位应符合下列规定：相邻孔位中心距应以 50mm 为模数；边框相邻孔位中心距不应大于 300mm；端肋相邻孔位中心距不应大于 150mm；应与标准模板的孔位相适应。

（2）转角模板

转角模板用于混凝土结构转角处的模板，连接角模公称壁厚不得小于 6.0mm；阴角模板公称壁厚不得小于 3.5mm。它分为楼板阴角模板、梁底阴角模板、梁侧阴角模板、楼板阴角转角模板、墙柱阴角模板及连接角模板等，如表 3-64 所示。

转角模板的分类及用途　　　表 3-64

类别	名称	用途
转角模板	楼板阴角模板	连接楼板模板与梁侧或墙柱模板
	梁底阴角模板	连接梁底模板与墙柱模板
	梁侧阴角模板	连接梁侧模板与墙柱模板
	楼板阴角转角模板	连接阴角转角处的楼板与梁侧、墙、柱模板
	墙柱阴角模板	连接阴角转角处相邻墙柱模板
	连接角模板	连接阳角转角处的相邻模板

楼板、梁侧、梁底阴角模板如图 3-16 所示，规格与孔位如表 3-65 所示；楼板阴角转角模板如图 3-17 所示，规格与孔位如表 3-66 所示；墙柱阴角模板如图 3-18 所示，规格与孔位如表 3-67 所示；连接角模板如图 3-67 所示，规格与孔位如表 3-68 所示。

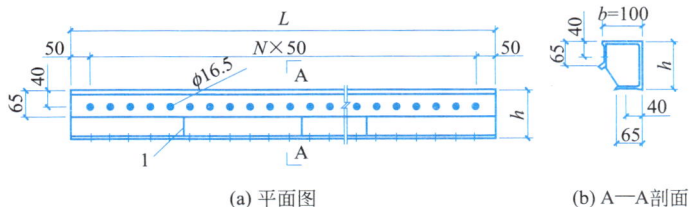

(a) 平面图　　　　　　　(b) A—A 剖面

图 3-16　楼板、梁侧、梁底阴角模板示意图

1—铝板加劲，间距不大于 700mm

楼板、梁侧、梁底阴角模板规格与孔位规定（mm）　　　表 3-65

规格	宽度×高度 ($b \times h$)	100×150	100×140	100×130	100×120	100×110	100×100
	长度 L	1800	1500	1200	900	600	550	500
		450	400	350	300	250	200	—
孔位		沿模板长度方向 $N \times 50$						

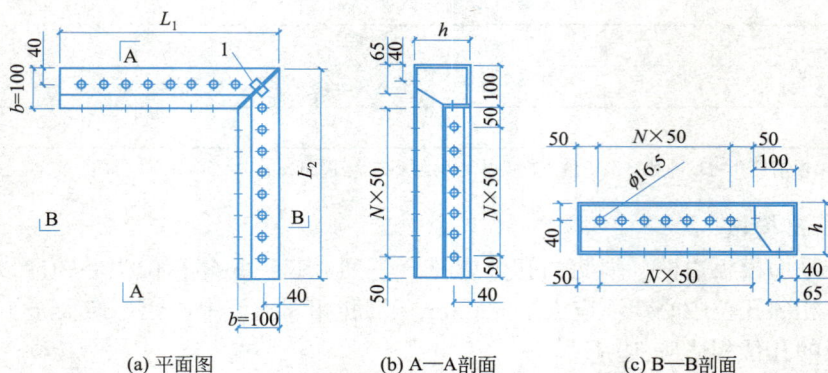

(a) 平面图　　　　(b) A—A剖面　　　　(c) B—B剖面

图 3-17　楼板阴角转角模板示意图

1—铝板加劲

楼板阴角转角模板规格与孔位规定（mm）　　　表 3-66

规格	宽度×高度 (b×h)	100×150	100×140	100×130	100×120	100×110	100×100
	长度 (L₁×L₂)	400×400		350×350		300×300	250×250
	孔位	沿模板长度方向 N×50					

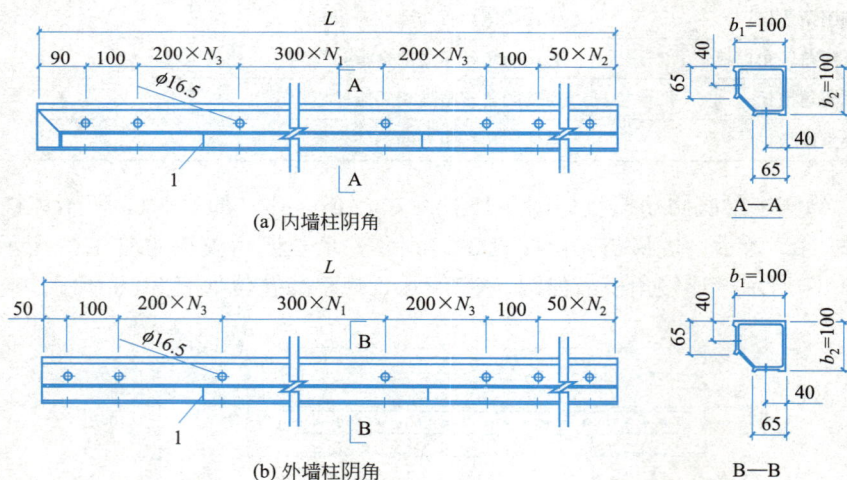

(a) 内墙柱阴角

(b) 外墙柱阴角

图 3-18　墙柱阴角模板示意图

1—铝板加劲，间距不大于 700mm

墙柱阴角模板规格与孔位规定（mm）　　　表 3-67

内墙柱	规格	宽度×宽度 (b₁×b₂)	100×100					
		长度 L	3040	2940	2840	2740	2640	2540
		孔位	90+100+ 300×8+ 100+50×7	90+100+ 300×8+ 100+50×5	90+100+ 300×8+ 100+50×3	90+100+ 300×8+ 100+50	90+100+ 200+300×6 +200+ 100+50×3	90+100+ 200+300×6 +200+ 100+50

外墙柱	规格	宽度×宽度 $(b_1 \times b_2)$	100×100					
		长度 L	3000	2900	2800	2700	2600	2500
	孔位		50+100+300×8+100+50×7	50+100+300×8+100+50×5	50+100+300×8+100+50×3	50+100+300×8+100+50	50+100+200+300×6+200+100+50×3	50+100+200+300×6+200+100+50

注：内墙柱阴角模板底部第一个孔位中心距模板底部（50+40）mm。

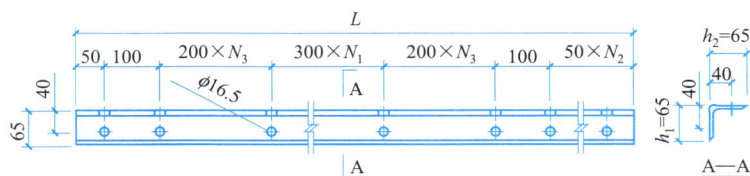

(a) 墙柱连接角模板

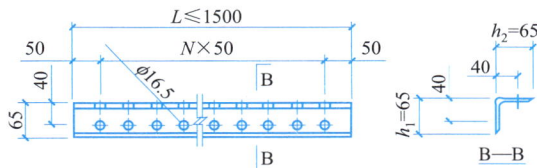

(b) 其他位置连接角模板

图 3-19　连接角模板示意图

连接角模板规格与孔位规定（mm）　　　　　　　表 3-68

墙柱	规格	高度×高度 $(h_1 \times h_2)$	65×65					
		长度 L	3000	2900	2800	2700	2600	2500
	孔位		50+100+300×8+100+50×7	50+100+300×8+100+50×5	50+100+300×8+100+50×3	50+100+300×8+100+50	50+100+200+300×6+200+100+50×3	50+100+200+300×6+200+100+50
其他	规格	高度×高度 $(h_1 \times h_2)$	65×65					
		长度 L	1500	1200	900	600	550	500
			450	400	350	300	250	200
	孔位		沿模板长度方向 N×50					

2. 早拆装置

早拆装置是安装在竖向支撑上，可将模板及早拆铝梁降下，实现先行拆除模板的装置。早拆装置由早拆头、早拆铝梁、快拆锁条等组成，如表 3-69 所示。

早拆装置分类及用途   表 3-69

类别	名称	用途
早拆装置	梁底早拆头	连接梁底模板、支撑早拆梁
	板底早拆头	连接早拆铝梁、支撑早拆板
	单斜中拆铝梁	连接楼板端部的板底早拆头与楼板模板
	双斜早拆铝梁	连接楼板跨中的板底早拆头与楼板模板
	快拆锁条	连接板底早拆头与早拆铝梁

（1）梁底早拆头

梁底早拆头如图 3-20 所示，规格与孔位如表 3-70 所示。

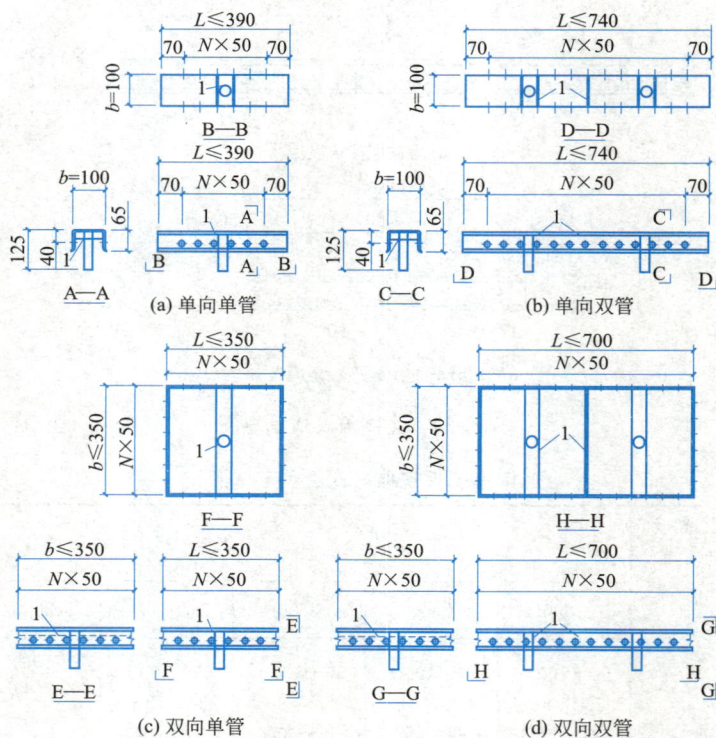

图 3-20　梁底早拆头示意图

(a) 单向单管　(b) 单向双管　(c) 双向单管　(d) 双向双管

1—铝板加劲

梁底早拆头规格与孔位规定（mm）   表 3-70

	规格	宽度 b	100					
单向		长度 L	490	440	390	340	290	240
	孔位		两端第一个孔位中心到板端间距为(50＋20)mm，中间相邻孔位中心距为50mm					
双向	规格	宽度 b	450	400	350	300	250	200
		长度 L	450	400	350	300	250	200
	孔位		各边相邻孔位中心距均为50mm					

注：1. 单向梁底早拆头宽度 b＝100mm，长度 L＝梁宽＋2×20mm。

2. 双向梁底早拆头长、宽尺寸分别同各向梁宽。

（2）板底早拆头

板底早拆头如图 3-21 所示，规格如表 3-71 所示。

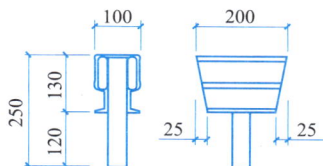

图 3-21 板底早拆头示意图

板底早拆头规格（mm） 表 3-71

规格	宽度 b	100
	长度 L	200

（3）早拆铝梁

早拆铝梁如图 3-22 所示，规格与孔位如表 3-72 所示。

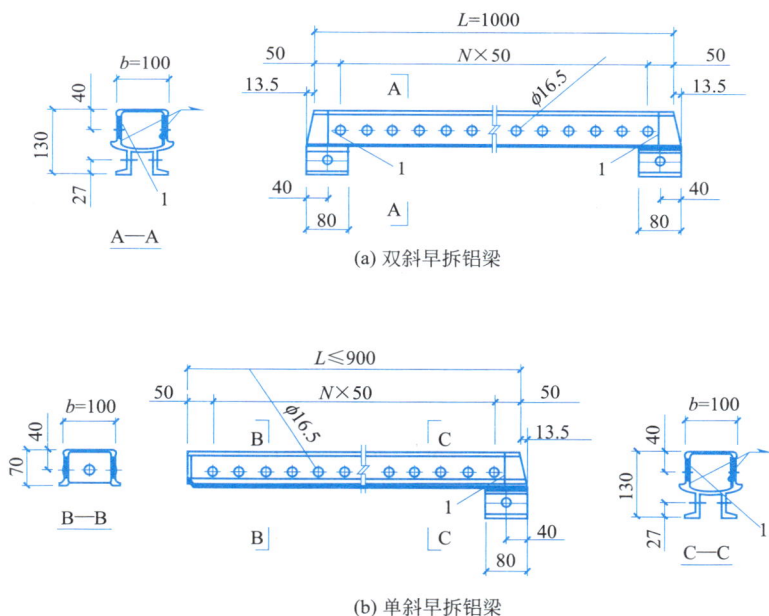

(a) 双斜早拆铝梁

(b) 单斜早拆铝梁

图 3-22 早拆铝梁示意图

1—加劲封板

早拆铝梁规格与孔位规定（mm） 表 3-72

规格		宽度 b	100				
	长度 L	双斜	1000				
		单斜	—	900	850	800	750	700
			650	600	550	500	450	400
	孔位		沿模板长度方向 $N \times 50$				

3. 支撑

支撑用于支撑铝合金模板、加强模板整体刚度、调整模板垂直度、承受模板传递的荷载的部件，包括可调钢支撑、斜撑、背楞、柱箍等，如表 3-73 所示。

支撑系统的名称及用途

表 3-73

类别	名称	用途
支撑	可调钢支撑	支撑早拆头
	斜撑	用于竖向侧模板调直或增加模板刚度和稳定性
	背楞	用于增加竖向侧模板刚度的方钢管或其他形式的构件
	柱箍	用于增加柱模板刚度

（1）可调钢支撑

可调钢支撑如图 3-23 所示，其截面特性及承载力如表 3-74 所示。

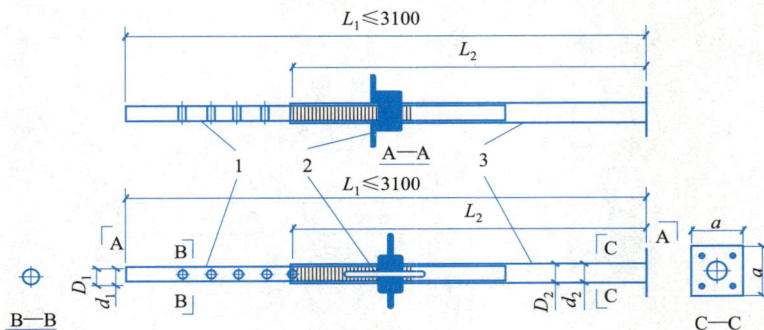

图 3-23 常用可调钢支撑示意图
1—插管；2—插销；3—套管

可调钢支撑截面特性及承载力

表 3-74

编号	项目	直径（mm）		壁厚（mm）	截面积 A（cm^2）	惯性矩 I（cm^4）	回转半径 r（cm）	承载力设计值（kN）
		外径	内径					
1	插管	48	42	3.0	4.24	10.78	1.59	16
	套管	60	54	3.0	5.37	21.88	2.02	
2	插管	48	41	3.5	4.89	12.19	1.58	18
		60	53	3.5	6.21	24.88	2.00	

（2）背楞

背楞如图 3-24 所示，截面特性如表 3-75 所示。

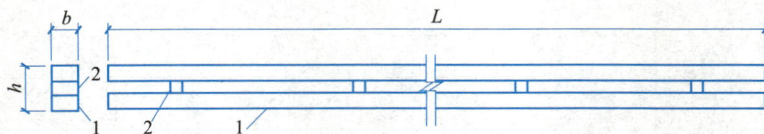

图 3-24 背楞示意图
1—矩形钢管；2—连接钢管

背楞截面特性　　　　　　　　　　　　　　　　表3-75

规格(mm)		截面积 A (cm^2)	惯性矩 I (cm^4)	截面抵抗矩 W (cm^3)
矩形钢管	□60×40×2.50	4.57	21.88	7.29
	□80×40×2.00	4.52	37.13	9.28
	□100×50×3.00	8.64	112.12	22.42

4. 配件

配件用于铝合金模板构件之间的拼接或连接、两竖向侧模板及背楞拉结的部件，包括销钉、销片、对拉螺栓、对拉螺栓垫片等，如表3-76所示。

配件的分类及用途　　　　　　　　　　　　　　表3-76

类别	名称	用途
配件	销钉	与销片配合使用，用于模板之间的连接，其中长销钉用于连接快拆锁条与早拆装置
	销片	与销钉配合使用
	对拉螺栓	用于拉结两竖向侧模板及背楞
	对拉螺栓垫片	对拉螺栓配件

第9节　承插型盘扣式钢管支架

承插型盘扣式钢管支架是指立杆采用套管承插连接，水平杆和斜杆采用杆端扣接头卡入连接盘，用楔形插销连接，形成结构几何不变体系的钢管支架。其安全可靠、稳定性好、承载力高；全部杆件系列化、标准化，搭拆快、易管理、适应性强；除搭设常规脚手架及支撑架外，由于有斜拉杆的连接，对销键型脚手架还可搭设悬挑结构、跨空结构架体，可整体移动、整体吊装和拆卸。根据其用途可分为模板支架和脚手架两类。

承插型盘扣式钢管支架主要特点：

（1）安全可靠。立杆上的连接盘与焊接在横杆或斜拉杆上的插头锁紧，接头传力可靠；立杆与立杆的连接为同轴心承插；各杆件轴心交于一点。架体受力以轴心受压为主，由于有斜拉杆的连接，使得架体的每个单元形成格构柱，因而承载力高，不易发生失稳。

（2）搭拆快、易管理。其横杆、斜拉杆与立杆连接，用一把铁锤敲击楔形销即可完成搭设与拆除，速度快，功效高；全部杆件系列化、标准化，便于仓储、运输和堆放。

（3）适应性强。除搭设一些常规架体外，由于有斜拉杆的连接，对盘销式脚手架还可搭设悬挑结构、跨空结构、整体移动、整体吊装、拆卸的架体。

（4）节省材料、绿色环保。由于采用低合金结构钢为主要材料，在表面热浸镀锌处理后，与钢管扣件脚手架、碗扣式钢管脚手架相比，在同等荷载情况下，材料可以节省约1/3，节省材料费和相应的运输费、搭拆人工费、管理费、材料损耗等费用，产品寿命长，绿色环保，技术经济效益明显。

3.9.1　承插型盘扣式钢管支架

承插型盘扣式钢管支架由立杆、水平杆、斜杆、连接盘及插销等构配件构成，如图3-25所示。

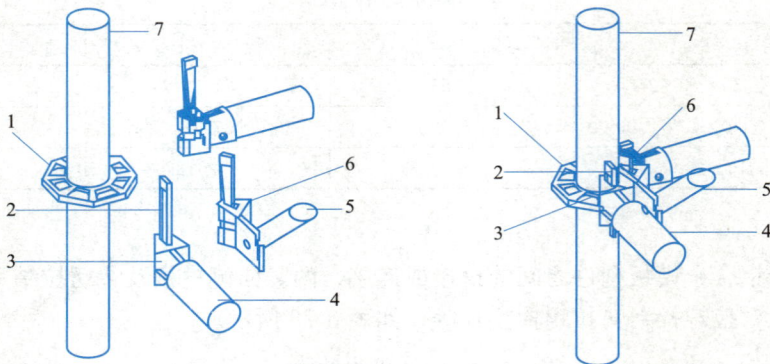

图 3-25　承插型盘扣式钢管支架
1—连接盘；2—插销；3—水平杆杆端扣接头；
4—水平杆；5—斜杆；6—斜杆杆端扣接头；7—立杆

（1）立杆：立杆是焊接有连接盘和连接套筒的竖向支撑杆件。

（2）连接盘：连接盘是焊接于立杆上、可扣接 8 个方向扣接头的八边形或圆环形孔板。

（3）盘扣节点：盘扣节点是支架立杆上的连接盘与水平杆、斜杆杆端上的插销连接的部位。

（4）立杆连接套管：立杆连接套管是焊接于立杆一端，用于立杆竖向接长的专用外套管。

（5）立杆连接件：立杆连接件是将立杆与立杆连接套管固定的专用部件。

（6）水平杆：水平杆是两端焊接有扣接头，且与立杆扣接的水平杆件。

（7）扣接头：扣接头是位于水平杆或斜杆杆件端头，用于与立杆上的连接盘扣接的部件。

（8）插销：插销是固定接头与连接盘的专用楔形部件。

3.9.2　材料要求

1. 材质

承插型盘扣式钢管支架的构配件除有特殊要求外，其材质应符合现行国家标准《低合金高强度结构钢》GB/T 1591、《碳素结构钢》GB/T 700 以及《一般工程用铸造碳钢件》GB/T 11352 的规定，各类支架主要构配件材质应符合表 3-77 的要求。

承插型盘扣式钢管支架主要构配件材质　　　　表 3-77

立杆	水平杆	竖向斜杆	水平斜杆	扣接头	立杆连接套管	可调底座、可调托座	可调螺母	连接盘、插销
Q345A	Q235A	Q195	Q235B	ZG230-450	ZG230-450 或 20 号无缝钢管	Q235B	ZG270-500	ZG230-450 或 Q235B

2. 钢管外径与壁厚

钢管外径允许偏差应符合表 3-78 的规定，钢管壁厚允许偏差应为 ±0.1mm。

铜管外径允许偏差（mm）　表 3-78

外径 D	外径允许偏差	外径 D	外径允许偏差
33、38、42、48	+0.2 −0.1	60	+0.3 −0.1

3. 连接盘、扣接头、插销以及可调螺母的调节手柄

连接盘、扣接头、插销以及可调螺母的调节手柄采用碳素铸钢制造时，其材料机械性能不得低于现行国家标准《一般工程用铸造碳钢件》GB/T 11352 中牌号为 ZG230-450 的屈服强度、抗拉强度、延伸率的要求。

3.9.3　制作质量要求

1. 焊接

杆件焊接制作应在专用工艺装备上进行，各焊接部位应牢固可靠。焊丝宜采用符合现行国家标准《熔化极气体保护电弧焊用非合金钢及细晶粒钢实心焊丝》GB/T 8110 中气体保护电弧焊用碳钢、低合金钢焊丝的要求，有效焊缝高度不应小于 3.5mm。

2. 连接盘

铸钢或钢板热锻制作的连接盘的厚度不应小于 8mm，允许尺寸偏差应为 ±0.5mm；钢板冲压制作的连接盘厚度不应小于 10mm，允许尺寸偏差应为 ±0.5mm。

3. 接头

塑钢制作的杆端扣接头应与立杆钢管外表面形成良好的弧面接触，并应有不小于 $500mm^2$ 的接触面积。

4. 插销

楔形插销的斜度应确保楔形插销楔入连接盘后能自锁。铸钢、钢板热锻或钢板冲压制作的插销厚度不应小于 8mm，允许尺寸偏差为 ±0.1mm。

5. 套管

立杆连接套管可采用铸钢套管或无缝钢管套管。采用铸钢套管形式的立杆连接套长度不应小于 90mm，可插入长度不应小于 75mm；采用无缝钢管套管形成的立杆连接套长度不应小于 160mm，可插入长度不应小于 110mm。套管内径与立杆钢管外径间隙不应大于 2mm。

6. 销孔

立杆与立杆连接套管应设置固定立杆连接件的防拔出销孔，销孔孔径不应大于 14mm，允许尺寸偏差为 ±0.1mm；立杆连接件直径宜为 12mm，允许尺寸偏差为 ±0.1mm。

7. 连接盘与立杆焊接

连接盘与立杆焊接固定时，连接盘盘心与立杆轴心的不同轴度不应大于 0.3mm；以单侧边连接盘外边缘处为测点，盘面与立杆纵轴线正交的垂直度偏差不应大于 0.3mm。

8. 可调底座和可调托座的丝杆

可调底座和可调托座的丝杆宜采用梯形牙，A 型立杆宜配置 ϕ48mm 的丝杆和调节手柄，丝杆外径不应小于 46mm；B 型立杆宜配置 ϕ38mm 的丝杆和调节手柄，丝杆外径不小于 36mm。

9. 可调底座的底板和可调托座托板

可调底座的底板和可调托座托板宜采用 Q235 钢板制作，厚度不应小于 5mm，允许尺寸偏差为±0.2mm，承力面钢板长度和宽度均不应小于 150mm；承力面钢板与丝杆应采用环焊，并应设置加劲片或加劲拱度；可调托座托板应设置开口挡板，挡板高度不应小于 40mm。

10. 可调底座及可调座丝杆与螺母的旋合长度

可调底座及可调座丝杆与螺母的旋合长度不应小于五扣，螺母厚度不得小于 30mm，可调托座和可调底座插入立杆内的长度应符合《建筑施工承插型盘扣式钢管支架安全技术规程》JGJ 231—2010 第 6.1.5 条的规定。

11. 主要构配件的制作质量及形位公差要求

主要构配件的制作质量及形位公差要求，应符合表 3-79 的规定。

主要构配件的制作质量及形位公差要求 表 3-79

构配件名称	检查项目	公称尺寸(mm)	允许偏差(mm)	检测工具
立杆	长度	—	±0.7	钢卷尺
	连接盘间距	500	±0.5	钢卷尺
	杆件直线度	—	$L/1000$	专用量具
	杆端面对轴线垂直度	—	0.3	角尺
	连接盘与立杆同轴度	—	0.3	专用量具
水平杆	长度	—	±0.5	钢卷尺
	扣接头平行度	—	≤1.0	专用量具
水平斜杆	长度	—	±0.5	钢卷尺
	扣接头平行度	—	≤1.0	专用量具
竖向斜杆	两端螺栓孔间距	—	≤1.5	钢卷尺
可调托座	托板厚度	5	±0.2	游标卡尺
	加劲片厚度	4	±0.2	游标卡尺
	丝杆外径	$\phi48,\phi38$	±2	游标卡尺
	底板厚度	5	±0.2	游标卡尺
	丝杆外径	$\phi48,\phi38$	±2	游标卡尺
挂扣式钢脚手板	挂钩圆心间距	—	±2	钢卷尺
	宽度	—	±3	钢卷尺
	高度	—	±2	钢卷尺
挂扣式钢梯	挂钩圆心间距	—	±2	钢卷尺
	梯段宽度	—	±3	钢卷尺
	踏步高度	—	±2	钢卷尺
挡脚板	长度	—	±2	钢卷尺
	宽度	—	±2	钢卷尺

12. 可调托座、可调底座承载力

可调托座、可调底座承载力应符合表 3-80 的规定。

可调托座、可调底座承载力			表 3-80
轴心抗压承载力		偏心抗压承载力	
平均值(kN)	最小值(kN)	平均值(kN)	最小值(kN)
200	180	170	153

13. 挂扣式钢脚手板承载力

挂扣式钢脚手板承载力,应符合表 3-81 的规定。

挂扣式钢脚手板承载力		表 3-81
项目	平均值	最小值
挠度(mm)	≤10	
受弯承载力(kN)	>5.4	>4.9
抗滑移强度(kN)	>3.2	>2.9

14. 构配件外观质量

构配件外观质量应符合下列要求:钢管应无裂缝、凹陷、锈蚀,不得采用对接焊接钢管;钢管应平直,直线度允许偏差应为管长的 1/500,两端面应平整,不得有斜口、毛刺;铸件表面应光滑,不得有砂眼、缩孔、裂纹、浇冒口残余等缺陷,表面粘砂应清除干净;冲压件不得有毛刺、裂纹、氧化皮等缺陷;各焊缝有效高度应符合《建筑施工承插型盘扣式钢管支架安全技术规程》JGJ 231—2010 第 3.3.1 条的规定,焊缝应饱满,焊药应清除干净,不得有未焊透、夹渣、咬肉、裂纹等缺陷;可调底座和可调托座表面应浸漆或冷镀锌,刷涂应均匀牢固;架体杆件及其他构配件表面应热镀锌,表面应光滑,在连接处不得有毛刺;主要构配件上的生产厂标识应清晰。

第4章 新技术、新工艺

为促进建筑产业升级，加快建筑业技术进步，住房和城乡建设部工程质量安全监管司组织国内建筑行业百余位专家，对《建筑业 10 项新技术（2010）》进行了全面修订，修订后的《建筑业 10 项新技术（2017）》突出了 10 项新技术工程应用的通用性与行业覆盖面，总体以建筑工程应用为主，适当考虑交通、市政等其他领域的需求。所推广新技术将全面反映现阶段我国建筑业技术发展的最新成就，同时强调了每项技术应具有先进性、适用性、成熟性与可推广性的特点。"建筑业 10 项新技术"内容包括：地基基础和地下空间工程技术；钢筋混凝土技术；模板脚手架技术；装配式混凝土技术；钢结构技术；机电安装工程技术；绿色施工技术；防水技术与围护结构节能；抗震、加固与监测技术和信息化技术十个大方面的技术，共计推广 107 项新技术。本章结合《建筑业 10 项新技术（2017）》及之后推广的新技术、新工艺进行重点介绍。

第 1 节　自密实混凝土技术

4.1.1　技术内容

自密实混凝土（Self-Compacting Concrete，简称"SCC"）具有高流动性、均匀性和稳定性，浇筑时无需或仅需轻微外力振捣，能够在自重作用下流动并能充满模板空间的混凝土，属于高性能混凝土的一种。自密实混凝土技术主要包括：自密实混凝土流动性、填充性、保塑性控制技术；自密实混凝土配合比设计；自密实混凝土早期收缩控制技术。

1. 自密实混凝土流动性、填充性、保塑性控制技术

自密实混凝土拌合物应具有良好的工作性，包括流动性、填充性和保水性等。通过骨料的级配控制、优选掺合料以及高效（高性能）减水剂来实现混凝土的高流动性、高填充性。其测试方法主要有坍落扩展度和扩展时间试验方法、J 环扩展度试验方法、离析率筛析试验方法、粗骨料振动离析率跳桌试验方法等。

2. 自密实混凝土配合比设计

自密实混凝土配合比设计与普通混凝土有所不同，有全计算法、固定砂石法等。配合比设计时，应注意以下几点要求：

（1）单方混凝土用水量宜为 160～180kg；

（2）水胶比根据粉体的种类和掺量有所不同，不宜大于 0.45；

（3）根据单位体积用水量和水胶比计算得到单位体积粉体量，单位体积粉体量宜为 0.16～0.23；

（4）自密实混凝土单位体积浆体量宜为 0.32～0.40。

3. 自密实混凝土早期收缩控制技术

由于自密实混凝土水胶比较低、胶凝材料用量较高，导致混凝土自收缩较大，应采取优化配合比、加强养护等措施，预防或减少自收缩引起的裂缝。

4.1.2 技术指标

1. 原材料的技术要求

（1）胶凝材料

水泥选用较稳定的硅酸盐水泥或普通硅酸盐水泥；掺合料是自密实混凝土不可缺少的组分之一。一般常用的掺合料有粉煤灰、磨细矿渣、硅灰、粒化高炉矿渣粉、石灰石粉等，也可掺入复合掺合料，复合掺合料宜满足现行《混凝土用复合掺合料》JG/T 486 中易流型或普通型 I 级的要求。胶凝材料总量宜控制在 $400\sim550\text{kg/m}^3$。

（2）细骨料

细骨料质量控制应符合现行《普通混凝土用砂、石质量及检验方法标准》JGJ 52 以及现行《混凝土质量控制标准》GB 50164 的要求。

（3）粗骨料

粗骨料宜采用连续级配或 2 个及以上单粒级搭配使用，粗骨料的最大粒径一般以小于 20mm 为宜，尽可能选用圆形且不含或少含针、片状颗粒的骨料；对于配筋密集的竖向构件、复杂形状的结构以及有特殊要求的工程，粗骨料的最大公称粒径不宜大于 16mm。

（4）外加剂

自密实混凝土具备的高流动性、抗离析性、间隙通过性和填充性这四个方面都需要以外加剂为主的手段来实现。减水剂宜优先采用高性能减水剂。对减水剂的主要要求为：与水泥的相容性好，减水率大，并具有缓凝、保塑的特性。

2. 自密实混凝土主要技术指标

对于泵送浇筑施工的工程，应根据构件形状与尺寸、构件的配筋等情况确定混凝土坍落扩展度。对于从顶部浇筑的无配筋或配筋较少的混凝土结构物（如平板）以及无需水平长距离流动的竖向结构物（如承台和一些深基础），混凝土坍落扩展度应满足 $550\sim655\text{mm}$；对于一般的普通钢筋混凝土结构以及混凝土结构，混凝土坍落扩展度应满足 $660\sim755\text{mm}$；对于结构截面较小的竖向构件、形状复杂的结构等，混凝土坍落扩展度应满足 $760\sim850\text{mm}$；对于配筋密集的结构或有较高混凝土外观性能要求的结构，扩展时间 T_{500}（s）不应大于 2s。其他技术指标应满足现行《自密实混凝土应用技术规程》JGJ/T 283 的要求。

4.1.3 适用范围

自密实混凝土适用于浇筑量大，浇筑深度和高度大的工程结构；配筋密集、结构复杂、薄壁、钢管混凝土等施工空间受限制的工程结构；工程进度紧、环境噪声受限制或普通混凝土不能实现的工程结构。

4.1.4 工程案例

上海环球金融中心、北京恒基中心过街通道工程、江苏润扬长江大桥、苏通大桥承台、广州珠江新城西塔等。

第 2 节　钢结构智能测量技术

4.2.1 技术内容

钢结构智能测量技术是指在钢结构施工的不同阶段，采用基于全站仪、电子水准仪、

GPS 全球定位系统、北斗卫星定位系统、三维激光扫描仪、数字摄影测量、物联网、无线数据传输、多源信息融合等多种智能测量技术，解决特大型、异形、大跨径和超高层等钢结构工程中传统测量方法难以解决的测量速度、精度、变形等技术难题，实现对钢结构安装精度、质量与安全、工程进度的有效控制。主要包括以下内容：

1. 高精度三维测量控制网布设技术

采用 GPS 空间定位技术或北斗空间定位技术，利用同时智能型全站仪（具有双轴自动补偿、伺服电机、自动目标识别（ATR）功能和机载多测回测角程序）和高精度电子水准仪以及条码因瓦水准尺，按照现行《工程测量标准》GB 50026，建立多层级、高精度的三维测量控制网。

2. 钢结构地面拼装智能测量技术

使用智能型全站仪及配套测量设备，利用具有无线传输功能的自动测量系统，结合工业三坐标测量软件，实现空间复杂钢构件的实时、同步、快速地面拼装定位。

3. 钢结构精准空中智能化快速定位技术

采用带无线传输功能的自动测量机器人对空中钢结构安装进行实时跟踪定位，利用工业三坐标测量软件计算出相应控制点的空间坐标，并同对应的设计坐标相比较，及时纠偏、校正，实现钢结构快速精准安装。

4. 基于三维激光扫描的高精度钢结构质量检测及变形监测技术

采用三维激光扫描仪，获取安装后的钢结构空间点云，通过比较特征点、线、面的实测三维坐标与设计三维坐标的偏差值，从而实现钢结构安装质量的检测。该技术的优点是通过扫描数据点云可实现对构件的特征线、特征面进行分析比较，比传统检测技术更能全面反映构件的空间状态和拼装质量。

5. 基于数字近景摄影测量的高精度钢结构性能检测及变形监测技术

利用数字近景摄影测量技术对钢结构桥梁、大型钢结构进行精确测量，建立钢结构的真实三维模型，并同设计模型进行比较、验证，确保钢结构安装的空间位置准确。

6. 基于物联网和无线传输的变形监测技术

通过基于智能全站仪的自动化监测系统及无线传输技术，融合现场钢结构拼装施工过程中不同部位的温度、湿度、应力应变、GPS 数据等传感器信息，采用多源信息融合技术，及时汇总、分析、计算，全方位反映钢结构的施工状态和空间位置等信息，确保钢结构施工的精准性和安全性。

4.2.2 技术指标

1. 高精度三维控制网技术指标

相邻点平面相对点位中误差不超过 3mm，高程上相对高差中误差不超过 2mm；单点平面点位中误差不超过 5mm，高程中误差不超过 2mm。

2. 钢结构拼装空间定位技术指标

拼装完成的单体构件即吊装单元，主控轴线长度偏差不超过 3mm，各特征点监测值与设计值（X、Y、Z 坐标值）偏差不超过 10mm。具有球结点的钢构件，检测球心坐标值（X、Y、Z 坐标值）偏差不超过 3mm。构件就位后各端口坐标（X、Y、Z 坐标值）偏差均不超过 10mm，且接口（共面、共线）错台不超过 2mm。

3. 钢结构变形监测技术指标

所测量的三维坐标（X、Y、Z 坐标值）观测精度应达到允许变形值的 $1/20\sim1/10$。

4.2.3　适用范围

大型复杂或特殊复杂、超高层、大跨度等钢结构施工过程中的构件验收、施工测量及变形观测等。

4.2.4　工程案例

大型体育建筑：国家体育场（"鸟巢"）、国家体育馆、国家游泳中心（"水立方"）等。

大型交通建筑：北京首都国际机场 T3 航站楼、北京南站、天津西站、港珠澳大桥等。

大型文化建筑：国家大剧院、北京凤凰国际中心、上海世博会世博轴等。

第 3 节　装配式混凝土结构建筑信息模型应用技术

4.3.1　技术内容

利用建筑信息模型（BIM）技术，实现装配式混凝土结构的设计、生产、运输、装配、运维的信息交互和共享，实现装配式建筑全过程一体化协同工作。应用 BIM 技术，装配式建筑、结构、机电、装饰装修全专业协同设计，实现建筑、结构、机电、装修一体化；设计 BIM 模型直接对接生产、施工，实现设计、生产、施工一体化。

4.3.2　技术指标

建筑信息模型（BIM）技术指标主要有支撑全过程 BIM 平台技术、设计阶段模型精度、各类型部品部件参数化程度、构件标准化程度、设计直接对接工厂生产系统 CAM 技术以及基于 BIM 与物联网技术的装配式施工现场信息管理平台技术。装配式混凝土结构设计应符合国家现行标准《装配式混凝土建筑技术标准》GB/T 51231、《装配式混凝土结构技术规程》JGJ 1 和《混凝土结构设计规范》（2015 年版）》GB 50010 等的有关要求，也可选用《预制混凝土剪力墙外墙板》15G 365-1、《预制钢筋混凝土阳台板、空调板及女儿墙》15G 368-1 等国家建筑标准设计图集。

除上述各项规定外，针对建筑信息模型技术的特点，在装配式建筑全过程 BIM 技术应用中还应注意以下关键技术内容：

1. 搭建模型时，应采用统一标准格式的各类型构件文件，且各类型构件文件应按照固定、规范的插入方式，放置在模型的合理位置。

2. 预制构件出图排版阶段，应结合构件类型和尺寸，按照相关图集要求进项图纸排版，尺寸标注、辅助线段和文字说明，采用统一标准格式，并满足现行国家标准《建筑制图标准》GB/T 50104 和《建筑结构制图标准》GB/T 50105。

3. 预制构件生产，应接力设计 BIM 模型，采用"BIM＋MES＋CAM"技术，实现工厂自动化钢筋生产、构件加工；应用二维码技术、RFID 芯片等可靠识别与管理技术，结构工厂生产管理系统，实现可追溯的全过程质量管控。

4. 应用"BIM＋物联网＋GPS"技术，进行装配式预制构件运输过程追溯管理、施工现场可视化指导堆放、吊装等，实现装配式建筑可视化施工现场信息管理平台。

4.3.3　适用范围

装配式剪力墙结构：预制混凝土剪力墙外墙板，预制混凝土剪力墙叠合板，预制钢筋混凝土阳台板、空调板及女儿墙等构件的深化设计、生产、运输与吊装。

装配式框架结构：预制框架柱、预制框架梁、预制叠合板、预制外挂板等构件的深化设计、生产、运输与吊装。

异形构件的深化设计、生产、运输与吊装。异形构件分为结构形式异形构件和非结构形式异形构件。结构形式异形构件包括有坡屋面、阳台等；非结构形式异形构件有排水檐沟、建筑造型等。

4.3.4　工程案例

北京三星中心商业金融项目、五和万科长阳天地项目、天竺万科中心项目、清华苏世民书院项目、门头沟保障性自住商品房项目、合肥湖畔新城复建点项目、成都青白江大同集中安置房项目、中建海峡（闽清）绿色建筑科技产业园综合楼项目等。

第4节　防水卷材机械固定施工技术

4.4.1　聚氯乙烯（PVC）、热塑性聚烯烃（TPO）防水卷材机械固定施工技术

1. 技术内容

机械固定即采用专用固定件，如金属垫片、螺钉、金属压条等，将聚氯乙烯（PVC）或热塑性聚烯烃（TPO）防水卷材以及其他屋面层次的材料机械固定在屋面基层或结构层上。机械固定包括点式固定方式和线性固定方式。固定件的布置与承载能力应根据试验结果和相关规定严格设计。

聚氯乙烯（PVC）或热塑性聚烯烃（TPO）防水卷材的搭接是由热风焊接形成连续整体的防水层。焊接缝是因分子链互相渗透、缠绕形成新的内聚焊接链，强度高于卷材且与卷材同寿命。

点式固定即使用专用垫片或套筒对卷材进行固定，卷材搭接时覆盖住固定件。

线性固定即使用专用压条和螺钉对卷材进行固定，使用防水卷材覆盖条对压条进行覆盖。

2. 技术指标

（1）屋面为压型钢板的基板厚度不宜大于 0.75mm，且基板最小厚度不应小于 0.63mm，当基板厚度在 0.63～0.75mm 时，应通过固定钉拉拔试验；钢筋混凝土板的厚度不应小于 40mm，强度等级不应小于 C20，并应通过固定钉拉拔试验。

（2）聚氯乙烯（PVC）防水卷材的物理性能应满足现行《聚氯乙烯（PVC）防水卷材》GB 12952 的要求、热塑性聚烯烃（TPO）防水卷材物理性能指标应满足现行《热塑性聚烯烃（TPO）防水卷材》GB 27789 的要求，主要性能指标见表 4-1、表 4-2。

聚氯乙烯（PVC）防水卷材主要性能指标　　　　　　表 4-1

试验项目	性能要求
最大拉力（N/cm）	≥250
最大拉力时延伸率（%）	≥15
热处理尺寸变化率（%）	≤0.5
低温弯折性	−25℃，无裂纹
不透水性（0.3MPa，2h）	不透水

续表

试验项目		性能要求
接缝剥离强度（N/mm）		≥3.0
人工气候加速老化（2500h）	最大拉力保持率（%）	≥85
	伸长率保持率（%）	≥80
	低温弯折性	−20℃，无裂纹

热塑性聚烯烃（TPO）防水卷材主要性能指标　　　　表 4-2

试验项目		性能要求
最大拉力（N/cm）		≥250
最大拉力时延伸率（%）		≥15
热处理尺寸变化率（%）		≤0.5
低温弯折性		−40℃，无裂纹
不透水性（0.3MPa,2h）		不透水
接缝剥离强度（N/mm）		≥3.0
人工气候加速老化（2500h）	最大拉力保持率（%）	≥90
	伸长率保持率（%）	≥90
	低温弯折性	−40℃，无裂纹

3. 适用范围

适用于厂房、仓库和体育场馆等低坡大跨度或坡屋面的新屋面及翻新屋面的建筑防水工程。

4. 工程案例

北京五棵松体育馆、中国国际展览中心（新馆）、上汽依维柯红岩商用车项目新建厂房一期、广州丰田扩能项目厂房、大连英特尔芯片工厂、沈阳宝马新工厂、天津西青区体育馆等。

4.4.2　三元乙丙（EPDM）、热塑性聚烯烃（TPO）、聚氯乙烯（PVC）防水卷材无穿孔机械固定施工技术

1. 技术内容

无穿孔机械固定施工技术与常规机械固定施工技术相比，固定卷材的螺钉没有穿透卷材，因此称之为无穿孔机械固定。

三元乙丙（EPDM）防水卷材无穿孔机械固定施工技术采用将增强型机械固定条带（RMA）用压条、垫片机械固定在轻钢结构屋面或混凝土结构屋面基面上，然后将宽幅三元乙丙橡胶防水卷材（EPDM）粘贴到增强型机械固定条带（RMA）上，相邻的卷材用自粘接缝搭接带粘结而形成连续的防水层。

热塑性聚烯烃（TPO）、聚氯乙烯（PVC）防水卷材无穿孔机械固定施工技术采用将无穿孔垫片机械固定在轻钢结构屋面或混凝土结构屋面基面上，无穿孔垫片上附着与TPO/PVC焊接的特殊涂层，利用电感焊接技术将 TPO/PVC 焊接于无穿孔垫片上，防水卷材的搭接是由热风焊接形成连续整体的防水层。

2. 技术指标

根据风速、建筑物所在区域、建筑物规格、基层类型、屋面结构层次等因素，计算机械固定密度，并在屋面不同部位，分别设计边区、角区和中区，按不同密度进行固定。抗风荷载性能是机械固定技术非常关键的指标。

热塑性聚烯烃（TPO）、聚氯乙烯（PVC）防水卷材防水卷材与无穿孔垫片焊接后的拉拔力均不小于 2500N。

增强型机械固定条带（RMA）和搭接带的技术要求及主要性能　　　　表 4-3

项目	增强型三元乙丙	搭接带（两边）
基本材料	三元乙丙橡胶	合成橡胶
厚度(mm)	1.52	0.63
宽度(mm)	245	76
持黏性(min)	—	≥20
耐热性(80℃,2h)	—	无流淌、无龟裂、无变形
低温柔性(−40℃)	—	无裂纹
剪切状态下黏合性(卷材)(N/mm)	—	≥2.0
剥离强度(卷材)(N/mm)	—	≥0.5
热处理剥离强度保持率(卷材,80℃,168h)	—	≥80

三元乙丙橡胶（EPDM）防水卷材主要性能　　　　表 4-4

试验项目		性能要求	
		无增强	内增强
最大拉力(N/10mm)		—	≥200
拉伸强度(MPa)	23℃	≥7.5	—
	60℃	≥2.3	—
最大拉力时伸长率(%)		—	≥15
断裂伸长率(%)	23℃	≥450	—
	−20℃	≥200	—
钉杆撕裂强度(横向)(N)		≥200	≥500
撕裂强度(kN/m)		≥25	—
低温弯折性		−40℃,无裂纹	−40℃,无裂纹
臭氧老化(500pphm,40℃,50%,168h)		无裂纹(伸长率50%时)	无裂纹(伸长率0时)
热处理尺寸变化率(80℃,168h)(%)		≤1	≤1
接缝剥离强度(N/mm)		≥2.0 或卷材破坏	≥2.0 或卷材破坏
浸水后接缝剥离强度保持率(常温浸水　168h)		≥7.0 或卷材破坏	≥7.0 或卷材破坏
热空气老化(80℃,168h)	拉力(强度)保持率(%)	≥80	≥80
	延伸率保持率(%)	≥70	≥70
	低温弯折性	−35℃,无裂纹	−35℃,无裂纹
耐碱性[饱和 Ca(OH)$_2$]	拉力(强度)保持率(%)	≥80	≥80
	延伸率保持率(%)	≥80	≥80
人工气候加速老化(2500h)	拉力(强度)保持率(%)	≥80	≥80
	延伸率保持率(%)	≥70	≥70
	低温弯折性	−35℃,无裂纹	−35℃,无裂纹

3. 适用范围

轻钢屋面、混凝土屋面工程防水。

4. 工程案例

北京卡夫饼干厂、北京奔驰涂装车间、苏州齐梦达芯片厂、天津空客 A320 总装厂、沈阳宝马厂房、石家庄格力电器厂房、中央储备粮巢湖直属库等。

第 5 节　工具式定型化临时设施技术

4.5.1　技术内容

工具式定型化临时设施包括标准化箱式房，定型化临边洞口防护、加工棚，构件化 PVC 绿色围墙，预制装配式马道，装配式临时道路等。

1. 标准化箱式房

标准化箱式房包括办公室用房、会议室、接待室、资料室、活动室、阅读室、卫生间。标准化箱式附属用房，包括食堂、门卫房、设备房、试验用房。标准化箱式房按照标准尺寸和符合要求的材质制作和使用，具体见表 4-5。

标准化箱式房几何尺寸（建议尺寸）　　　表 4-5

项目		几何尺寸(mm)	
		型式一	型式二
箱体	外	$L6055 \times W2435 \times H2896$	$L6055 \times W2990 \times H2896$
	内	$L5840 \times W2225 \times H2540$	$L5840 \times W2780 \times H2540$
窗		$H \geqslant 1100$	
		$W650 \times H1100 / W1500 \times H1100$	
门		$H \geqslant 2000$	
		$W \geqslant 850$	
框架梁高	顶	$H \geqslant 180$（钢板厚度≥4）	
	底	$H \geqslant 140$（钢板厚度≥4）	

2. 定型化临边洞口防护、加工棚

定型化、可周转的基坑，楼层临边防护，水平洞口防护，可选用网片式、格栅式或组装式。

当水平洞口短边尺寸大于 1500mm 时，洞口四周应搭设不低于 1200mm 防护，下口设置踢脚线并张挂水平安全网，防护方式可选用网片式、格栅式或组装式，防护距离洞口边不小于 200mm。

楼梯扶手栏杆采用工具式短钢管接头，立杆采用膨胀螺栓与结构固定，内插钢管栏杆，使用结束后可拆卸周转重复使用。

可周转定型化加工棚基础尺寸采用 C30 混凝土浇筑，预埋 400mm×400mm×12mm 钢板，钢板下部焊接直径 20mm 钢筋，并塞焊 8 个 M18 螺栓固定立柱。立柱采用 200mm×200mm 型钢，立杆上部焊接 500mm×200mm×10mm 的钢板，以 M12 的螺栓连接桁架主梁，下部焊接 400mm×400mm×10mm 钢板。斜撑为 100mm×50mm 方钢，斜撑的两端焊接 150mm×200mm×10mm 的钢板，以 M12 的螺栓连接桁架主梁和立柱。

3. 构件化 PVC 绿色围墙

基础采用现浇混凝土，支架采用轻型薄壁钢型材，墙体采用工厂化生产的 PVC 扣板，现场采用装配式施工方法。

4. 预制装配式马道

立杆采用 ϕ159mm×5mm 钢管，立杆连接采用法兰连接，立杆预埋件采用同型号带法兰钢管，锚固入筏板混凝土深度 500mm，外露长度 500mm。立杆除埋入筏板的埋件部

分，上层区域杆件在马道整体拆除时均可回收。马道楼梯梯段侧向主龙骨采用 16a 号热轧槽钢，梯段长度根据地下室楼层高度确定，每主体结构层高度内设两跑楼梯，并保证楼板所在平面的休息平台高于楼板 200mm。踏步、休息平台、安全通道顶棚的覆盖采用 3mm 花纹钢板，踏步宽 250mm，高 200mm，楼梯扶手立杆采用 30mm×30mm×3mm 方钢管（与梯段主龙骨螺栓连接），扶手采用 50mm×50mm×3mm 方钢管，扶手高度 1200mm，梯段与休息平台固定采用螺栓连接，梯段与休息平台随主体结构完成逐步拆除。

5. 装配式临时道路

装配式临时道路可采用预制混凝土道路板、装配式钢板、新型材料等，具有施工操作简单，占用场地少，便于拆装、移位，可重复利用，能降低施工成本，减少能源消耗和废弃物排放等优点。应根据临时道路的承载力和使用面积等因素确定尺寸。

4.5.2 技术指标

工具式定型化临时设施应工具化、定型化、标准化，具有装拆方便、可重复利用和安全可靠的性能；防护栏杆体系、防护棚经检测防护有效，符合设计安全要求。预制混凝土道路板适用于建设工程临时道路地基弹性模量不小于 40MPa，承受载重不大于 40t 的施工运输车辆或单个轮压不大于 7t 的施工运输车辆在路基上铺设使用；其他材质的装配式临时道路的承载力应符合设计要求。

4.5.3 适用范围

工业与民用建筑、市政工程等。

4.5.4 工程案例

北京大兴国际机场停车楼及综合服务楼、丽泽 SOHO、同仁医院（亦庄）、亚信联创全球总部研发中心、昌平区神华技术创新基地、沈阳裕景二期、盛京银行二标段，大连瑞恒二期、中和才华等。

第 6 节　受周边施工影响的建（构）筑物检测、监测技术

4.6.1 技术内容

周边施工指在既有建（构）筑物下部或临近区域进行深基坑开挖降水、地铁穿越、地下顶管、综合管廊等的施工，这些施工易引发周边建（构）筑物的不均匀沉降、变形及开裂等，致使结构或既有线路出现开裂、不均匀沉降、倾斜甚至坍塌等事故，因此有必要对受施工影响的周边建（构）筑物进行检测与风险评估，并对其进行施工期间的监测，严格控制其沉降、位移、应力、变形、开裂等各项指标。

各类穿越既有线路或穿越既有建（构）筑物的工程，施工前应按施工工艺及步骤进行数值模拟，分析地表及上部结构变形与内力，并结合计算结果调整和设定施工监控指标。

4.6.2 技术指标

检测主要是对既有结构的现状、结构性态进行检测与调查，记录结构外观缺陷与损伤、裂缝、差异沉降、倾斜等作为施工前结构初始值，并对结构进行承载力评定及预变形分析。结构承载力评定应包含较大差异沉降、倾斜或缺陷的作用；监测及预警主要为受影响的建（构）筑物结构内部变形及应力，倾斜与不均匀沉降，典型裂缝的宽度与开展，其他典型缺陷等。

4.6.3 适用范围

周边施工包含深基坑施工、地铁穿越施工、地下顶管施工、综合管廊施工等。

4.6.4 工程案例

天津老城厢深基坑开挖对周边居民楼影响监测、天津地下管廊顶管施工对周边居民楼影响监测、北京地铁 10 号线穿越施工过程检测监测、合肥地铁 3 号线穿越施工对上部建筑影响检测监测与评估等。

第 7 节 装配式预制构件工厂化生产加工技术

4.7.1 技术内容

预制构件工厂化生产加工技术，指采用自动化流水线、机组流水线、长线台座生产线生产标准定型预制构件并兼顾异型预制构件，采用固定台模线生产房屋建筑预制构件，满足预制构件的批量生产加工和集中供应要求的技术。

工厂化生产加工技术包括预制构件工厂规划设计、各类预制构件生产工艺设计、预制构件模具方案设计及其加工技术、钢筋制品机械化加工和成型技术、预制构件机械化成型技术、预制构件节能养护技术以及预制构件生产质量控制技术。

非预应力混凝土预制构件生产技术涵盖混凝土技术、钢筋技术、模具技术、预留预埋技术、浇筑成型技术、构件养护技术，以及吊运、存储和运输技术等，代表构件有桁架钢筋预制板、梁柱构件、剪力墙板构件等。预应力混凝土预制构件生产技术还涵盖先张法和后张有粘结预制构件的生产技术，除了建筑工程中使用的预应力圆孔板、双 T 形板、屋面梁、屋架、屋面板等，还包括市政和公路领域的预制桥梁构件等，重点研究预应力生产工艺和质量控制技术。

4.7.2 技术指标

工厂化科学管理、自动化智能生产使质量品质得到保证和提高；构件外观尺寸加工精度可达 ±2mm，混凝土强度标准差不大于 4.0MPa，预留预埋尺寸精度可达 ±1mm，保护层厚度控制偏差 ±3mm，通过预应力和伸长值偏差控制保证预应力构件起拱满足设计要求并处于同一水平，构件承载力满足设计和规范要求。

预制构件的几何加工精度控制、混凝土强度控制、预埋件的精度、构件承载力性能、保护层厚度控制、预应力构件的预应力要求等尚应符合设计（包括标准图集）及有关标准的规定。

预制构件生产的效率指标、成本指标、能耗指标、环境指标和安全指标，应满足有关要求。

4.7.3 适用范围

适用于建筑工程中各类钢筋混凝土和预应力混凝土预制构件。

4.7.4 工程案例

北京万科金域缇香预制墙板和叠合板，北京中粮万科长阳半岛预制墙板、楼梯、叠合板和阳台板，国家体育场（"鸟巢"）看台板，国家网球中心预制挂板，深圳大运会体育中心体育场看台板，杭州奥体中心体育游泳馆预制外挂墙板和铺地板，沈阳惠生保障房预制墙板、叠合板和楼梯，济南万科金域国际预制外挂墙板和叠合楼板，长春一汽技术中心停车楼预制墙板和双 T 板，武汉琴台文化艺术中心预制清水混凝土外挂墙板，河北怀来迦南葡萄酒厂预制彩色混凝土外挂墙板，市政公路用预制 T 形梁和箱梁、预制管片、预制管廊等。

第 8 节　灌注桩后注浆技术和混凝土桩复合地基技术

4.8.1　灌注桩后注浆技术

1. 技术内容

灌注桩后注浆是指在灌注桩成桩后一定时间内，通过预设在桩身内的注浆导管及与之相连的桩端、桩侧处的注浆阀以压力注入水泥浆的一种施工工艺。注浆目的一是通过桩底和桩侧后注浆加固桩底沉渣（虚土）和桩身泥皮，二是对桩底及桩侧一定范围的土体通过渗入（粗颗粒土）、劈裂（细粒土）和压密（非饱和松散土）注浆起到加固作用，从而增大桩侧阻力和桩端阻力，提高单桩承载力，减少桩基沉降。

在优化注浆工艺参数的前提下，可使单桩竖向承载力提高 40％以上，通常情况下粗粒土增幅高于细粒土、桩侧桩底复式注浆高于桩底注浆；桩基沉降减小 30％左右；预埋于桩身的后注浆钢导管可以与桩身完整性超声检测管合二为一。

2. 技术指标

根据地层性状、桩长、承载力增幅和桩的使用功能（抗压、抗拔）等因素，灌注桩后注浆可采用桩底注浆、桩侧注浆、桩侧桩底复式注浆等形式。主要技术指标为：

（1）浆液水灰比：0.45～0.9；

（2）注浆压力：0.5～16MPa。

实际工程中，以上参数应根据土的类别、饱和度及桩的尺寸、承载力增幅等因素适当调整，并通过现场试注浆和试桩试验最终确定。设计和施工可依据现行《建筑桩基技术规范》JGJ 94 的规定进行。

3. 适用范围

灌注桩后注浆技术适用于除沉管灌注桩外的各类泥浆护壁和干作业的钻、挖、冲孔灌注桩。当桩端及桩侧有较厚的粗粒土时，后注浆提高单桩承载力的效果更为明显。

4. 工程案例

目前该技术应用于北京、上海、天津、福州、汕头、武汉、宜春、杭州、济南、廊坊、漳州、西宁、西安、德州等地数百项高层、超高层建筑桩基工程中，经济效益显著。典型工程如北京首都国际机场 T3 航站楼、上海中心大厦等。

4.8.2　混凝土桩复合地基技术

1. 技术内容

混凝土桩复合地基是以水泥粉煤灰碎石桩复合地基为代表的高粘结强度桩复合地基，近年来混凝土灌注桩、预制桩作为复合地基增强体的工程越来越多，其工作性状与水泥粉煤灰碎石桩复合地基接近，可统称为混凝土桩复合地基。

混凝土桩复合地基通过在基底和桩顶之间设置一定厚度的褥垫层，以保证桩、土共同承担荷载，使桩、桩间土和褥垫层一起构成复合地基。桩端持力层应选择承载力相对较高的土层。混凝土桩复合地基具有承载力提高幅度大、地基变形小、适用范围广等特点。

2. 技术指标

根据工程实际情况，混凝土桩可选用水泥粉煤灰碎石桩，常用的施工工艺包括长螺旋钻孔、管内泵压混合料成桩，振动沉管灌注成桩及钻孔灌注成桩三种施工工艺。主要技术指标为：

（1）桩径宜取 350～600mm；

（2）桩端持力层应选择承载力相对较高的地层；

（3）桩间距宜取 3～5 倍桩径；

（4）桩身混凝土强度满足设计要求，一般情况下要求混凝土强度大于等于 C15；

（5）褥垫层宜用中砂、粗砂、碎石或级配砂石等，不宜选用卵石，最大粒径不宜大于30mm，厚度 150～300mm，夯填度不大于 0.9。

实际工程中，以上参数根据场地岩土工程条件、基础类型、结构类型、地基承载力和变形要求等条件或现场试验确定。

对于市政、公路、高速公路、铁路等地基处理工程，当基础刚度较弱时，宜在桩顶增加桩帽或在桩顶采用碎石＋土工格栅、碎石＋钢板网等方式调整桩土荷载分担比例，以提高桩的承载能力。

设计和施工可依据现行《建筑地基处理技术规范》JGJ 79 的规定进行。

3. 适用范围

适用于处理黏性土、粉土、砂土和已自重固结的素填土等地基。对淤泥质土应按当地经验或通过现场试验确定其适用性。就基础形式而言，既可用于条形基础、独立基础，又可用于箱形基础、筏形基础。采取适当技术措施后亦可应用于刚度较弱的基础以及柔性基础。

4. 工程案例

在北京、天津、河北、山西、陕西、内蒙古、新疆以及山东、河南、安徽、广西等地区多层、高层建筑、工业厂房、铁路地基处理工程中广泛应用，经济效益显著，具有良好的应用前景。在铁路工程中已用于哈大铁路客运专线工程、京沪高铁工程等。

第 9 节　透水混凝土与植生混凝土应用技术

4.9.1　透水混凝土应用技术

1. 技术内容

透水混凝土是由一系列相连通的孔隙和混凝土实体部分骨架构成的具有透气和透水性的多孔混凝土，透水混凝土主要由胶结材和粗骨料构成，有时会加入少量的细骨料。从内部结构来看，主要靠包裹在粗骨料表面的胶结材浆体将骨料颗粒胶结在一起，形成骨料颗粒之间为点接触的多孔结构。

透水混凝土由于不用细骨料或只用少量细骨料，其粗骨料用量比较大，制备 $1m^3$ 透水混凝土（成型后的体积），粗骨料用量为 0.93～0.97m^3；胶结材为 300 ～400kg/m^3，水胶比一般为 0.25～0.35。透水混凝土搅拌时应先加入部分拌合水（约占拌合水总量的50%），搅拌约 30s 后加入减水剂等，再随着搅拌加入剩余水量，至拌合物工作性满足要求为止，最后的部分水量可根据拌合物的工作性情况有所控制。

2. 技术指标

透水混凝土拌合物的坍落度为 10～50mm，透水混凝土的孔隙率一般为 10%～25%，透水系数为 1～5mm/s，抗压强度为 10～30MPa；应用于路面不同的层面时，孔隙率要求不同，从面层到结构层再到透水基层，孔隙率依次增大；冻融的环境下，其抗冻性不低于 D100。

3. 适用范围

适用于严寒以外的地区；城市广场、住宅小区、公园休闲广场和园路、景观道路以及停车场等；在海绵城市建设工程中，可与人工湿地、下凹式绿地、雨水收集等组成"渗、滞、蓄、净、用、排"的雨水生态管理系统。

4. 工程案例

西安大明宫世界文化遗址公园、上海世博会、西安世界花博会公园等都实施了大面积的透水混凝土路面；此外，在国家第一批海绵城市，如济南、武汉、南宁、厦门、镇江等16 个城市中获得了大规模的应用。

4.9.2　植生混凝土应用技术

1. 技术内容

植生混凝土是以水泥为胶结材、大粒径的石子为骨料制备的能使植物根系生长于其孔隙的大孔混凝土，其与透水混凝土有相同的制备原理，但由于骨料的粒径更大，胶结材用量较少，所以形成的孔隙率和孔径更大，便于灌入植物种子和肥料以及植物根系的生长。

普通植生混凝土用的骨料粒径一般为 20.0～31.5mm，水泥用量为 200～300kg/m³，为了降低混凝土孔隙的碱度，应掺用粉煤灰、硅灰等低碱性矿物掺合料；骨料与胶材比为4.5～5.5，水胶比为 0.24～0.32。旧砖瓦和再生混凝土骨料均可作为植生混凝土骨料，称为再生骨料植生混凝土。轻质植生混凝土利用陶粒作为骨料，可以用于植生屋面。在夏季，植生混凝土屋面较非植生混凝土的室内温度约低 2℃。

植生混凝土的制备工艺与透水混凝土基本相同，但应注意浆体黏度要合适，保证将骨料均匀包裹，不发生流浆离析或因干硬不能充分粘结的问题。

植生地坪的植生混凝土可以在现场直接铺设浇筑施工，也可以预制成多孔砌块后到现场用铺砌方法施工。

2. 技术指标

植生混凝土的孔隙率为 25%～35%，绝大部分为贯通孔隙；抗压强度要达到 10MPa以上；屋面植生混凝土的抗压强度在 3.5MPa 以上，孔隙率为 25%～40%。

3. 适用范围

普通植生混凝土和再生骨料植生混凝土多用于河堤、河坝护坡、水渠护坡、道路护坡和停车场等；轻质植生混凝土多用于植生屋面、景观花卉等。

4. 工程案例

上海嘉定区西江河道整治工程中 500m 长河道护坡、吉林省梅河口市防洪堤迎水面5000m² 植生混凝土护坡、贵州省崇遵高速公路董公寺互通式立交匝道挡墙边植生混凝土坡、福建省武夷山市建溪三期防洪工程 9km 堤体植生混凝土 10 万 m² 迎水坡面护坡等。

第 10 节　预备注浆系统施工技术和丙烯酸盐灌浆液防渗施工技术

4.10.1　预备注浆系统施工技术

1. 技术内容

预备注浆系统是地下建筑工程混凝土结构接缝防水施工技术。注浆管可采用硬质塑料或硬质橡胶骨架注浆管、不锈钢弹簧骨架注浆管。混凝土结构施工时，将具有单透性、不易变形的注浆管预埋在接缝中，当接缝渗漏时，向注浆管系统设定在构筑物外表面的导浆管端口中注入灌浆液，即可密封接缝区域的任何缝隙和孔洞，并终止渗漏。当采用普通水泥、超细水泥或者丙烯酸盐化学浆液时，系统可用于多次重复注浆。利用这种先进的预备注浆系统可以达到"零渗漏"效果。

预备注浆系统由注浆管系统、灌浆液和注浆泵组成。注浆管系统由注浆管、连接管及导浆管、固定夹、塞子、接线盒等组成。注浆管分为一次性注浆管和可重复注浆管两种。

2. 技术指标

（1）硬质塑料、橡胶管或螺纹管骨架注浆管的主要物理性能应符合表 4-6 的要求。

硬质塑料或硬质橡胶骨架注浆管的物理性能　　　　　　　　　表 4-6

序号	项目	指标
1	注浆管外径偏差（mm）	±1.0
2	注浆管内径偏差（mm）	±1.0
3	出浆孔间距（mm）	≤20
4	出浆孔直径（mm）	3～5
5	抗压变形量（mm）	≤2
6	覆盖材料扯断永久变形（%）	≤10
7	骨架低温弯曲性能	−10℃，无脆裂

（2）不锈钢弹簧骨架注浆管的主要物理性能应符合表 4-7 的要求。

不锈钢弹簧骨架注浆管的物理性能　　　　　　　　　表 4-7

序号	项目	指标
1	注浆管外径偏差（mm）	±1.0
2	注浆管内径偏差（mm）	±1.0
3	不锈钢弹簧钢丝直径（mm）	≥1.0
4	滤布等效孔径 O_{95}（mm）	<0.074
5	滤布渗透系数 K_{20}（mm/s）	≥0.05
6	抗压强度（N/mm）	≥70
7	不锈钢弹簧钢丝间距，圈（10cm）	≥12

3. 适用范围

预备注浆系统施工技术应用范围广泛，可以在施工缝、后浇带、新旧混凝土接触部位使用，主要应用于地铁、隧道、市政工程、水利水电工程、建（构）筑物。

4. 工程案例

北京地铁、上海地铁、深圳地铁、杭州地铁、成都地铁、厦门翔安海底隧道、国家大剧院、杭州大剧院等。

4.10.2　丙烯酸盐灌浆液防渗施工技术

1. 技术内容

丙烯酸盐化学灌浆液是一种新型防渗堵漏材料，它可以灌入混凝土的细微孔隙中，生成不透水的凝胶，充填混凝土的细微孔隙，达到防渗堵漏的目的。丙烯酸盐浆液通过改变外加剂及其添加量可以准确地调节其凝胶时间，从而可以控制扩散半径。

2. 技术指标

丙烯酸盐灌浆液及其凝胶后的主要技术指标应满足表 4-8 和表 4-9 的要求。

丙烯酸盐灌浆液物理性能　表 4-8

序号	项目	技术要求	备注
1	外观	不含颗粒的均质液体	—
2	密度（g/cm³）	生产厂控制值≤±0.05	—
3	黏度（MPa·s）	≤10	—
4	pH 值	6.0～9.0	—
5	胶凝时间	可调	—
6	毒性	实际无毒	按我国食品安全性毒理学评价程序和方法为无毒

丙烯酸盐灌浆液凝胶后的性能　表 4-9

序号	项目名称	技术要求	
		Ⅰ 型	Ⅱ 型
1	渗透系数（cm/s）	$<1\times10^{-6}$	$<1\times10^{-7}$
2	固砂体抗压强度（kPa）	≥200	≥400
3	抗挤出破坏比降	≥300	≥600
4	遇水膨胀率（%）	≥30	

3. 适用范围

矿井、巷道、隧洞、涵管止水；混凝土渗水裂隙的防渗堵漏；混凝土结构缝止水系统损坏后的维修；坝基岩石裂隙防渗帷幕灌浆；坝基砂砾石孔隙防渗帷幕灌浆；土壤加固；喷射混凝土施工。

4. 工程案例

北京地铁机场线、北京地铁 10 号线、上海长江隧道、云南向家坝水电站、湖北丹江口水电站、四川大岗山水电站、湖南筱溪水电站等工程。

第 11 节　地下现浇混凝土抗裂防渗应用技术

4.11.1　技术内容

地下现浇混凝土抗裂防渗应用技术是指通过抗裂性专项设计、材料制备、施工工艺优化等多个环节控制，抑制结构混凝土收缩裂缝，提升其刚性自防水性能；在此基础上，进一步结合柔性防水技术，提升结构整体防水性能。

1. 结构混凝土抗裂性专项设计

对于超长、大体积、有结构自防水要求的地下现浇结构混凝土，应控制其非荷载收缩裂缝发生，混凝土开裂风险系数（由混凝土收缩变形引起的拉应力和其瞬时抗拉强度的比值）不应大于 0.70。

（1）结构混凝土开裂风险计算评估应综合考虑环境、结构尺寸、材料及施工工艺等因素的交互作用。所用参数宜通过试验确定，无试验数据时，常规工程可按推荐参数取值。

（2）对于混凝土强度等级 C50 以下非岩石类地基结构，尤其是开裂风险与防水要求较高的外侧墙与顶板结构，在不具备试验参数时，抗裂混凝土设计指标可按表 4-10 选取，且其抗渗等级应满足现行《地下工程防水技术规范》GB 50108 的规定。

抗裂混凝土性能指标　　　　　　　　　　　　　表 4-10

序号	检测项目		性能指标	测试方法
1	限制膨胀率	水中 14d	≥0.025%	JGJ/T 178
		水中 14d 转空气 28d	≥−0.010%	
2	自生体积变形	7d	≥0.020%	GB/T 50082
		28d	≥0.010%	
3	绝热温升	终值	≤50℃	GB/T 50080
		初凝后 1d 值占 7d 值比例	≤50%	

（3）板式结构施工缝间距宜小于 40m。侧墙施工缝间距应根据施工季节合理划分。夏季（6～8 月）、春秋季（3～5 月、9～11 月）、冬季（12 月～次年 2 月）施工缝间距宜符合表 4-11 的规定。在昼夜平均温度低于 5℃或者最低温度低于−3℃时，按照冬季施工处理。

侧墙结构混凝土分段浇筑长度　　　　　　　　　　　　表 4-11

工艺参数　＼　施工环境		施工季节			
		夏季		春、秋季	冬季
混凝土入模温度（℃）		≤30	≤35	≤25	≤15
施工缝间距（m）	墙体厚度＞50cm	20	15	20	25
	墙体厚度≤50cm	30	20	30	40

2. 混凝土原材料要求

（1）水泥应符合现行《通用硅酸盐水泥》GB 175 的规定。比表面积宜小于 350m^2/kg，碱含量宜小于 0.6%，C_3A 含量宜小于 8%，C_3S 含量宜小于 50%。

（2）粉煤灰应符合现行《用于水泥和混凝土中的粉煤灰》GB/T 1596 的要求，质量等级不得低于 Ⅱ 级。粒化高炉矿渣粉应符合现行《用于水泥、砂浆和混凝土中的粒化高炉矿渣粉》GB/T 18046 的要求，宜选用 S95 及以上级别，比表面积宜小于 450m^2/kg。

（3）细集料宜选用符合现行《建设用砂》GB/T 14684 要求的 Ⅱ 区中砂。砂中含泥量不大于 2%，泥块含量不大于 0.5%。不得使用海砂、山砂及风化严重的砂和多孔砂。粗骨料应符合《建设用卵石、碎石》GB/T 14685 的要求，空隙率宜小于 45%。

（4）减水剂应符合现行《混凝土外加剂》GB 8076 的规定，28d 干燥收缩率不大于 100%。

（5）宜采用兼有降低混凝土温升、补偿混凝土收缩的抗裂剂，限制膨胀率不小于 0.035%；初凝之后的 24h 水化热降低率不小于 30%，7d 水化热降低率不大于 15%。限制膨胀率按现行《混凝土膨胀剂》GB/T 23439 进行测试，水化热降低率按现行《水泥水化热测定方法》GB/T 12959 中直接法进行测试，测试样品为内掺 10% 抗裂剂的水泥样，基准为不掺加抗裂剂的水泥样。

3. 混凝土配合比设计

（1）混凝土配合比设计应符合现行《普通混凝土配合比设计规程》JGJ 55 的规定。

（2）宜掺加矿物掺合料降低混凝土水化放热及收缩率。对于开裂风险较高的侧墙结构，宜单掺粉煤灰，不掺或少掺矿粉。

（3）大体积混凝土宜采用 60d（56d）或 90d 龄期强度作为配合比设计依据。

4. 施工工艺

（1）施工工艺应符合现行《混凝土结构工程施工规范》GB 50666 的规定。

（2）宜配置细而密的分布筋。侧墙、顶板每侧分布筋最小配筋率为 0.25%，钢筋间距宜为 100～150mm；底板每侧分布钢筋最小配筋率为 0.2%，钢筋间距宜为 100～150mm。

（3）板式结构混凝土拌合物入模坍落度不宜超过 220mm。侧墙结构混凝土宜采用钢模板进行浇筑，入模坍落度宜控制在 160～200mm。

（4）板式结构混凝土宜进行二次抹面，以消除塑性裂缝，并及时进行保温、保湿养护。

（5）侧墙结构混凝土带模养护时间宜根据温度历程监测情况确定，应在温峰过后 24h 内拆除模板，并立即在墙体暴露于空气中的外立面表面贴覆保温、保湿养护材料，使其温降速率不大于 2℃/d，当墙体中心温度与气温之差小于 15℃时，可去除外保温措施；不具备上述养护条件时，应延长拆模时间，原则上不宜少于 5d。

（6）混凝土养护水的温度与混凝土表面温度之差不应超过 15℃，气温降至冰点以下时，不应采用水养或潮湿状态的养护材料。

5. 柔性防水

（1）防水工程应符合现行《地下防水工程质量验收规范》GB 50208 中的相关规定。

（2）对于结构迎水面外包防水，宜采用预铺反粘防水卷材。

（3）变形缝等可变形部位宜采用柔性防水或止水产品，施工缝等不变形或微变形部位采用钢板止水带或丁基自粘钢板止水带。

（4）穿墙套管、管线及螺旋处宜采用止水环与遇水膨胀腻子条复合使用，或止水带与双面丁基自粘密封胶带复合使用，并采取防止转动的措施。

4.11.2 技术指标

混凝土的工作性、强度、耐久性等应满足设计与施工要求，关于混凝土抗裂性能的检测评价主要方法如下：

（1）混凝土限制膨胀率试验，见现行《补偿收缩混凝土应用技术规程》JGJ/T 178；

（2）混凝土自生体积变形试验，见现行《普通混凝土长期性能和耐久性能试验方法标准》GB/T 50082；

（3）混凝土绝热温升试验，见现行《普通混凝土拌合物性能试验方法标准》GB/T 50080；

（4）抗裂剂限制膨胀率、抗压强度试验，见现行《混凝土膨胀剂》GB/T 23439；

（5）抗裂剂水化热降低率试验，见现行《水泥水化热测定方法》GB/T 12959。

4.11.3 适用范围

适用于各种地下现浇混凝土结构工程，如轨道交通地下车站、城市综合管廊、隧道、民用建筑地下室等。

4.11.4 工程案例

常州地铁、徐州地铁、上海地铁、太湖隧道、苏州滨湖新城地下空间、苏州工业园区污水处理厂、江苏大剧院、南京南站、南京禄口国际机场二期、北京宝洁研发中心、国家大剧院等。

第 12 节　钢结构防腐防火技术和钢与混凝土组合结构应用技术

4.12.1　钢结构防腐防火技术

1. 技术内容

（1）防腐涂料涂装

在涂装前，必须对钢构件表面进行除锈。除锈方法应符合设计要求或根据所用涂层类型的需要确定，并达到设计规定的除锈等级。常用的除锈方法有喷射除锈、抛射除锈、手工和动力工具除锈等。涂料的配置应按涂料使用说明书的规定执行，当天使用的涂料应当天配置，不得随意添加稀释剂。涂装施工可采用刷涂、滚涂、空气喷涂和高压无气喷涂等方法。宜在温度、湿度合适的封闭环境下，根据被涂物体的大小、涂料品种及设计要求，选择合适的涂装方法。构件在工厂加工涂装完毕，现场安装后，针对节点区域及损伤区域需进行二次涂装。

近年来，水性无机富锌漆凭借优良的防腐性能，外加耐光耐热好、使用寿命长等特点，常用于对环境和条件要求苛刻的钢结构领域。

（2）防火涂料涂装

防火涂料分为薄涂型和厚涂型两种，薄涂型防火涂料通过遇火灾后涂料受热膨胀延缓钢材升温，厚涂型防火涂料通过防火材料吸热延缓钢材升温，可根据工程情况选取使用。

薄涂型防火涂料的底涂层（或主涂层）宜采用重力式喷枪喷涂，其压力约为0.4MPa。局部修补和小面积施工，可用手工涂抹。面涂层装饰涂料可刷涂、喷涂或滚涂。双组分装薄涂型涂料，现场应按说明书规定调配；单组分薄涂型涂料应充分搅拌。喷涂后，不应发生流淌和下坠。

厚涂型防火涂料宜采用压送式喷涂机喷涂，空气压力为 0.4～0.6MPa，喷枪口直径宜为 6～10mm。配料时应严格按配合比加料和稀释剂，并使稠度适宜，当班使用的涂料应当班配制。厚涂型防火涂料施工时应分遍喷涂，每遍喷涂厚度宜为 5～10mm，必须在前一遍基本干燥或固化后，再喷涂下一遍，涂层保护方式、喷涂遍数与涂层厚度应根据施工方案确定。操作者应用测厚仪随时检测涂层厚度，80%及以上面积的涂层总厚度应符合有关耐火极限的设计要求，且最薄处厚度不应低于设计要求的 85%。

钢结构防火涂层不应有误涂、漏涂，涂层应闭合，无脱层、空鼓、明显凹陷、粉化松散和浮浆等外观缺陷，乳突已剔出；保护裸露钢结构及露天钢结构的防火涂层的外观应平整，颜色装饰应符合设计要求。

2. 技术指标

（1）防腐涂料涂装技术指标

防腐涂料中环境污染物的含量应符合现行《民用建筑工程室内环境污染控制标准》GB 50325 的规定和要求。涂装之前钢材表面除锈等级应符合设计要求，设计无要求时应符合现行《涂覆涂料前钢材表面处理 表面清洁度的目视评定 第 1 部分：未涂覆过的钢材表面和全面清除原有涂层后的钢材表面的锈蚀等级和处理等级》GB/T 8923.1 的规定评定等级。涂装施工环境的温度、湿度、基材温度要求，应根据产品使用说明确定，无明确要求的，宜按照环境温度 5～38℃，空气湿度小于 85％，基材表面温度高于露点 3℃以上的要求控制，雨、雪、雾、大风等恶劣天气严禁户外涂装。涂装遍数、涂层厚度应符合设计要求，当设计对涂层厚度无要求时，涂层干漆膜总厚度：室外应为 150μm，室内应为 125μm，允许偏差为－25μm。每遍涂层干漆膜厚度的允许偏差为－5μm。

当钢结构处在有腐蚀介质或露天环境且设计有要求时，应进行涂层附着力测试，可按照现行国家标准《漆膜附着力测定法》GB 1720 或《色漆和清漆　漆膜的划格试验》GB/T 9286 执行。在检测范围内，涂层完整程度达到 70％以上即为合格。

（2）防火涂料涂装技术指标

钢结构防火材料的性能、涂层厚度及质量要求应符合现行《钢结构防火涂料》GB 14907 和《钢结构防火涂料应用技术标准》CECS 24 的规定和设计要求，防火材料中环境污染物的含量应符合《民用建筑工程室内环境污染控制标准》GB 50325 的规定和要求。

钢结构防火涂料生产厂家必须有防火监督部门核发的生产许可证。防火涂料应通过国家检测机构检测合格。产品必须具有国家检测机构的耐火极限检测报告和理化性能检测报告，并应附有涂料品种、名称、技术性能、制造批量、贮存期限和使用说明书。在施工前应复验防火涂料的黏结强度和抗压强度。防火涂料施工过程中和涂层干燥固化前，环境温度宜保持在 5～38℃，相对湿度不宜大于 90％，空气应流通。当风速大于 5m/s，或雨天和构件表面有结露时，不宜作业。

3. 适用范围

钢结构防腐涂装技术适用于各类建筑钢结构。

薄涂型防火涂料涂装技术适用于工业、民用建筑楼盖与屋盖钢结构；厚涂型防火涂料涂装技术适用于有装饰面层的民用建筑钢结构柱、梁。

4. 工程案例

广州东塔、无锡国金中心、武汉中心、武汉国际博览中心、武汉天河国际机场 T3 航站楼、深圳平安金融中心等。

4.12.2　钢与混凝土组合结构应用技术

1. 技术内容

型钢与混凝土组合结构主要包括钢管混凝土柱，十字型、H 型、箱型、组合型钢混凝土柱，钢管混凝土叠合柱，小管径薄壁（＜16mm）钢管混凝土柱，组合钢板剪力墙，型钢混凝土剪力墙，箱型、H 型钢骨梁，型钢组合梁等。钢管混凝土可显著减小柱的截面尺寸，提高承载力；型钢混凝土柱承载能力高，刚度大且抗震性能好；钢管混凝土叠合柱具有承载力高，抗震性能好同时也有较好的耐火性能和防腐蚀性能；小管径薄壁（＜16mm）钢管混凝土柱具有钢管混凝土柱的特点，同时还具有断面尺寸小、质量轻等特点；组合梁承载能力高且高跨比小。

钢管混凝土组合结构施工简便，梁柱节点采用内环板或外环板式，施工与普通钢结构一致，钢管内的混凝土可采用高抛免振捣混凝土，或顶升法施工钢管混凝土。关键技术是设计合理的梁柱节点与确保钢管内浇捣混凝土的密实性。

型钢混凝土组合结构除了具备钢结构的优点外还具备混凝土结构的优点，同时结构具有良好的防火性能。关键技术是如何合理解决梁柱节点区钢筋的穿筋问题，以确保节点良好的受力性能与加快施工速度。

钢管混凝土叠合柱是钢管混凝土和型钢混凝土的组合形式，具备了钢管混凝土结构的优点，又具备了型钢混凝土结构的优点。关键技术是如何合理选择叠合柱与钢筋混凝土梁连接节点，保证传力简单、施工方便。

小管径薄壁（＜16mm）钢管混凝土柱具有钢管混凝土柱的优点，又具有断面小、自重轻等特点，适合于钢结构住宅的使用。关键技术是在处理梁柱节点时采用横隔板贯通构造，保证传力同时又方便施工。

组合钢板剪力墙、型钢混凝土剪力墙具有更好的抗震承载力和抗剪能力，提高了剪力墙的抗拉能力，可以较好地解决剪力墙墙肢在风与地震作用组合下出现受拉的问题。

钢混组合梁是在钢梁上部浇筑混凝土，形成混凝土受压、钢结构受拉的截面合理受力形式，充分发挥钢与混凝土各自的受力性能。组合梁施工时，钢梁可作为模板的支撑。组合梁设计时要确保钢梁与混凝土结合面的抗剪性能，又要充分考虑钢梁各工况下从施工到正常使用各阶段的受力性能。

2. 技术指标

钢管混凝土构件的径厚比 D/t 宜为 $20\sim135$、套箍系数 θ 宜为 $0.5\sim2.0$、长径比不宜大于 20；矩形钢管混凝土受压构件的混凝土工作承担系数 α_c 应控制在 $0.1\sim0.7$；型钢混凝土框架柱的受力型钢的含钢率宜为 $4\%\sim10\%$。

组合结构执行现行《组合结构设计规范》JGJ 138、《钢管混凝土结构技术规范》GB 50936、《钢-混凝土组合结构施工规范》GB 50901、《钢管混凝土工程施工质量验收规范》GB 50628。

3. 适用范围

钢管混凝土特别适用于高层、超高层建筑的柱及其他有重载承载力设计要求的柱；型钢混凝土适用于高层建筑外框柱及公共建筑的大柱网框架与大跨度梁设计；钢混组合梁适用于结构跨度较大而高跨比又有较高要求的楼盖结构；钢管混凝土叠合柱主要适用于高层、超高层建筑的柱及其他有承载力要求较高的柱；小管径薄壁钢管混凝土柱适用于多高层住宅。

4. 工程案例

北京中国尊大厦、天津高银 117 大厦、深圳平安金融中心、厦门国际中心、重庆嘉陵帆影、郑州绿地中央广场、福州东部新城商务办公中心区、杭州钱江世纪城人才专项用房等。

第 13 节　施工扬尘控制技术和施工噪声控制技术

4.13.1　施工扬尘控制技术

1. 技术内容

包括施工现场道路、塔式起重机、脚手架等部位自动喷淋降尘和雾炮降尘技术、施工现场车辆自动冲洗技术。

（1）自动喷淋降尘系统由蓄水系统、自动控制系统、语音报警系统、变频水泵、主管、三通阀、支管、微雾喷头连接而成，主要安装在临时施工道路、脚手架上。

塔式起重机自动喷淋降尘系统是指在塔式起重机安装完成后通过塔式起重机旋转臂安

装的喷水设施，用于塔臂覆盖范围内的降尘、混凝土养护等。喷淋系统由加压泵、塔式起重机、喷淋主管、万向旋转接头、喷淋头、卡扣、扬尘监测设备、视频监控设备等组成。

（2）雾炮降尘系统主要有电机、高压风机、水平旋转装置、仰角控制装置、导流筒、雾化喷嘴、高压泵、储水箱等装置，其特点为风力强劲、射程高（远）、穿透性好，可以实现精量喷雾，雾粒细小，能快速将尘埃抑制降沉，工作效率高、速度快，覆盖面积大。

（3）施工现场车辆自动冲洗系统由供水系统、循环用水处理系统、冲洗系统、承重系统、自动控制系统组成。采用红外、位置传感器启动自动清洗及运行指示的智能化控制技术。水池采用四级沉淀、分离，处理水质，确保水循环使用；清洗系统由冲洗槽、两侧挡板、高压喷嘴装置、控制装置和沉淀循环水池组成；喷嘴沿多个方向布置，无死角。

2. 技术指标

扬尘控制指标应符合现行《建筑工程绿色施工规范》GB/T 50905 中的相关要求。

地基与基础工程施工阶段施工现场 PM_{10}/h 平均浓度不宜大于 $150\mu g/m^3$ 或工程所在区域的 PM_{10}/h 平均浓度的 120%；结构工程及装饰装修与机电安装工程施工阶段施工现场 PM_{10}/h 平均浓度不宜大于 $60\mu g/m^3$ 或工程所在区域的 PM_{10}/h 平均浓度的 120%。

3. 适用范围

适应用于所有工业与民用建筑的施工工地。

4. 工程案例

深圳海上世界双玺花园工程、北京金域国际工程、郑州东润泰、重庆环球金融中心、成都 IFS 国金中心等工程。

4.13.2　施工噪声控制技术

1. 技术内容

通过选用低噪声设备、先进施工工艺或采用隔声屏、隔声罩等措施有效降低施工现场及施工过程噪声的控制技术。

（1）隔声屏是通过遮挡和吸声减少噪声的排放。隔声屏主要由基础、立柱和隔声屏板几部分组成。基础可以单独设计也可在道路设计时一并设计在道路附属设施上；立柱可以通过预埋螺栓、植筋与焊接等方法，将立柱上的底法兰与基础连接牢靠，声屏障立板可以通过专用高强度弹簧与螺栓及角钢等方法将其固定于立柱槽口内，形成声屏障。隔声屏可模块化生产，装配式施工，选择多种色彩和造型进行组合、搭配与周围环境协调。

（2）隔声罩是把噪声较大的机械设备（搅拌机、混凝土输送泵、电锯等）封闭起来，有效地阻隔噪声的外传。隔声罩外壳由一层不透气的具有一定重量和刚性的金属材料制成，一般用 2～3mm 厚的钢板，铺上一层阻尼层，阻尼层常用沥青阻尼胶浸透的纤维织物或纤维材料，外壳也可以用木板或塑料板制作，轻型隔声结构可用铝板制作。要求高的隔声罩可做成双层壳，内层较外层薄一些；两层的间距一般是 6～10mm，填以多孔吸声材料。罩的内侧附加吸声材料，以吸收声音并减弱空腔内的噪声。要减少罩内混响声和防止固体声的传递；尽可能减少在罩壁上开孔，对于必须开孔的，开口面积应尽量小；在罩壁的构件相接处的缝隙，要采取密封措施，以减少漏声；由于罩内声源机器设备的散热，可能导致罩内温度升高，对此应采取适当的通风散热措施。要考虑声源机器设备操作、维修方便的要求。

（3）应设置封闭的木工用房，以有效降低电锯加工时噪声对施工现场的影响。

（4）施工现场应优先选用低噪声机械设备，优先选用能够减少或避免噪声的先进施工工艺。

2. 技术指标

施工现场噪声应符合现行《建筑施工场界环境噪声排放标准》GB 12523 的规定，昼间≤70dB（A），夜间≤55dB（A）。

3. 适用范围

适用于工业与民用建筑工程施工。

4. 工程案例

上海轨道交通 9 号线二期港汇广场站、上海人民路越江隧道工程、北京地铁 14 号线 08 标段工程等。

第 14 节　装配式建筑密封防水应用技术

4.14.1　技术内容

密封防水是装配式建筑应用的关键技术环节，直接影响装配式建筑的使用功能及耐久性、安全性。装配式建筑的密封防水主要指外墙、内墙防水，主要密封防水方式有材料防水、构造防水两种。

材料防水主要指各种密封胶及辅助材料的应用。装配式建筑密封胶主要用于混凝土外墙板之间板缝的密封，也用于混凝土外墙板与混凝土结构、钢结构之间的缝隙，混凝土内墙板之间缝隙，主要为混凝土与混凝土、混凝土与钢之间的粘结。装配式建筑密封胶的主要技术性能如下：

（1）力学性能。由于外墙板接缝会因温湿度变化、混凝土板收缩、建筑物的轻微震荡等产生伸缩变形和位移移动，所以装配式建筑密封胶必须具备一定的弹性且能随着接缝的变形而自由伸缩以保持密封，经反复循环变形后还能保持并恢复原有性能和形状，其主要的力学性能包括位移能力、弹性恢复率及拉伸模量。

（2）耐久耐候性。我国建筑物的结构设计使用年限为 50 年，而装配式建筑密封胶用于装配式建筑外墙板，长期暴露于室外，因此对其耐久耐候性能就得格外关注，相关技术指标主要包括定伸粘结性、浸水后定伸粘结性和冷拉热压后定伸粘结性。

（3）耐污性。传统硅酮胶中的硅油会渗透到墙体表面，在外界的水和表面张力的作用下，使得硅油在墙体载体上扩散，空气中的污染物质由于静电作用而吸附在硅油上，就会产生接缝周围的污染。对有美观要求的建筑外立面，密封胶的耐污性应满足目标要求。

（4）相容性等其他要求。预制外墙板是混凝土材质，在其外表面还可能铺设保温材料、涂刷涂料及粘贴面砖等，装配式建筑密封胶与这几种材料的相容性是必须提前考虑的。

除材料防水外，构造防水常作为装配式建筑外墙的第二道防线，在设计应用时主要做法是在接缝的背水面，根据外墙板构造功能的不同，采用密封条形成二次密封，两道密封之间形成空腔。垂直缝部位每隔 2～3 层设计排水口。所谓两道密封，即在外墙的室内侧与室外侧均设计涂覆密封胶做防水。外侧防水主要用于防止紫外线、雨雪等气候的影响，对耐候性能要求高。而内侧二道防水主要是隔断突破外侧防水的外界水汽与内侧发生交换，同时也能阻止室内水流入接缝，造成漏水。预制构件端部的企口构造也是构造防水的一部分，可以与两道材料防水、空腔排水口组成的防水系统配合使用。

外墙产生漏水需要三个要素：水、空隙与压差，破坏任何一个要素，就可以阻止水的渗入。空腔与排水管使室内外的压力平衡，即使外侧防水遭到破坏，水也可以排走而不进入室内。内外温差形成的冷凝水也可以通过空腔从排水口排出。漏水被限制在两个排水口之间，易于排查与修理。排水可以由密封材料直接形成开口，也可以在开口处插入排水管。

4.14.2　技术指标

（1）密封胶力学性能指标中位移能力、弹性恢复率及拉伸模量应满足指标要求，试验方法应符合国家现行标准《混凝土接缝用建筑密封胶》JC/T 881、《硅酮和改性硅酮建筑密封胶》GB/T 14683 中的要求。

（2）密封胶耐久耐候性中的定伸粘结性、浸水后定伸粘结性和冷拉热压后定伸粘结性应满足指标要求，试验方法应符合国家现行标准《混凝土接缝用建筑密封胶》JC/T 881及《硅酮和改性硅酮建筑密封胶》GB/T 14683 的要求。

（3）密封胶耐污性应满足指标要求，试验方法可参考《石材用建筑密封胶》GB/T 23261 中的方法。

（4）密封防水的其他材料应符合有关标准的规定。

4.14.3　适用范围

适用于装配式建筑（混凝土结构、钢结构）中混凝土与混凝土、混凝土与钢的外墙板、内墙板的缝隙等部位。

4.14.4　工程案例

国家体育场（"鸟巢"）、北京奥运射击馆、北京中粮万科长阳半岛项目、北京五和万科长阳天地项目、北京天竺万科中心项目、清华苏世民书院项目、上海华润华发静安府项目、上海招商地产宝山大场项目、上海地杰国际城项目、上海松江区国际生态商务区14号地块、上海青浦区 03-04 地块项目、上海中房滨江项目、武汉琴台大剧院、合肥中建海龙办公综合楼项目、青岛韩洼社区经济适用房等。

第 15 节　液压爬升模板技术和集成附着式升降脚手架技术

4.15.1　液压爬升模板技术

爬模装置通过承载体附着或支承在混凝土结构上，当新浇筑的混凝土脱模后，以液压油缸为动力，以导轨为爬升轨道，将爬模装置向上爬升一层，反复循环作业的施工工艺，简称爬模。目前我国的爬模技术在工程质量、安全生产、施工进度、降低成本、提高工效和经济效益等方面均有良好的效果。

1. 技术内容

（1）爬模设计

1）采用液压爬升模板施工的工程，必须编制爬模安全专项施工方案，进行爬模装置设计与工作荷载计算。

2）爬模装置由模板系统、架体与操作平台系统、液压爬升系统、智能控制系统四部分组成（图 4-1、图 4-2）。

图 4-1　液压爬升模板外立面　　　　图 4-2　爬模模板及架体

3）根据工程具体情况，爬模技术可以实现墙体外爬、外爬内吊、内爬外吊、内爬内吊、外爬内支等爬升施工。

4）模板可采用组拼式全钢大模板及成套模板配件，也可根据工程具体情况，采用铝合金模板、组合式带肋塑料模板、重型铝框塑料板模板、木工字梁胶合板模板等；模板的高度为标准层层高。

5）模板采用水平油缸合模、脱模，也可采用吊杆滑轮合模、脱模，操作方便安全；钢模板上还可带有脱模器，确保模板顺利脱模。

6）爬模装置全部金属化，确保防火安全。

7）爬模机位同步控制、操作平台荷载控制、风荷载控制等均采用智能控制，做到超过升差、超载、失载的声光报警。

（2）爬模施工

1）爬模组装一般需从已施工 2 层以上的结构开始，楼板需要滞后 4～5 层施工。

2）液压系统安装完成后应进行系统调试和加压试验，确保施工过程中所有接头和密封处无渗漏。

3）混凝土浇筑宜采用布料机均匀布料，分层浇筑、分层振捣；在混凝土养护期间绑扎上层钢筋；当混凝土脱模后，将爬模装置向上爬升一层。

4）一项工程完成后，模板、爬模装置及液压设备可继续在其他工程通用，周转使用次数多。

5）爬模可节省模板堆放场地，对于在城市中心施工场地狭窄的项目有明显的优越性。

2. 技术指标

（1）液压油缸额定荷载 50kN、100kN、150kN，工作行程 150～600mm。

（2）油缸机位间距不宜超过 5m，当机位间距内采用梁模板时，间距不宜超过 6m。

（3）油缸布置数量需根据爬模装置自重及施工荷载计算确定，根据现行《液压爬升模板工程技术标准》JGJ 195 的规定，油缸的工作荷载应不大于额定荷载的 1/2。

（4）爬模装置爬升时，承载体受力处的混凝土强度必须大于 10MPa，并应满足爬模设计要求。

3. 适用范围

适用于高层、超高层建筑剪力墙结构、框架结构核心筒、桥墩、桥塔、高耸构筑物等现浇钢筋混凝土结构工程的液压爬升模板施工。

4. 工程案例

广州 S8 地块项目工程（32 层）、广州珠江城（71 层）、北京 LG 大厦（31 层）、北京财富中心二期工程（55 层）、苏通大桥（300m 高桥塔）、上海环球中心（97 层）、上海外滩中信城（47 层）等。

4.15.2　集成附着式升降脚手架技术

集成附着式升降脚手架是指搭设一定高度并附着于工程结构上，依靠自身的升降设备和装置，可随工程结构逐层爬升或下降，具有防倾覆、防坠落装置的外脚手架。附着式升降脚手架主要由集成化的附着式升降脚手架架体结构、附着支座、防倾装置、防坠落装置、升降机构及控制装置等构成。

1. 技术内容

（1）集成附着式升降脚手架设计

1）集成附着式升降脚手架主要由架体系统、附墙系统、爬升系统三部分组成（图 4-3）。

2）架体系统由竖向主框架、水平承力桁架、架体构架、护栏网等组成。

3）附墙系统由预埋螺栓、连墙装置、导向装置等组成。

图 4-3　全钢集成附着式
升降脚手架

4）爬升系统由控制系统、爬升动力设备、附墙承力装置，架体承力装置等组成。控制系统采用三种控制方式：计算机控制、手动控制和遥控器控制，并可以通过计算机作为人机交互界面，全中文菜单，简单直观，控制状态一目了然，更适合建筑工地的操作环境。控制系统具有超载、失载自动报警与停机功能。

5）爬升动力设备可以采用电动葫芦或液压千斤顶。

6）集成附着式升降脚手架有可靠的防坠落装置，能够在提升动力失效时迅速将架体系统锁定在导轨或其他附墙点上。

7）集成附着式升降脚手架有可靠的防倾导向装置。

8）集成附着式升降脚手架有可靠的荷载控制系统或同步控制系统，并采用无线控制技术。

（2）集成附着式升降脚手架施工

1）应根据工程结构设计图、塔式起重机附壁位置、施工流水段等确定附着升降脚手架的平面布置，编制施工组织设计及施工图。

2）根据提升点处的具体结构形式确定附墙方式。

3）制定确保质量和安全施工等有关措施。

4）制定集成附着式升降脚手架施工工艺流程和工艺要点。

5）根据专项施工方案计算所需材料。

2. 技术指标

（1）架体高度不应大于5倍楼层高，架体宽度不应大于1.2m。

（2）两提升点直线跨度不应大于7m，曲线或折线不应大于5.4m。

（3）架体全高与支承跨度的乘积不应大于110m²。

（4）架体悬臂高度不应大于6m和2/5架体高度。

（5）每点的额定提升荷载为100kN。

3. 适用范围

集成附着式升降脚手架适用于高层或超高层建筑的结构施工和装修作业；对于16层以上，结构平面外檐变化较小的高层或超高层建筑施工推广应用附着式升降脚手架；附着式升降脚手架也适用于桥梁高墩、特种结构高耸构筑物施工的外脚手架。

4. 工程案例

中山国际灯饰商城、中山小榄海港城、华南国际港航服务中心、莆田万科城项目、马来西亚住宅项目等。

第16节　装配式混凝土结构技术

4.16.1　装配式混凝土剪力墙结构技术

1. 技术内容

装配式混凝土剪力墙结构是指全部或部分采用预制墙板构件，通过可靠的连接方式后浇混凝土、水泥基灌浆料形成整体的混凝土剪力墙结构，这是近年来在我国应用最多、发展最快的装配式混凝土结构技术。

国内的装配式剪力墙结构体系主要包括：

（1）高层装配整体式剪力墙结构。该体系中，部分或全部剪力墙采用预制构件，预制剪力墙之间的竖向接缝一般位于结构边缘构件部位，该部位采用现浇方式与预制墙板形成整体，预制墙板的水平钢筋在后浇部位实现可靠连接或锚固；预制剪力墙水平接缝位于楼面标高处，水平接缝处钢筋可采用套筒灌浆连接、浆锚搭接连接或在底部预留后浇区内搭接连接的形式。在每层楼面处设置水平后浇带并配置连续纵向钢筋，在屋面处应设置封闭后浇圈梁。采用叠合楼板及预制楼梯，预制或叠合阳台板。该结构体系主要用于高层住宅，整体受力性能与现浇剪力墙结构相当，按"等同现浇"设计原则进行设计。

（2）多层装配式剪力墙结构。与高层装配整体式剪力墙结构相比，其结构计算可采用弹性方法进行结构分析，并可按照结构实际情况建立分析模型，以建立适用于装配特点的计算与分析方法。在构造连接措施方面，边缘构件设置及水平接缝的连接均有所简化，并降低了剪力墙及边缘构件配筋率、配箍率要求，允许采用预制楼盖和干式连接的做法。

2. 技术指标

高层装配整体式剪力墙结构和多层装配式剪力墙结构的设计应符合现行标准《装配式混凝土结构技术规程》JGJ 1和《装配式混凝土建筑技术标准》GB/T 51231中的规定。《装配式混凝土结构技术规程》JGJ 1和《装配式混凝土建筑技术标准》GB/T 51231中将装配整体式剪力墙结构的最大适用高度相对现浇结构适当降低。装配整体式剪力墙结构的高宽比限值，与现浇结构基本一致。

作为混凝土结构的一种类型，装配式混凝土剪力墙结构在设计和施工中应符合现行国家标准《混凝土结构设计规范（2015 年版）》GB 50010、《混凝土结构工程施工规范》GB 50666、《混凝土结构工程施工质量验收规范》GB 50204 中各项基本规定；若房屋层数为 10 层及 10 层以上或者高度大于 28m，还应参照现行《高层建筑混凝土结构技术规程》JGJ 3 中关于剪力墙结构的一般性规定。

针对装配式混凝土剪力墙结构的特点，结构设计中还应该注意以下基本概念：

（1）应采取有效措施加强结构的整体性。装配整体式剪力墙结构是在选用可靠的预制构件受力钢筋连接技术的基础上，采用预制构件与后浇混凝土相结合的方法，通过连接节点的合理构造措施，将预制构件连接成一个整体，保证其具有与现浇混凝土结构基本等同的承载能力和变形能力，达到与现浇混凝土结构等同的设计目标，其整体性主要体现在预制构件之间、预制构件与后浇混凝土之间的连接节点上，包括接缝混凝土粗糙面及键槽的处理、钢筋连接锚固技术、各类附加钢筋、构造钢筋等。

（2）装配式混凝土结构的材料宜采用高强钢筋与适宜的高强混凝土。预制构件在工厂生产，混凝土构件可实现蒸汽养护，对于混凝土的强度、抗冻性及耐久性有显著提升，方便高强混凝土技术的采用，且可以提早脱模提高生产效率；采用高强混凝土可以减小构件截面尺寸，便于运输吊装。采用高强钢筋，可以减少钢筋数量，简化连接节点，便于施工，降低成本。

（3）装配式结构的节点和接缝应受力明确、构造可靠，一般采用经过充分的力学性能试验研究、施工工艺试验和实际工程检验的节点做法。节点和接缝的承载力、延性和耐久性等一般通过对构造、施工工艺等的严格要求来满足，必要时单独对节点和接缝的承载力进行验算。若采用相关标准、图集中均未涉及的新型节点连接构造，应进行必要的技术研究与试验验证。

（4）装配整体式剪力墙结构中，预制构件合理的接缝位置、尺寸及形状的设计是十分重要的，应以模数化、标准化为设计工作基本原则。接缝对建筑功能、建筑平立面、结构受力状况、预制构件承载能力、制作安装、工程造价等都会产生一定的影响。设计时应满足建筑模数协调、建筑物理性能、结构和预制构件的承载能力、便于施工和进行质量控制等多项要求。

3. 适用范围

适用于抗震设防烈度为 6～8 度区。装配整体式剪力墙结构可用于高层居住建筑，多层装配式剪力墙结构可用于低、多层居住建筑。

4. 工程案例

北京万科新里程、北京金域缇香高层住宅、北京金域华府 019 地块住宅、合肥滨湖桂园 6 号和 8～11 号楼住宅、合肥包河公租房 1～5 号楼住宅、海门中南世纪城 96～99 号楼公寓等。

4.16.2 装配式混凝土框架结构技术

1. 技术内容

装配式混凝土框架结构包括装配整体式混凝土框架结构及其他装配式混凝土框架结构。装配式整体式框架结构是指全部或部分框架梁、柱采用预制构件通过可靠的连接方式装配而成，连接节点处采用现场后浇混凝土、水泥基灌浆料等将构件连成整体的混凝土结构。其他装配式框架主要指各类干式连接的框架结构，主要与剪力墙、抗震支撑等配合使用。

装配整体式框架结构可采用与现浇混凝土框架结构相同的方法进行结构分析,其承载力极限状态及正常使用极限状态的作用效应可采用弹性分析方法。在结构内力与位移计算时,对现浇楼盖和叠合楼盖,均可假定楼盖在其平面为无限刚性。装配整体式框架结构构件和节点的设计均可按与现浇混凝土框架结构相同的方法进行,此外,尚应对叠合梁端竖向接缝、预制柱柱底水平接缝部位进行受剪承载力验算,并进行预制构件在短暂设计状况下的验算。装配整体式框架结构中,应通过合理的结构布置,避免预制柱的水平接缝出现拉力。

装配整体式框架主要包括框架节点后浇和框架节点预制两大类:前者的预制构件在梁柱节点处通过后浇混凝土连接,预制构件为一字形;而后者的连接节点位于框架柱、框架梁中部,预制构件有十字形、T 形、一字形等并包含节点,由于预制框架节点制作、运输、现场安装难度较大,现阶段工程较少采用。

装配整体式框架结构连接节点设计时,应合理确定梁和柱的截面尺寸以及钢筋的数量、间距及位置等,钢筋的锚固与连接应符合国家现行标准相关规定,并应考虑构件钢筋的碰撞问题以及构件的安装顺序,确保装配式结构的易施工性。装配整体式框架结构中,预制柱的纵向钢筋可采用套筒灌浆、机械冷挤压等连接方式。当梁柱节点现浇时,叠合框架梁纵向受力钢筋应伸入后浇节点区锚固或连接,其下部的纵向受力钢筋也可伸至节点区外的后浇段内进行连接。当叠合框架梁采用对接连接时,梁下部纵向钢筋在后浇段内宜采用机械连接、套筒灌浆连接或焊接等连接形式连接。叠合框架梁的箍筋可采用整体封闭箍筋及组合封闭箍筋形式。

2. 技术指标

装配式框架结构的构件及结构的安全性与质量应满足现行标准《装配式混凝土结构技术规程》JGJ 1、《装配式混凝土建筑技术标准》GB/T 51231、《混凝土结构设计规范(2015 年版)》GB 50010、《混凝土结构工程施工规范》GB 50666、《混凝土结构工程施工质量验收规范》GB 50204 以及《预制预应力混凝土装配整体式框架结构技术规程》JGJ 224 等的有关规定。当采用钢筋机械连接技术时,应符合现行行业标准《钢筋机械连接技术规程》JGJ 107 的规定;当采用钢筋套筒灌浆连接技术时,应符合现行行业标准《钢筋套筒灌浆连接应用技术规程》JGJ 355 的规定;当钢筋采用锚固板的方式锚固时,应符合现行行业标准《钢筋锚固板应用技术规程》JGJ 256 的规定。

装配整体式框架结构的关键技术指标如下:

(1) 装配整体式框架结构房屋的最大适用高度与现浇混凝土框架结构基本相同。

(2) 装配式混凝土框架结构宜采用高强混凝土、高强钢筋,框架梁和框架柱的纵向钢筋尽量选用大直径钢筋,以减少钢筋数量,拉大钢筋间距,有利于提高装配施工效率,保证施工质量,降低成本。

(3) 当房屋高度大于 12m 或层数超过 3 层时,预制柱宜采用套筒灌浆连接,包括全灌浆套筒和半灌浆套筒。矩形预制柱截面宽度或圆形预制柱直径不宜小于 400mm,且不宜小于同方向梁宽的 1.5 倍;预制柱的纵向钢筋在柱底采用套筒灌浆连接时,柱箍筋加密区长度不应小于纵向受力钢筋连接区域长度与 500mm 之和;当纵向钢筋的混凝土保护层厚度大于 50mm 时,宜采取增设钢筋网片等措施,控制裂缝宽度以及在受力过程中的混凝土保护层剥离脱落。当采用叠合框架梁时，后浇混凝土叠合层厚度不宜小于150mm，抗震等级为一、二级叠合框架梁的梁端箍筋加密区宜采用整体封闭箍筋。

（4）采用预制柱及叠合梁的装配整体式框架中，柱底接缝宜设置在楼面标高处，且后浇节点区混凝土上表面应设置粗糙面。柱纵向受力钢筋应贯穿后浇节点区，柱底接缝厚度为20mm，并应用灌浆料填实。装配式框架节点中，包括中间层中节点、中间层端节点、顶层中节点和顶层端节点，框架梁和框架柱的纵向钢筋的锚固和连接可采用现浇框架结构节点的方式，对于顶层端节点还可采用将柱伸出屋面并将柱纵向受力钢筋锚固在伸出段内的方式。

3. 适用范围

装配整体式混凝土框架结构可用于6度至8度抗震设防地区的公共建筑、居住建筑以及工业建筑。除8度（0.3g）外，装配整体式混凝土结构房屋的最大适用高度与现浇混凝土结构相同。其他装配式混凝土框架结构，主要适用于各类低多层居住、公共与工业建筑。

4. 工程案例

中建国际合肥住宅工业化研发及生产基地项目配套综合楼、南京万科上坊保障房项目、南京万科九都荟、乐山第一职业高中实训楼、沈阳浑南十二运安保中心、沈阳南科财富大厦、海门老年公寓、上海颛桥万达广场、上海临港重装备产业区H36-02地块项目等。

4.16.3　混凝土叠合楼板技术

1. 技术内容

混凝土叠合楼板技术是指将楼板沿厚度方向分成两部分，底部是预制底板，上部后浇混凝土叠合层。配置底部钢筋的预制底板作为楼板的一部分，在施工阶段作为后浇混凝土叠合层的模板承受荷载，与后浇混凝土层形成整体的叠合混凝土构件。

混凝土叠合楼板按具体受力状态，分为单向受力和双向受力叠合板；预制底板按有无外伸钢筋可分为"有胡子筋"和"无胡子筋"；拼缝按照连接方式可分为分离式接缝（即底板间不拉开的"密拼"）和整体式接缝（底板间有后浇混凝土带）。

预制底板按照受力钢筋种类可以分为预制混凝土底板和预制预应力混凝土底板：预制混凝土底板采用非预应力钢筋时，为增强刚度目前多采用桁架钢筋混凝土底板；预制预应力混凝土底板可为预应力混凝土平板和预应力混凝土带肋板、预应力混凝土空心板。

跨度大于3m时预制底板宜采用桁架钢筋混凝土底板或预应力混凝土平板，跨度大于6m时预制底板宜采用预应力混凝土带肋底板、预应力混凝土空心板，叠合楼板厚度大于180mm时宜采用预应力混凝土空心叠合板。

保证叠合面上下两侧混凝土共同承载、协调受力是预制混凝土叠合楼板设计的关键，一般通过叠合面的粗糙度以及界面抗剪构造钢筋实现。

施工阶段是否设置可靠支撑决定了叠合板的设计计算方法。设置可靠支撑的叠合板，预制构件在后浇混凝土重量及施工荷载下，不至于发生影响内力的变形，按整体受弯构件设计计算；无支撑的叠合板，二次成型浇筑混凝土的重量及施工荷载影响了构件的内力和变形，应按二阶段受力的叠合构件进行设计计算。

2. 技术指标

（1）预制混凝土叠合楼板的设计及构造要求应符合国家现行标准《混凝土结构设计规范（2015 年版）》GB 50010、《装配式混凝土结构技术规程》JGJ 1、《装配式混凝土建筑技术标准》GB/T 51231 的相关要求；预制底板制作、施工及短暂设计状况设计应符合现行《混凝土结构工程施工规范》GB 50666 的相关要求；施工验收应符合现行《混凝土结构工程施工质量验收规范》GB 50204 的相关要求。

（2）相关国家建筑标准设计图集包括《桁架钢筋混凝土叠合板（60mm 厚底板）》15G366-1、《预制带肋底板混凝土叠合板》14G443、《预应力混凝土叠合板（50mm、60mm 实心底板）》06SG439-1。

（3）预制混凝土底板的混凝土强度等级不宜低于 C30；预制预应力混凝土底板的混凝土强度等级不宜低于 C40，且不应低于 C30；后浇混凝土叠合层的混凝土强度等级不宜低于 C25。

（4）预制底板厚度不宜小于 60mm，后浇混凝土叠合层厚度不应小于 60mm。

（5）预制底板和后浇混凝土叠合层之间的结合面应设置粗糙面，其面积不宜小于结合面的 80%，凹凸深度不应小于 4mm；设置桁架钢筋的预制底板，设置自然粗糙面即可。

（6）预制底板跨度大于 4m，或用于悬挑板及相邻悬挑板上部纵向钢筋在在悬挑层内锚固时，应设置桁架钢筋或设置其他形式的抗剪构造钢筋。

（7）预制底板采用预制预应力底板时，应采取控制反拱的可靠措施。

3. 适用范围

各类房屋中的楼盖结构，特别适用于住宅及各类公共建筑。

4. 工程案例

北京京投万科新里程、北京金域华府、上海宝业万华城、上海城建浦江基地五期经济适用房、合肥蜀山公租房、沈阳地铁惠生新城、武汉深港新城产业化住宅等。

4.16.4 预制混凝土外墙挂板技术

1. 技术内容

预制混凝土外墙挂板是安装在主体结构上，起围护、装饰作用的非承重预制混凝土外墙板，简称"外墙挂板"。外墙挂板按构件构造可分为钢筋混凝土外墙挂板、预应力混凝土外墙挂板两种形式；按与主体结构连接节点构造可分为点支承连接、线支承连接两种形式；按保温形式可分为无保温、外保温、夹心保温等三种形式；按建筑外墙功能定位可分为围护墙板和装饰墙板。各类外墙挂板可根据工程需要与外装饰、保温、门窗结合形成一体化预制墙板系统。

预制混凝土外墙挂板可采用面砖饰面、石材饰面、彩色混凝土饰面、清水混凝土饰面、露骨料混凝土饰面及表面带装饰图案的混凝土饰面等类型外墙挂板，可使建筑外墙具有独特的表现力。

预制混凝土外墙挂板在工厂采用工业化方式生产，具有施工速度快、质量好、维修费用低的优点，主要包括预制混凝土外墙挂板（建筑和结构）设计技术、预制混凝土外墙挂板加工制作技术和预制混凝土外墙挂板安装施工技术。

2. 技术指标

支承预制混凝土外墙挂板的结构构件应具有足够的承载力和刚度，民用外墙挂板仅限跨越一个层高和一个开间，厚度不宜小于100mm，混凝土强度等级不低于C25，主要技术指标如下：

（1）结构性能应满足现行国家标准《混凝土结构设计规范（2015年版）》GB 50010和《混凝土结构工程施工质量验收规范》GB 50204的要求。

（2）装饰性能应满足现行国家标准《建筑装饰装修工程质量验收标准》GB 50210的要求。

（3）保温隔热性能应满足设计及现行行业标准《严寒和寒冷地区居住建筑节能设计标准》JGJ 26的要求。

（4）抗震性能应满足现行标准《装配式混凝土结构技术规程》JGJ 1、《装配式混凝土建筑技术标准》GB/T 51231的要求。与主体结构采用柔性节点连接，地震时适应结构层间变位性能好，抗震性能满足抗震设防烈度为8度的地区应用要求。

（5）构件燃烧性能及耐火极限应满足现行国家标准《建筑设计防火规范（2018年版）》GB 50016的要求。

（6）作为建筑围护结构产品定位应与主体结构的耐久性要求一致，即不应低于50年设计使用年限，饰面装饰（涂料除外）及预埋件、连接件等配套材料耐久性设计使用年限不低于50年，其他如防水材料、涂料等应采用10年质保期以上的材料，定期进行维护更换。

（7）外墙挂板防水性能与有关构造应符合国家现行有关标准的规定，并符合《建筑业10项新技术（2017）》第8.6节的有关规定。

3. 适用范围

预制混凝土外挂墙板适用于工业与民用建筑的外墙工程，可广泛应用于混凝土框架结构、钢结构的公共建筑、住宅建筑和工业建筑中。

4. 工程案例

国家网球中心、奥运会射击馆、北京中建技术中心实验楼、北京软通动力研发楼、北京昌平轻轨站、北京安慧千伏变电站、国家图书馆二期、河北怀来迦南葡萄酒厂、大连IBM办公楼、苏州天山厂房、威海名座、武汉琴台文化艺术中心、拉萨火车站、杭州奥体中心体育游泳馆、扬州体育公园体育场、济南万科金域国际、天津万科东丽湖等。

第17节　深基坑施工监测技术

4.17.1　技术内容

基坑工程监测是指通过对基坑控制参数在一定期间内的量值及变化进行监测，并根据监测数据评估判断或预测基坑安全状态，为安全控制措施提供技术依据。

监测内容一般包括支护结构的内力和位移、基坑底部及周边土体的位移、周边建筑物的位移、周边管线和设施的位移及地下水状况等。

监测系统一般包括传感器、数据采集传输系统、数据库、状态分析评估与预测软件等。

通过在工程支护（围护）结构上布设位移监测点，进行定期或实时监测，根据变形值判定是否需要采取相应措施，消除影响，避免进一步变形发生的危险。监测方法可分为基准线法和坐标法。

在水平位移监测点旁布设围护结构的沉降监测点，间隔 $15\sim25m$ 布设一个监测点，利用高程监测的方法对围护结构顶部进行沉降监测。

基坑围护结构沿垂直方向水平位移的监测，即用测斜仪由下至上测量预先埋设在墙体内测斜管的变形情况，以了解基坑开挖施工过程中基坑支护结构在各个深度上的水平位移，用以了解和推算围护体变形。

临近建筑物沉降监测，即利用高程监测的方法来了解临近建筑物的沉降，从而了解其是否会引起不均匀沉降。

在施工现场沉降影响范围之外，布设 3 个基准点为该工程临近建筑物沉降监测的基准点。临近建筑物沉降监测的监测方法、使用仪器、监测精度同建筑物主体沉降监测。

4.17.2　技术指标

（1）变形报警值。水平位移报警值，按一级安全等级考虑，最大水平位移$\leqslant0.14\%H$；按二级安全等级考虑，最大水平位移$\leqslant0.3\%H$。

（2）地面沉降量报警值。按一级安全等级考虑，最大沉降量$\leqslant0.1\%H$；按二级安全等级考虑，最大沉降量$\leqslant0.2\%H$。

（3）监测报警指标一般以总变化量和变化速率两个量控制，累计变化量的报警指标一般不宜超过设计限值。若有监测项目的数据超过报警指标，应从累计变化量与日变量两方面考虑。

4.17.3　适用范围

用于深基坑钻、挖孔灌注桩、地下连续墙、重力坝等围（支）护结构的变形监测。

4.17.4　工程案例

深圳中航广场工程、上海万达商业中心等。

第 18 节　混凝土裂缝控制技术和超高泵送混凝土技术

4.18.1　混凝土裂缝控制技术

1. 技术内容

混凝土裂缝控制与结构设计、材料选择和施工工艺等多个环节相关。结构设计主要涉及结构形式、配筋、构造措施及超长混凝土结构的裂缝控制技术等；材料方面主要涉及混凝土原材料控制和优选、配合比设计优化；施工方面主要涉及施工缝与后浇带、混凝土浇筑、水化热温升控制、综合养护技术等。

（1）结构设计对超长结构混凝土的裂缝控制要求

超长混凝土结构如不在结构设计与工程施工阶段采取有效措施，将会引起不可控制的非结构性裂缝，严重影响结构外观、使用功能和结构的耐久性。超长结构产生非结构性裂缝的主要原因是混凝土收缩、环境温度变化在结构上引起的温差变形与下部竖向结构的水平约束刚度变化。

为控制超长结构的裂缝，应在结构设计阶段采取有效的技术措施，主要应考虑以下几点：

1）对超长结构宜进行温度应力验算，温度应力验算时应考虑下部结构水平刚度对变形的约束作用、结构合拢后的最大温升与温降及混凝土收缩带来的不利影响，并应考虑混凝土结构徐变对减少结构裂缝的有利因素与混凝土开裂对结构截面刚度的折减影响。

2）为有效减少超长结构的裂缝，对大柱网公共建筑可考虑在楼盖结构与楼板中采用预应力技术，楼盖结构的框架梁应采用有粘接预应力技术，也可在楼板内配置构造无粘接预应力钢筋，建立预压力，以减小由于温度降温引起的拉应力，对裂缝进行有效控制。除了施加预应力以外，还可适当加强构造配筋、采用纤维混凝土等用于减小超长结构裂缝的技术措施。

3）设计时应对混凝土结构施工提出要求，如对大面积底板混凝土浇筑时采用分仓法施工、对超长结构采用设置后浇带与加强带，以减少混凝土收缩对超长结构裂缝的影响。当大体积混凝土置于岩石地基上时，宜在混凝土垫层上设置滑动层，以达到减少岩石地基对大体积混凝土的约束作用。

（2）原材料要求

1）水泥宜采用符合现行国家标准规定的普通硅酸盐水泥或硅酸盐水泥；大体积混凝土宜采用低热矿渣硅酸盐水泥或中、低热硅酸盐水泥，也可使用硅酸盐水泥同时复合大掺量的矿物掺合料。水泥比表面积宜小于 $350m^2/kg$，水泥碱含量应小于 0.6%；用于生产混凝土的水泥温度不宜高于 $60℃$，不应使用温度高于 $60℃$ 的水泥拌制混凝土。

2）应采用二级或多级级配粗骨料，粗骨料的堆积密度宜大于 $1500kg/m^3$，紧密堆积密度的空隙率宜小于 40%。骨料不宜直接露天堆放、暴晒，宜分级堆放，堆场上方宜设罩棚。高温季节，骨料使用温度不宜高于 $28℃$。

3）根据需要，可掺加短钢纤维或合成纤维的混凝土裂缝控制技术措施。合成纤维主要是抑制混凝土早期塑性裂缝的发展，钢纤维的掺入能显著提高混凝土的抗拉强度、抗弯强度、抗疲劳特性及耐久性；纤维的长度、长径比、表面性状、截面性能和力学性能等应符合国家有关标准的规定，并根据工程特点和制备混凝土的性能选择不同的纤维。

4）宜采用高性能减水剂，并根据不同季节和不同施工工艺分别选用标准型、缓凝型或防冻型产品。高性能减水剂引入混凝土中的碱含量（以 $Na_2O+0.658K_2O$ 计）应小于 $0.3kg/m^3$；引入混凝土中的氯离子含量应小于 $0.02kg/m^3$；引入混凝土中的硫酸盐含量（以 Na_2SO_4 计）应小于 $0.2kg/m^3$。

5）采用的粉煤灰矿物掺合料，应符合现行国家标准《用于水泥和混凝土中的粉煤灰》GB/T 1596 的规定。粉煤灰的级别不宜低于 Ⅱ 级，且粉煤灰的需水量比不宜大于 100%，烧失量宜小于 5%。

6）采用的矿渣粉矿物掺合料，应符合现行国家标准《用于水泥、砂浆和混凝土中的粒化高炉矿渣粉》GB/T 18046 的规定。矿渣粉的比表面积宜小于 $450m^2/kg$，流动度比应大于 95%，28d 活性指数不宜小于 95%。

（3）配合比要求

1）混凝土配合比应根据原材料品质、混凝土强度等级、混凝土耐久性以及施工工艺对工作性的要求，通过计算、试配、调整等步骤选定。

2）配合比设计中应控制胶凝材料用量，C60 以下混凝土最大胶凝材料用量不宜大于 $550kg/m^3$，C60、C65 混凝土胶凝材料用量不宜大于 $560kg/m^3$，C70、C75、C80 混凝土胶凝材料用量不宜大于 $580kg/m^3$，自密实混凝土胶凝材料用量不宜大于 $600kg/m^3$；混凝土最大水胶比不宜大于 0.45。

3）对于大体积混凝土，应采用大掺量矿物掺合料技术，矿渣粉和粉煤灰宜复合使用。

4）纤维混凝土的配合比设计应满足现行《纤维混凝土应用技术规程》JGJ/T 221 的要求。

5）配制的混凝土除满足抗压强度、抗渗等级等常规设计指标外，还应考虑满足抗裂性指标要求。

（4）大体积混凝土设计龄期

大体积混凝土宜采用长龄期强度作为配合比设计、强度评定和验收的依据。基础大体积混凝土强度龄期可取为 60d（56d）或 90d；柱、墙大体积混凝土强度等级不低于 C80 时，强度龄期可取为 60d（56d）。

（5）施工要求

1）大体积混凝土施工前，宜对施工阶段混凝土浇筑体的温度、温度应力和收缩应力进行计算，确定施工阶段混凝土浇筑体的温升峰值、里表温差及降温速率的控制指标，制定相应的温控技术措施。

一般情况下，温控指标宜符合下列要求：夏（热）期施工时，混凝土入模前模板和钢筋的温度以及附近的局部气温不宜高于 40℃，混凝土入模温度不宜高于 30℃，混凝土浇筑体最大温升值不宜大于 50℃；在覆盖养护期间，混凝土浇筑体的表面以内（40～100mm）位置处温度与浇筑体表面的温度差值不应大于 25℃；结束覆盖养护后，混凝土浇筑体表面以内（40～100mm）位置处温度与环境温度差值不应大于 25℃；浇筑体养护期间内部相邻两点的温度差值不应大于 25℃；混凝土浇筑体的降温速率不宜大于 2℃/d。

基础大体积混凝土测温点设置和柱、墙、梁大体积混凝土测温点设置及测温要求应符合现行《混凝土结构工程施工规范》GB 50666 的要求。

2）超长混凝土结构施工前，应按设计要求采取减少混凝土收缩的技术措施，当设计无规定时，宜采用下列方法：

分仓法施工：对大面积、大厚度的底板留设施工缝分仓浇筑，分仓区段长度不宜大于 40m，地下室侧墙分段长度不宜大于 16m；分仓浇筑间隔时间不应少于 7d，跳仓接缝处按施工缝的要求设置和处理。

后浇带施工：对超长结构一般应每隔 40～60m 设一宽度为 700～1000mm 的后浇带，缝内钢筋可采用直通或搭接连接；后浇带的封闭时间不宜少于 45d；后浇带封闭施工时应清除缝内杂物，采用强度提高一个等级的无收缩或微膨胀混凝土进行浇筑。

3）在高温季节浇筑混凝土时，混凝土入模温度应低于 30℃，应避免模板和新浇筑的混凝土直接受阳光照射；混凝土入模前模板和钢筋的温度以及附近的局部气温均不应超过 40℃；混凝土成型后应及时覆盖，并应尽可能避开炎热的白天浇筑混凝土。

4）在相对湿度较小、风速较大的环境下浇筑混凝土时，应采取适当挡风措施，防止混凝土表面失水过快，此时应避免浇筑有较大暴露面积的构件；雨期施工时，必须有防雨措施。

5）混凝土的拆模时间除考虑拆模时的混凝土强度外，还应考虑拆模时的混凝土温度不能过高，以免混凝土表面接触空气时降温过快而开裂，更不能在此时浇凉水养护；混凝土内部开始降温以前以及混凝土内部温度最高时不得拆模。

一般情况下，结构或构件混凝土的里表温差大于 25℃、混凝土表面与大气温差大于 20℃时不宜拆模；大风或气温急剧变化时不宜拆模；在炎热和大风干燥季节，应采取逐段拆模、边拆边盖的拆模工艺。

6）混凝土综合养护技术措施。对于高强混凝土，由于水胶比较低，可采用混凝土内掺养护剂的技术措施；对于竖向等结构，为避免间断浇水导致混凝土表面干湿交替对混凝土的不利影响，可采取外包节水养护膜的技术措施，保证混凝土表面的持续湿润。

7）纤维混凝土的施工应满足现行《纤维混凝土应用技术规程》JGJ/T 221 的规定。

2. 技术指标

混凝土的工作性、强度、耐久性等应满足设计要求，关于混凝土抗裂性能的检测评价方法主要方法如下：

（1）圆环抗裂试验，见现行《混凝土结构耐久性设计与施工指南》CCES01 附录 A1；

（2）平板诱导试验，见现行《普通混凝土长期性能和耐久性能试验方法标准》GB/T 50082；

（3）混凝土收缩试验，见现行《普通混凝土长期性能和耐久性能试验方法标准》GB/T 50082。

3. 适用范围

适用于各种混凝土结构工程，特别是超长混凝土结构，如工业与民用建筑、隧道、码头、桥梁及高层、超高层混凝土结构等。

4. 工程案例

北京地铁、天津地铁、中央电视台新办公楼、辽宁红沿河核电站安全壳、江苏润扬长江大桥等。

4.18.2　超高泵送混凝土技术

1. 技术内容

超高泵送混凝土技术，一般是指泵送高度超过 200m 的现代混凝土泵送技术。近年来，随着经济和社会发展，超高泵送混凝土的建筑工程越来越多，因而超高泵送混凝土技术已成为现代建筑施工中的关键技术之一。超高泵送混凝土技术是一项综合技术，包含混凝土制备技术、泵送参数计算、泵送设备选定与调试、泵管布设和泵送过程控制等内容。

（1）原材料的选择

宜选择 C_2S 含量高的水泥，对于提高混凝土的流动性和减少坍落度损失有显著的效果；粗骨料宜选用连续级配，应控制针片状含量，而且要考虑最大粒径与泵送管径之比，对于高强混凝土，应控制最大粒径范围；细骨料宜选用中砂，因为细砂会使混凝土变得黏稠，而粗砂容易使混凝土离析；采用性能优良的矿物掺合料，如矿粉、Ⅰ级粉煤灰、Ⅰ级复合掺合料或易流型复合掺合料、硅灰等，高强泵送混凝土宜优先选用能降低混凝土黏性的矿物外加剂和化学外加剂，矿物外加剂可选用降黏增强剂等，化学外加剂可选用降黏型减水剂，可使混凝土获得良好的工作性；减水剂应优先选用减水率高、保塑时间长的聚羧酸系减水剂，必要时掺加引气剂，减水剂应与水泥和掺合料有良好的相容性。

（2）混凝土的制备

通过原材料优选、配合比优化设计和工艺措施，使制备的混凝土具有较好的和易性，其流动性高，虽黏度较小，但无离析泌水现象，因而有较小的流动阻力，易于泵送。

（3）泵送设备的选择和泵管的布设

泵送设备的选定应参照现行《混凝土泵送施工技术规程》JGJ/T 10 中规定的技术要求，首先要进行泵送参数的验算，包括混凝土输送泵的型号和泵送能力，水平管压力损失、垂直管压力损失、特殊管的压力损失和泵送效率等。对泵送设备与泵管的要求为：

1）宜选用大功率、超高压的 S 管阀结构混凝土泵，其混凝土出口压力满足超高层混凝土泵送阻力要求；

2）应选配耐高压、高耐磨的混凝土输送管道；

3）应选配耐高压管卡及其密封件；

4）应采用高耐磨的 S 管阀与眼镜板等配件；

5）混凝土泵基础必须浇筑坚固并固定牢固，以承受巨大的反作用力，混凝土出口布管应有利于减轻泵头承载；

6）输送泵管的地面水平管折算长度不宜小于垂直管长度的 1/5，且不宜小于 15m；

7）输送泵管应采用承托支架固定，承托支架必须与结构牢固连接，下部高压区应设置专门支架或混凝土结构以承受管道重量及泵送时的冲击力；

8）在泵机出口附近应设置耐高压的液压或电动截止阀。

（4）泵送施工的过程控制

应对到场的混凝土进行坍落度、扩展度和含气量的检测，根据需要对混凝土入泵温度和环境温度进行监测，如出现不正常情况，及时采取应对措施；泵送过程中，要实时检查泵车的压力变化、泵管有无渗水、漏浆情况以及各连接件的状况等，发现问题及时处理。泵送施工控制要求为：

1）合理组织，连续施工，避免中断；

2）严格控制混凝土流动性及其经时变化值；

3）根据泵送高度适当延长初凝时间；

4）严格控制高压条件下的混凝土泌水率；

5）采取保温或冷却措施控制管道温度，防止混凝土摩擦、日照等因素引起管道过热；

6）弯道等易磨损部位应设置加强安全措施；

7）泵管清洗时应妥善回收管内混凝土，避免污染或材料浪费。泵送和清洗过程中产生的废弃混凝土，应按预先确定的处理方法和场所，及时进行妥善处理，并不得将其用于浇筑结构构件。

2. 技术指标

（1）混凝土拌合物的工作性良好，无离析泌水，坍落度宜大于 180mm，混凝土坍落度损失不应影响混凝土的正常施工，经时损失不宜大于 30mm/h，混凝土倒置坍落筒排空时间宜小于 10s。泵送高度超过 300m 的，扩展度宜大于 550mm；泵送高度超过 400m 的，扩展度宜大于 600mm；泵送高度超过 500m 的，扩展度宜大于 650mm；泵送高度超过 600m 的，扩展度宜大于 700mm。

（2）硬化混凝土物理力学性能应符合设计要求。

（3）混凝土的输送排量、输送压力和泵管的布设要依据准确的计算，并制定详细的实施方案，进行模拟高程泵送试验。

（4）其他技术指标应符合现行《混凝土泵送施工技术规程》JGJ/T 10 和现行《混凝土结构工程施工规范》GB 50666 的规定。

3．适用范围

超高泵送混凝土技术适用于泵送高度大于 200m 的各种超高层建筑混凝土泵送作业，长距离混凝土泵送作业参照超高泵送混凝土技术。

4．工程案例

上海中心大厦、天津 117 大厦、广州珠江新城西塔工程等。

第 19 节　基于 BIM 的现场施工管理信息技术

基于 BIM 的现场施工管理信息技术是指利用 BIM 技术，并借助移动互联网技术实现施工现场可视化、虚拟化的协同管理技术。其在施工阶段结合施工工艺及现场管理需求对设计阶段施工图模型进行信息添加、更新和完善，以得到满足施工需求的施工模型。其依托标准化项目管理流程，结合移动应用技术，通过基于施工模型的深化设计，以及场布、施组、进度、材料、设备、质量、安全、竣工验收等管理应用，实现施工现场信息高效传递和实时共享，提高施工管理水平。

4.19.1　技术内容

（1）深化设计：基于施工 BIM 模型结合施工操作规范与施工工艺，进行建筑、结构、机电设备等专业的综合碰撞检查，解决各专业碰撞问题，完成施工优化设计，完善施工模型，提升施工各专业的合理性、准确性和可校核性。

（2）场布管理：基于施工 BIM 模型对施工各阶段的场地地形、既有设施、周边环境、施工区域、临时道路及设施、加工区域、材料堆场、临水临电、施工机械、安全文明施工设施等进行规划布置和分析优化，以实现场地布置的科学合理。

（3）施组管理：基于施工 BIM 模型，结合施工工序、工艺等要求，进行施工过程的可视化模拟，并对方案进行分析和优化，提高方案审核的准确性，实现施工方案的可视化交底。

（4）进度管理：基于施工 BIM 模型，通过计划进度模型（可以通过 Project 等相关软件编制进度文件并生成进度模型）和实际进度模型的动态链接，进行计划进度和实际进度的对比，找出差异，分析原因，BIM 4D 进度管理可直观地实现对项目进度的虚拟控制与优化。

（5）材料、设备管理：基于施工 BIM 模型，可动态分配各种施工资源和设备，并输出相应的材料、设备需求信息，并与材料、设备实际消耗信息进行比对，实现施工过程中材料、设备的有效控制。

（6）质量、安全管理：基于施工 BIM 模型，对工程质量、安全关键控制点进行模拟仿真以及方案优化。利用移动设备对现场工程质量、安全进行检查与验收，实现质量、安全管理的动态跟踪与记录。

（7）竣工管理：基于施工 BIM 模型，将竣工验收信息添加到模型，并按照竣工要求进行修正，进而形成竣工 BIM 模型，作为竣工资料的重要参考依据。

4.19.2 技术指标

（1）基于 BIM 技术在设计模型基础上，结合施工工艺及现场管理需求进行深化设计和调整，形成施工 BIM 模型，实现 BIM 模型在设计与施工阶段的无缝衔接。

（2）运用的 BIM 技术应具备可视化、可模拟、可协调等能力，实现施工模型与施工阶段实际数据的关联，进行建筑、结构、机电设备等各专业在施工阶段的综合碰撞检查、分析和模拟。

（3）采用的 BIM 施工现场管理平台应具备角色管控、分级授权、流程管理、数据管理、模型展示等功能。

（4）通过物联网技术自动采集施工现场实际进度的相关信息，实现与项目计划进度的虚拟比对。

（5）利用移动设备，可即时采集图片、视频信息，并能自动上传到 BIM 施工现场管理平台，责任人员在移动端即时得到整改通知、整改回复的提醒，实现质量管理任务在线分配、处理过程及时跟踪的闭环管理等要求。

（6）运用 BIM 技术，实现危险源的可视标记、定位、查询分析。安全围栏、标识牌、遮拦网等需要进行安全防护和警示的地方在模型中进行标记，提醒现场施工人员安全施工。

（7）应具备与其他系统进行集成的能力。

4.19.3 适用范围

适用于建筑工程项目施工阶段的深化、场布、施组、进度、材料、设备、质量、安全等业务管理环节的现场协同动态管理。

4.19.4 工程案例

武汉绿地中心项目、中国建筑科学研究院科研楼项目、中国卫星通信大厦、首都医科大学附属北京天坛医院、北京通州行政副中心项目、昆明润城第二大道项目、东莞国贸中心项目、深圳腾讯滨海大厦工程、深圳平安金融中心、天津 117 大厦项目、晋中矿山综合治理技术研究中心、越南越中友谊宫项目等。

第 20 节 装配式支护结构施工技术和地下连续墙施工技术

4.20.1 装配式支护结构施工技术

1. 技术内容

装配式支护结构是以成型的预制构件为主体，通过各种技术手段在现场装配成为支护结构，与常规支护手段相比，该支护技术具有造价低、工期短、质量易于控制等特点，从而大大降低了能耗、减少了建筑垃圾，有较高的社会、经济效益与环保作用。

目前，市场上较为成熟的装配式支护结构有预制桩、预制地下连续墙结构、预应力鱼腹梁支撑结构、工具式组合内支撑等。

预制桩作为基坑支护结构使用时，主要是采用常规的预制桩施工方法，如静压或者锤击法施工，还可以采用拌入水泥土搅拌桩、TRD 搅拌墙或 CSM 双轮铣搅拌墙内形成连续的水泥土复合支护结构。预应力预制桩用于支护结构时，应注意防止预应力预制桩发生脆性破坏并确保接头的施工质量。

预制地下连续墙技术即按照常规的施工方法成槽后，在泥浆中先插入预制墙段、预制桩、型钢或钢管等预制构件，然后以自凝泥浆置换成槽用的护壁泥浆，或直接以自凝泥浆护壁成槽插入预制构件，以自凝泥浆的凝固体填塞墙后空隙和防止构件间接缝渗水，形成地下连续墙。采用预制的地下连续墙技术施工的地下墙面光洁、墙体质量好、强度高，并可避免在现场制作钢筋笼和浇筑混凝土及处理废浆。近年来，在常规预制地下连续墙技术的基础上，又出现一种新型预制连续墙，即不采用昂贵的自凝泥浆而仍用常规的泥浆护壁成槽，成槽后插入预制构件并在构件间采用现浇混凝土将其连成一个完整的墙体。该工艺是一种相对经济又兼具现浇地下墙和预制地下墙优点的新技术。

预应力鱼腹梁支撑技术，由鱼腹梁（高强度低松弛的钢绞线作为上弦构件，H 型钢作为受力梁，与长短不一的 H 型钢撑梁等组成）、对撑、角撑、立柱、横梁、拉杆、三角形节点、预压顶紧装置等标准部件组合并施加预应力，形成平面预应力支撑系统与立体结构体系，支撑体系的整体刚度高、稳定性强。该技术能够提供开阔的施工空间，使挖土、运土及地下结构施工便捷，不仅可显著改善地下工程的施工作业条件，而且能大幅减少支护结构的安装、拆除、土方开挖及主体结构施工的工期和造价。

工具式组合内支撑技术是在混凝土内支撑技术的基础上发展起来的一种内支撑结构体系，主要利用组合式钢结构构件其截面灵活可变、加工方便、适用性广的特点，可在各种地质情况和复杂周边环境下使用。该技术具有施工速度快、支撑形式多样、计算理论成熟、可拆卸重复利用、节省投资等优点。

2. 技术指标

预制地下连续墙：

（1）通常预制墙段厚度较成槽机抓斗厚度小 20mm 左右，常用的墙厚有 580mm、780mm，一般适用于 9m 以内的基坑；

（2）应根据运输及起吊设备能力、施工现场道路和堆放场地条件，合理确定分幅和预制件长度，墙体分幅宽度应满足成槽稳定性要求；

（3）成槽顺序宜先施工 L 形槽段，再施工一字形槽段；

（4）相邻槽段应连续成槽，幅间接头宜采用现浇接头。

预应力鱼腹梁支撑：

（1）型钢立柱的垂直度控制在 1/200 以内，型钢立柱与支撑梁托座要用高强螺栓连接；

（2）施工围檩时，牛腿平整度误差要控制在 2mm 以内，且不能下垂，平直度用拉绳和长靠尺或钢尺检查，如有误差则进行校正，校正后采用焊接固定；

（3）整个基坑内的支撑梁要求必须保证水平，并且支撑梁必须能承受架设在其上方的支撑自重和来自上部结构的其他荷载；

（4）预应力鱼腹梁支撑的拆除是安装作业的逆顺序。

工具式组合内支撑：

（1）标准组合支撑构件跨度为 8m、9m、12m 等；

（2）竖向构件高度为 3m、4m、5m 等；

（3）受压杆件的长细比不应大于 150，受拉杆件的长细比不应大于 200；

（4）进行构件内力监测的数量不少于构件总数量的 15%；

（5）围檩构件为 1.5m、3m、6m、9m、12m。

主要参考标准：现行《钢结构设计标准》GB 50017、现行《建筑基坑支护技术规程》JGJ 120。

3. 适用范围

预制地下连续墙一般仅适用于 9m 以内的基坑，其适用于地铁车站、周边环境较为复杂的基坑工程等；预应力鱼腹梁支撑适用于市政工程中地铁车站、地下管沟基坑工程以及各类建筑工程基坑，且其适用于温差较小地区的基坑，当温差较大时应考虑温度应力的影响。工具式组合内支撑适用于周围建筑物密集、施工场地狭小、岩土工程条件复杂或软弱地基等类型的深大基坑。

4. 工程案例

预制地下连续墙技术已成功应用于上海建工活动中心、明天广场、达安城单建式地下车库和瑞金医院单建式地下车库、华东医院停车库等工程。

预应力鱼腹梁支撑已成功应用于广州地铁网运营管理中心、江阴幸福里老年公寓和商业用房、南京绕城公路地道工程、宁波地铁 1、2 号线鼓楼站等工程。

工具式组合内支撑已成功应用于北京国贸中心、上海临港六院、上海天和锦园、中国工商银行广东分行业务大楼、广州荔湾广场、广州金汇大厦、杭州杭政储住宅、宁波地铁 1 号线鼓楼站及北京地铁 13 号线等。

4.20.2 地下连续墙施工技术

1. 技术内容

地下连续墙，就是在地面上先构筑导墙，采用专门的成槽设备，沿着支护或深开挖工程的周边，在特制泥浆护壁条件下，每次开挖一定长度的沟槽至指定深度，清槽后，向槽内吊放钢筋笼，然后用导管法浇筑水下混凝土，混凝土自下而上充满槽内并把泥浆从槽内置换出来，筑成一个单元槽段，并依此逐段进行，这些相互邻接的槽段在地下筑成的一道连续的钢筋混凝土墙体。地下连续墙主要作承重、挡土或截水防渗结构之用。

地下连续墙具有如下优点：（1）施工低噪声、低振动，对环境的影响小；（2）连续墙刚度大、整体性好，基坑开挖过程中安全性高，支护结构变形较小；（3）墙身具有良好的抗渗能力，坑内降水时对坑外的影响较小；（4）可作为地下室结构的外墙，可配合逆作法施工，缩短工期、降低造价。

随着城市土地资源日趋紧张，高层和超高层建筑的日益崛起，基坑深度也突破初期的十几米朝更深的几十米发展，随之带来的是地下连续墙向着超深、超厚发展。目前建筑领域地下连续墙已经超越了 110m，随着技术的进步和城市发展的需求，地下连续墙将会向更大的深度发展。例如软土地区的超深地下连续墙施工，利用成槽机、铣槽机在黏土和砂土环境下各自的优点，以抓铣结合的方法进行成槽，并合理选用泥浆配比，控制槽壁变形，优势明显。

由于地下连续墙是由若干个单元槽段分别施工后再通过接头连成整体，各槽段之间的接头有多种形式，目前最常用的接头形式有圆弧形接头、橡胶带接头、工字形型钢接头、十字钢板接头、套铣接头等。其中橡胶带接头是一种相对较新的地下连续墙接头工艺，通过横向连续转折曲线和纵向橡胶防水带延长了可能出现的地下水渗流路线，接头的止水效果较以前的各种接头工艺有大幅改观。目前超深的地下连续墙多采用套铣接头，利用铣槽机可直接切削硬岩的能力直接切削已成槽段的混凝土，在不采用锁口管、接头箱的情况下形成止水良好、致密的地下连续墙接头。套铣接头具有施工设备简单、接头水密性良好等优点。

2. 技术指标

地下连续墙根据施工工艺，可分为导墙制作、泥浆制备、成槽施工、混凝土水下浇筑、接头施工等。主要技术指标为：

（1）新拌制泥浆指标：密度 1.03～1.10，黏度 22～35s，胶体率大于 98%，失水量小于 30mL/30min，泥皮厚度小于 1mm，pH 值 8～9。

（2）循环泥浆指标：密度 1.05～1.25，黏度 22～40s，胶体率大于 98%，失水量小于 30mL/30min，泥皮厚度小于 3mm，pH 值 8～11，含砂率小于 7%。

（3）清基后泥浆指标：密度不大于 1.20，黏度 20～30s，含砂率小于 7%，pH 值 8～10。

（4）混凝土：坍落度 200mm±20mm，抗压强度和抗渗压力符合设计要求。

实际工程中，以上参数应根据土的类别、地下连续墙的结构用途、成槽形式等因素适当调整，并通过现场试成槽试验最终确定。

3. 适用范围

一般情况下地下连续墙适用于如下条件的基坑工程：

（1）深度较大的基坑工程，一般开挖深度大于 10m 才有较好的经济性；

（2）邻近存在保护要求较高的建（构）筑物，对基坑本身的变形和防水要求较高的工程；

（3）基坑内空间有限，地下室外墙与红线距离极近，采用其他围护形式无法满足留设施工操作空间要求的工程；

（4）围护结构也作为主体结构的一部分，且对防水、抗渗有较严格要求的工程；

（5）采用逆作法施工，地上和地下同步施工时，一般采用地下连续墙作为围护墙。

4. 工程案例

上海中心大厦、上海金茂大厦、上海环球金融中心、深圳国贸地铁车站等。目前地下连续墙广泛应用于北京、上海、深圳、南京、兰州等地的江河湖泊防渗，港口、船坞和污水处理厂，高层建筑的地下室、地下停车场，地铁甚至大桥建设中，市场前景广阔。